卓越工程技术人才培养特色教材

概率论与数理统计习题课教程

主　编　张艮霞　杨　阳　官琳琳　左　相　童凤茹

江苏大学出版社
JIANGSU UNIVERSITY PRESS
镇　江

图书在版编目(CIP)数据

概率论与数理统计习题课教程／张艮霞等主编．—
镇江：江苏大学出版社，2015.8(2019.1 重印)
ISBN 978-7-5684-0007-7

Ⅰ．①概… Ⅱ．①张… Ⅲ．①概率论－高等学校－题解②数理统计－高等学校－题解 Ⅳ．①O21-44

中国版本图书馆 CIP 数据核字(2015)第 187650 号

概率论与数理统计习题课教程

主　　编／张艮霞　杨　阳　官琳琳　左　相　童凤茹
责任编辑／吴昌兴
出版发行／江苏大学出版社
地　　址／江苏省镇江市梦溪园巷 30 号(邮编：212003)
电　　话／0511-84446464(传真)
网　　址／http://press.ujs.edu.cn
排　　版／镇江市江东印刷有限责任公司
印　　刷／虎彩印艺股份有限公司
开　　本／718 mm×1 000 mm　1/16
印　　张／13
字　　数／255 千字
版　　次／2015 年 8 月第 1 版　2019 年 1 月第 6 次印刷
书　　号／ISBN 978-7-5684-0007-7
定　　价／32.00 元

江苏省卓越工程技术人才培养特色教材建设

指导委员会

序

深化高等工程教育改革、提高工程技术人才培养质量，是增强自主创新能力、促进经济转型升级、全面提升地区竞争力的迫切要求. 近年来，江苏高等工程教育飞速发展，全省 46 所普通本科院校中开设工学专业的学校有45 所，工学专业在校生约占全省普通本科院校在校生总数的 40%，为“十一五”末江苏成功跻身全国第一工业大省做出了积极贡献.

“十二五”时期是江苏加快经济转型升级、发展创新型经济、全面建设更高水平小康社会的关键阶段. 教育部“卓越工程师教育培养计划”启动实施以来，江苏认真贯彻教育部文件精神，结合地方高等教育实际，着力优化高等工程教育体系，深化高等工程教学改革，努力培养造就一大批创新能力强、适应江苏社会经济发展需要的卓越工程技术后备人才.

教材建设是人才培养的基础工作和重要抓手. 培养高素质的工程技术人才，需要遵循工程技术教育规律，建设一套理念先进、针对性强、富有特色的优秀教材. 随着知识社会和信息时代的到来，知识综合、学科交叉趋势增强，教学的开放性与多样性更加突出，加之图书出版行业体制机制也发生了深刻变化，迫切需要教育行政部门、高等学校、行业企业、出版部门和社会各界通力合作，协同作战，在新一轮高等工程教育改革发展中抢占制高点.

2010 年以来，江苏大学出版社积极开展市场分析和行业调研，先后多次组织全省相关高校专家、企业代表就应用型本科人才培养和教材建设工作进行深入研讨.经各方充分协商，拟定了“江苏省卓越工程技术人才培养特色教材”开发建设的实施意见，明确了教材开发总体思路，确立了编写原则：

一是注重定位准确，科学区分.教材应符合相应高等工程教育的办学定位和人才培养目标，恰当把握与研究型工程人才、设计型工程人才及技能型工程人才的区分度，增强教材的针对性.

二是注重理念先进，贴近业界.吸收先进的学术研究与技术成果，适应经济转型升级需求，适应社会用人单位管理、技术革新的需要，具有较强的领先性.

三是注重三位一体，能力为重.紧扣人才培养的知识、能力、素质要求，着力培养学生的工程职业道德和人文科学素养、创新意识和工程实践能力、国际视野和沟通协作能力.

四是注重应用为本，强化实践.充分体现用人单位对教学内容、教学实践设计、工艺流程的要求以及对人才综合素质的要求，着力解决以往教材中应用性缺失、实践环节薄弱、与用人单位要求脱节等问题，将学生创新教育、创业实践与社会需求充分衔接起来.

五是注重紧扣主线，整体优化.把培养学生工程技术能力作为主线，系统考虑、整体构建教材体系和特色，包括合理设置课件、习题库、实践课题以及在教学、实践环节中合理设置基础、拓展、复合应用之间的比例结构等.

该套教材组建了阵容强大的编写专家及审稿专家队伍,汇集了国家教学指导委员会委员、学科带头人、教学一线名师、人力资源专家、大型企业高级工程师等.编写和审稿队伍主要由长期从事教育教学改革实践工作的资深教师、对工程技术人才培养研究颇有建树的教育管理专家组成.在编写、审定教材时,他们紧扣指导思想和编写原则,深入探讨、科学创新、严谨细致、字斟句酌,倾注了大量的心血,为教材质量提供了重要保障.

该套教材在课程设置上基本涵盖了卓越工程技术人才培养所涉及的有关专业的公共基础课、专业公共课、专业课、专业特色课等;在编写出版上采取突出重点、以点带面、有序推进的策略,成熟一本出版一本.希望大家在教材的编写和使用过程中,积极提出意见和建议,集思广益,不断改进,以期经过不懈努力,形成一套参与度与认可度高、覆盖面广、特色鲜明、有强大生命力的优秀教材.

江苏省教育厅副厅长 丁晓昌

前 言

概率论与数理统计课程是研究随机现象统计规律性的数学分支. 随着现代科学技术的迅猛发展,概率论与数理统计的理论与方法已广泛地应用于许多科学领域. 概率论与数理统计是学习现代科学技术的重要理论基础,是高等学校理工文各专业重要的基础课程之一. 根据概率论与数理统计的教学大纲及考研大纲要求,精心编写该辅导书,旨在帮助初学者尽快理解这门课程的基本理论,掌握其思维方式和解题技巧,培养分析问题和解决问题的能力.

本书章节和教材相配套,共 8 章. 内容包括:概率论的基本概念、随机变量及其分布、多维随机变量及其分布、随机变量的数字特征、大数定律及中心极限定理、样本及抽样分布、参数估计、假设检验. 在每一章中分别指出了学习的基本要求,罗列了基本概念、重要定理和相关结论,并通过大量的典型例题,使学生掌握解题方法,学会分析问题和解决问题. 本书还精选了往年的考研真题,让学生提前了解考研的题型和难度,为以后考研打下基础. 另外,通过完成自测题,学生可自行检验每章的学习情况. 书后附有三份综合练习题,可在期末复习时使用.

本书由南京信息工程大学滨江学院张艮霞、杨阳、官琳琳、左相、童凤茹老师主编,由张艮霞老师统稿,童凤茹老师主审. 本书编写过程中参考了众多概率论与数理统计相关著作,在此表示感谢. 本书是南京信息工程大学滨江学院第三期教学建设和改革资助项目,从编写到出版得到了院系领导的大力支持和帮助,在此表示深深的谢意.

限于编者水平,书中难免有疏漏之处,恳请广大读者批评指正.

编　者

2015 年 6 月

目 录

第一章

概率论的基本概念

基本要求

(1) 理解随机试验及其样本空间和样本点、随机事件的概念,掌握事件的关系及运算.

(2) 理解概率的概念,掌握概率的基本性质.

(3) 熟练掌握古典概型中事件概率的计算.

(4) 熟练掌握条件概率、乘法公式、全概率公式和贝叶斯公式,会利用公式计算事件的概率.

(5) 理解事件独立性的概念,会利用事件独立性进行概率的计算.

内容提要

1. 随机试验、样本空间与随机事件

(1) 随机试验

具有以下 3 个特点的试验称为随机试验,记为 E:

① 试验可在相同的条件下重复进行;

② 每次试验的可能结果不止一个,但试验之前可明确知道试验的所有可能结果;

③ 每次试验前不能确定哪一个结果会出现.

(2) 样本空间

随机试验 E 的所有可能结果组成的集合称为 E 的样本空间,记为 S;试验的每一个可能结果,即 S 中的元素,称为样本点,记为 e.

(3) 随机事件

随机试验 E 的样本空间 S 的子集称为随机事件,简称事件,常用 A,B,C 等大写字母表示.

特别地，在试验中一定会发生的事件称为必然事件，记为 S；在试验中一定不发生的事件称为不可能事件，记为 $\varnothing$.

在试验中，一个随机事件的发生，其充分必要条件是该实验的样本空间包含的样本点有且仅有一个出现.

2. 事件的关系与运算

(1) 事件的包含关系

如果事件 A 发生必然导致事件 B 发生，则称事件 B 包含事件 A，或称事件 A 包含于事件 B，记为 $B\supset A$ 或 $A\subset B$.

因为不可能事件 $\varnothing$ 不含有任何样本点 e，所以对任一事件 A，约定 $\varnothing\subset A$.

(2) 事件的相等关系

如果 $A\subset B$，$B\subset A$ 同时成立，则称事件 A 与 B 相等，记作 $A=B$. 易知，相等的两个事件总是同时发生或同时不发生.

(3) 两事件的和事件

“事件 A 与 B 中至少有一个发生”，这样的事件称为事件 A 与 B 的和事件，记作 $A\cup B$.

(4) 两事件的积事件

“事件 A 与 B 同时发生”，这样的事件称为事件 A 与 B 的积事件，记作 $A\cap B$ 或 AB.

(5) 两事件的差事件

“事件 A 发生而 B 不发生”，这样的事件称为事件 A 与 B 的差事件，记作 $A-B$.

易知 $A-B=A\overline{B}=A-AB$.

(6) 互不相容事件或互斥事件

若事件 A 与 B 不能同时发生，也就是说 AB 是一个不可能事件，即 $AB=\varnothing$，则称事件 A 与 B 互不相容或互斥.

(7) 对立事件或逆事件

若事件 A 与 B 有 $A\cup B=S$ 及 $AB=\varnothing$，则称 A 与 B 为对立事件或互逆事件，事件 A 的逆事件记作 $\overline{A}$.

事件的运算法则如下：

(1) 交换律：$A\cup B=B\cup A$，$AB=BA$；

(2) 结合律：$(A\cup B)\cup C=A\cup(B\cup C)$，$(AB)C=A(BC)$；

(3) 分配律：$(A\cup B)C=AC\cup BC$，$(AB)\cup C=(A\cup C)(B\cup C)$；

(4) 德 · 摩根律： $\overline{A\cup B}=\overline{A}\overline{B}$，$\overline{AB}=\overline{A}\cup\overline{B}$，

推广：$\overline{\bigcup_k A_k}=\bigcap_k\overline{A_k}$， $\overline{\bigcap_k A_k}=\bigcup_k\overline{A_k}$.

3. 频率与概率

(1) 频率的定义

在相同的条件下，进行了 n 次试验. 在这 n 次试验中，事件 A 发生的次数 n_A 称为事件 A 发生的频数，比值$\frac{n_A}{n}$称为事件 A 发生的频率，记为 $f_n(A)$，即

$$f_n(A)=\frac{n_A}{n}.$$

频率的基本性质如下：

① $0\leqslant f_n(A)\leqslant 1$；

② $f_n(S)=1$；

③ 设 $A_1,A_2,\cdots,A_k$ 是两两互不相容的事件，则有

$$f_n(A_1\cup A_2\cup\cdots\cup A_k)=f_n(A_1)+f_n(A_2)+\cdots+f_n(A_k).$$

(2) 概率的定义

设 E 是随机试验，S 是其样本空间. 对于 E 的任一事件 A 赋予一个实数，记为 $P(A)$，称为事件 A 的概率，若函数 $P(\cdot)$满足下列 3 个条件：

① 非负性：$P(A)\geqslant 0$；

② 规范性：$P(S)=1$；

③ 可列可加性：对于两两互不相容的事件 $A_1,A_2,\cdots,A_n\cdots$，有

$$P(\bigcup_{i=1}^{\infty}A_i)=\sum_{i=1}^{\infty}P(A_i).$$

概率的基本性质如下：

① 不可能事件的概率为零：$P(\varnothing)=0$.

② 有限可加性：设 $A_1,A_2,\cdots,A_n$ 是两两互不相容的 n 个事件，即 $A_iA_j=\varnothing,i\neq j,i,j=1,2,\cdots,n$，则有

$$P(A_1\cup A_2\cup\cdots\cup A_n)=P(A_1)+P(A_2)+\cdots+P(A_n).$$

③ 若事件 $B\subset A$，则 $P(B)\leqslant P(A)$，且 $P(A-B)=P(A)-P(B)$.

一般减法公式：$P(A-B)=P(A)-P(AB)$.

④ 对于任一事件 A，有 $P(A)\leqslant 1$.

⑤ $P(\overline{A})=1-P(A)$.

⑥ 加法公式：对任意两个事件 A,B，有

$$P(A\cup B)=P(A)+P(B)-P(AB);$$

对任意三个事件 A,B,C，有

$$P(A\cup B\cup C)=P(A)+P(B)+P(C)-P(AB)-P(BC)-P(AC)+P(ABC).$$

此性质可推广到任意 n 个事件 $A_1,A_2,\cdots,A_n$ 的情形：

$$P(\bigcup_{i=1}^{n} A_i)=\sum_{i=1}^{n}P(A_i)-\sum_{1\leqslant i<j\leqslant n}P(A_iA_j)+\sum_{1\leqslant i<j<k\leqslant n}P(A_iA_jA_k)-\cdots+(-1)^{n-1}P(A_1A_2\cdots A_n).$$

4. 古典概型

若试验的所有可能结果是有限个，且每个可能结果发生的可能性相等，则试验称为古典概型（或等可能概型），事件 A 发生的概率为

$$P(A)=\frac{A\text{ 中所含样本点数}}{S\text{ 中样本点总数}}=\frac{k}{n}.$$

5. 条件概率与乘法公式

(1) 条件概率

设 A,B 是 S 中的两个事件，且 $P(A)>0$，则

$$P(B|A)=\frac{P(AB)}{P(A)}$$

称为事件 A 发生的条件下事件 B 发生的条件概率.

条件概率符合概率定义中的 3 个条件：

① 非负性：对任意事件 B，有 $P(B|A)\geqslant 0$；

② 规范性：对于必然事件 S，有 $P(S|A)=1$；

③ 可列可加性：若 $B_1,B_2,\cdots,B_n,\cdots$ 是两两互不相容的事件，有

$$P(\bigcup_{i=1}^{\infty} B_i \mid A)=\sum_{i=1}^{\infty}P(B_i \mid A).$$

条件概率还具有概率运算的其他类似性质，如：

$P[(B_1\cup B_2)|A]=P(B_1|A)+P(B_2|A)-P(B_1B_2|A)$；

$P(\overline{B}|A)=1-P(B|A)$；

$P[(A-B)|C]=P(A|C)-P(AB|C)$.

(2) 乘法公式

设事件 $A,B,P(A)>0$（或 $P(B)>0$），则有

$$P(AB)=P(A)P(B|A)\text{（或 }P(AB)=P(B)P(A|B)\text{）}.$$

一般地，若 $P(A_1\cdots A_{n-1})>0$，则有

$P(A_1\cdots A_{n-1}A_n)=P(A_1)P(A_2|A_1)P(A_3|A_1A_2)\cdots P(A_n|A_1\cdots A_{n-1})$.

6. 全概率公式与贝叶斯(Bayes)公式

定义 设 S 为随机试验 E 的样本空间，$A_1,A_2,\cdots,A_n$ 为 E 的一组事件，若这组随机事件能满足：

① $A_iA_j=\varnothing(i\neq j,i,j=1,2,\cdots,n)$，

② $\bigcup_{i=1}^{n}A_i=S$，

则称 $A_1, A_2, \cdots, A_n$ 为样本空间 S 的一个划分,或称为随机试验 E 的一个完备事件组.

(1) 全概率公式

设 $A_1, A_2, \cdots, A_n$ 是 S 的一个划分,且 $P(A_i)>0(i=1,2,\cdots,n)$,则对任何事件 B,有

$$P(B)=\sum_{i=1}^{n} P(A_i) P(B \mid A_i).$$

(2) 贝叶斯公式

设 $A_1, A_2, \cdots, A_n$ 是 S 的一个划分,且 $P(A_i)>0(i=1,2,\cdots,n)$,则对任何事件 B,有

$$P(A_j \mid B)=\frac{P(A_j) P(B \mid A_j)}{\sum_{i=1}^{n} P(A_i) P(B \mid A_i)} \quad (j=1,2,\cdots,n).$$

7. 事件的独立性

(1) 两个事件的独立:若 $P(AB)=P(A)P(B)$,则称事件 A 与 B 相互独立.

定理1 A 与 B 相互独立充分必要条件是 $P(B|A)=P(B), P(A)>0$ 或 $P(A|B)=P(A), P(B)>0$.

定理2 若事件 A, B 相互独立,则可得到 $\bar{A}$ 与 B, A 与 $\bar{B}$, $\bar{A}$ 与 $\bar{B}$ 也都相互独立.

(2) 设 $A_1, A_2, \cdots, A_n$ 是 n 个事件,如果对于任意的 $k(1<k\leqslant n)$ 和任意的一组 $1\leqslant i_1<i_2<\cdots<i_k\leqslant n$ 都有等式

$$P(A_{i_1} A_{i_2} \cdots A_{i_k})=P(A_{i_1}) P(A_{i_2}) \cdots P(A_{i_k})$$

成立,则称 $A_1, A_2, \cdots, A_n$ 是 n 个相互独立的事件.

由此可知, n 个事件相互独立,需要有 $\sum_{k=2}^{n} C_n^k=2^n-n-1$ 个等式保证.

对于 $A_1, A_2, \cdots, A_n$,若 $P(A_i A_j)=P(A_i) P(A_j)(i \neq j)$,则称 $A_1, A_2, \cdots, A_n$ 两两独立.

注意 $A_1, A_2, \cdots, A_n$ 相互独立时,必有 $A_1, A_2, \cdots, A_n$ 两两独立.反之不一定成立!

8. 排列组合基本知识

(1) 排列

从 n 个不同的元素中无放回地任取 k 次 $(1\leqslant k\leqslant n)$,每次取一个,然后按次序排成一列,其排列数为 A_n^k(或 P_n^k),且

$$A_n^k=n(n-1)(n-2)\cdots(n-k+1).$$

若 $k=n$，这种排列称为全排列，即 $A_n^n=n!$.

规定 $0!=1$.

(2) 组合

从 n 个不同元素中，一次取出 k 个（或者从 n 个不同元素中不放回地取 k 次，每次取一个），所得的所有可能的组合种数为

$$C_n^k=\frac{A_n^k}{k!}=\frac{n(n-1)(n-2)\cdots(n-k+1)}{k!}=\frac{n!}{k!\ (n-k)!}.$$

C_n^k 有时也记为 $\binom{n}{k}$，规定 $C_n^0=1$.

9. 几何概型

一般，设某个区域 D（线段、平面区域、空间区域）具有测度 m_D（长度、面积、体积）. 如果随机实验 E 相当于向区域内任意取点，且取到每一点都是等可能的，则称此类试验为几何概型.

如果试验 E 是向区域内任意取点，事件 A 对应于点落在 D 内的某区域 A，则

$$P(A)=\frac{m_A}{m_D}.$$

若区域属于一维空间，m_A 表示 A 在线段上的长度；若区域属于二维空间，m_A 表示 A 在平面区域内的面积；若区域属于三维空间，m_A 表示 A 在空间区域上的体积；依此类推，同理解释 m_D.

典型例题

例 1.1 写出下列随机试验的样本空间及事件：

(1) 将一颗骰子掷两次，记录出现的点数，$A=$“两次点数之和为 10”，$B=$“第一次的点数比第二次的点数大 2”；

(2) 一个口袋中有 5 只外形完全相同的球，编号分别为 1,2,3,4,5，从中同时取出 3 只球，观察其结果，$A=$“球的最小号码为 1”；

(3) 某篮球运动员进行投篮练习，直至投中 10 次，记录累计投篮的次数，事件 $A=$“至多只要投 50 次”.

解 (1) $S=\{(1,1),(1,2),(1,3),(1,4),(1,5),(1,6)$

$(2,1),(2,2),(2,3),(2,4),(2,5),(2,6)$

$(3,1),(3,2),(3,3),(3,4),(3,5),(3,6)$

$(4,1),(4,2),(4,3),(4,4),(4,5),(4,6)$

$(5,1),(5,2),(5,3),(5,4),(5,5),(5,6)$

$(6,1),(6,2),(6,3),(6,4),(6,5),(6,6)\}$,

$A=\{(4,6),(5,5),(6,4)\}$,

$B=\{(3,1),(4,2),(5,3),(6,4)\}$.

(2) $S=\{(1,2,3),(1,2,4),(1,2,5),(1,3,4),(1,3,5),(1,4,5),(2,3,4),(2,3,5),(2,4,5),(3,4,5)\}$,

$A=\{(1,2.3),(1,2,4),(1,2,5),(1,3,4),(1,3,5),(1,4,5)\}$.

(3) $S=\{10,11,12,\cdots\}$,

$A=\{10,11,12,\cdots,50\}$.

例 1.2 某人购买了 3 张彩票，以事件 A_i 来表示他购买的第 i 张彩票中奖 $(i=1,2,3)$，试用 $A_i(i=1,2,3)$ 表示下列事件：

(1) 只有第一张彩票中奖 B_1；

(2) 3 张彩票中只有 1 张中奖 B_2；

(3) 3 张彩票中最多只有 2 张中奖 B_3；

(4) 3 张彩票均未中奖 B_4；

(5) 3 张彩票中最多 1 张未中奖 B_5.

解 (1) B_1 表示第一张彩票中奖、第二张和第三张彩票均未中奖，故有

$$B_1=A_1\overline{A}_2\overline{A}_3.$$

(2) B_2 表示第一张中奖而第二、三张未中奖，或第二张中奖而第一、三张未中奖，或第三张中奖而第一、二张未中奖，故有

$$B_2=A_1\overline{A}_2\overline{A}_3\cup\overline{A}_1A_2\overline{A}_3\cup\overline{A}_1\overline{A}_2A_3.$$

(3) **方法 1** 事件 B_3 的逆事件是 3 张彩票均中奖，故 $B_3=\overline{A_1A_2A_3}$.

方法 2 与 B_3 等价的事件是 3 张彩票中至少 1 张未中奖，于是 $B_3=\overline{A}_1\cup\overline{A}_2\cup\overline{A}_3$.

方法 3 B_3 表示 3 张彩票 1 张都未中奖或恰有 1 张中奖或恰有 2 张中奖，于是有

$$B_3=\overline{A}_1\overline{A}_2\overline{A}_3\cup A_1\overline{A}_2\overline{A}_3\cup\overline{A}_1A_2\overline{A}_3\cup\overline{A}_1\overline{A}_2A_3\cup A_1A_2\overline{A}_3\cup\overline{A}_1A_2A_3\cup A_1\overline{A}_2A_3.$$

(4) **方法 1** $B_4=\overline{A}_1\overline{A}_2\overline{A}_3$.

方法 2 与 B_4 等价的事件是 3 张彩票中至少有 1 张中奖是不可能的，故有

$$B_4=\overline{A_1\cup A_2\cup A_3}.$$

(5) **方法 1** B_5 表示 3 张彩票都中奖或 3 张中只有 1 张未中奖，故有

$$B_5=A_1A_2A_3\cup\overline{A}_1A_2A_3\cup A_1\overline{A}_2A_3\cup A_1A_2\overline{A}_3.$$

方法 2 B_5 与事件 3 张彩票中至少有 2 张彩票中奖等价，故有

$$B_5=A_1A_2\cup A_2A_3\cup A_1A_3.$$

例 1.3 已知 $P(\overline{A})=0.5,P(\overline{A}B)=0.2,P(B)=0.4$，求：(1) $P(AB)$；

(2) $P(A-B)$；(3) $P(A\cup B)$；(4) $P(\overline{A}\overline{B})$.

解 (1) 因为

$$P(\overline{A}B)=P(B-A)=P(B)-P(AB)=0.4-P(AB)=0.2,$$

所以 $P(AB)=0.2$.

(2) $P(A)=1-P(\overline{A})=1-0.5=0.5$,

$P(A-B)=P(A)-P(AB)=0.5-0.2=0.3$.

(3) $P(A\cup B)=P(A)+P(B)-P(AB)=0.5+0.4-0.2=0.7$.

(4) $P(\overline{A}\overline{B})=P(\overline{A\cup B})=1-P(A\cup B)=1-0.7=0.3$.

例 1.4 在 10 件产品中有 4 件次品，任取 3 件，求：(1) 恰有 1 件次品的概率；(2) 至少有 2 件正品的概率.

解 设 A="从 10 件中取 3 件恰有 1 件为次品"，B="从 10 件中取 3 件至少有 2 件正品".

(1) $P(A)=\dfrac{C_4^1\,C_6^2}{C_{10}^3}=\dfrac{1}{2}$.

(2) $P(B)=\dfrac{C_6^2\,C_4^1+C_6^3\,C_4^0}{C_{10}^3}=\dfrac{2}{3}$.

例 1.5 在一年 365 天中，100 人中至少有 1 人生日是元旦的概率（　　）.

(A) $1-\dfrac{365^{99}}{365^{100}}$　(B) $1-\dfrac{364^{100}}{365^{100}}$　(C) $\dfrac{1}{365^{100}}$　(D) $\dfrac{99}{365^{100}}$

解 这是一个古典概型的问题，设 A="至少有 1 人生日是元旦"，直接计算 $P(A)$不容易，但可以考虑它的对立事件"没有人的生日为元旦"的概率.

$$P(A)=1-P(\overline{A})=1-\frac{364^{100}}{365^{100}},$$

故选(B).

例 1.6 10 把钥匙中有 3 把能打开门，今任取两把，求能打开门的概率.

解 设事件 A="能打开门"，则 $\overline{A}$ 为不能打开门.

基本事件总数 $n=C_{10}^2$，$\overline{A}$ 的基本事件数 $n_{\overline{A}}=C_7^2$，则

$$P(\overline{A})=\frac{C_7^2}{C_{10}^2}=\frac{7}{15}=0.467.$$

因此，$P(A)=1-P(\overline{A})=1-0.467=0.533$.

例 1.7 从 6 双不同的鞋子中任取 4 只，求：(1) 其中恰有一双配对的概率；(2) 至少有两只鞋子配成一双的概率.

解 (1) 先从 6 双中取出一双，两只全取；再从剩下的 5 双中任取两双，每双中取到一只，则所含样本点数为 $C_6^1\,C_2^2\,C_5^2\,C_2^1\,C_2^1$，所以所求概率

$$P=C_6^1\,C_2^2\,C_5^2\,C_2^1\,C_2^1/C_{12}^4=\frac{16}{33}.$$

(2) 设 B 表示至少有两只鞋子配成一双，则

$$P(B)=1-P(\overline{B})=1-C_6^4\cdot C_2^1C_2^1C_2^1C_2^1/C_{12}^4=\frac{17}{33}.$$

注　不能把事件数取为 $C_6^1C_2^2C_{10}^2$，否则会出现重复事件. 这是因为，若鞋子标有号码 1,2,…,6 时，C_6^1 可能取中第 i 号鞋，此时 C_{10}^2 可能取中第 j 号一双，此时成为两双的配对为 (i,j)，但也存在配对 (j,i)，(i,j) 与 (j,i) 是一种，出现了重复事件，即多出了 C_6^2 个事件.

例 1.8　某人一次写了 n 封信，又写了 n 个信封，如果他任意地将 n 张信纸装入 n 个信封中，问至少有一封信的信纸和信封是一致的概率是多少？

解　令 A_i＝"第 i 张信纸恰好装进第 i 个信封"，则所求概率为 $P(\bigcup_{i=1}^{n}A_i)$，易知有

$$P(A_i)=\frac{1}{n},\ \sum_{i=1}^{n}P(A_i)=1,$$

$$P(A_iA_j)=\frac{1}{n(n-1)}\ (i\neq j),$$

$$\sum_{1\leqslant i<j\leqslant n}P(A_iA_j)=C_n^2\frac{1}{n(n-1)}=\frac{1}{2!}.$$

同理可得

$$\sum_{1\leqslant i<j<k\leqslant n}P(A_iA_jA_k)=C_n^3\frac{1}{n(n-1)(n-2)}=\frac{1}{3!},$$

……

$$P(A_1A_2\cdots A_n)=C_n^n\frac{1}{n!}=\frac{1}{n!}.$$

由概率的一般加法公式得

$$P(\bigcup_{i=1}^{n}A_i)=1-\frac{1}{2!}+\frac{1}{3!}-\cdots+(-1)^{n-1}\frac{1}{n!}.$$

(显然，当 n 充分大时，它近似于 $1-e^{-1}$.)

注　这个例子是历史上著名的"匹配问题".

例 1.9　设 A,B 是两个事件，$P(A)=P(B)=\frac{1}{3}$，$P(A|B)=\frac{1}{6}$，求 $P(\overline{A}|\overline{B})$.

解　$$P(\overline{A}|\overline{B})=\frac{P(\overline{A}\,\overline{B})}{P(\overline{B})}=\frac{1-P(A\cup B)}{1-P(B)}$$

$$=\frac{1-P(A)-P(B)+P(AB)}{1-P(B)}$$

$$=\frac{1-P(A)-P(B)+P(B)P(A|B)}{1-P(B)}$$

$$=\frac{1-\frac{1}{3}-\frac{1}{3}+\frac{1}{3}\times\frac{1}{6}}{1-\frac{1}{3}}=\frac{7}{12}.$$

例 1.10 从 1～100 个整数中，任取一数，已知取出的一数是不超过 50 的数，求它是 2 或 3 的倍数的概率.

解 记 A="取出的数不超过 50"，B="取出的数是 2 的倍数"，C="取出的数是 3 的倍数"，则所求概率为条件概率 $P(B\cup C|A)$，且

$$\begin{aligned}P(B\cup C|A)&=P(B|A)+P(C|A)-P(BC|A)\\&=\frac{P(BA)}{P(A)}+\frac{P(CA)}{P(A)}-\frac{P(BCA)}{P(A)}.\end{aligned}$$

由于 $P(A)=\frac{1}{2}$，$P(BA)=\frac{25}{100}$，$P(CA)=\frac{16}{100}$，$P(BCA)=\frac{8}{100}$，故

$$P(B\cup C|A)=2\left(\frac{25}{100}+\frac{16}{100}-\frac{8}{100}\right)=\frac{33}{50}.$$

例 1.11 某人外出可以乘坐飞机、火车、轮船、汽车四种交通工具，其概率分别为 5%，15%，30%，50%，乘坐这几种交通工具能如期到达的概率依次为 100%，70%，60%，90%. 求该人如期到达的概率.

解 设 A_1,A_2,A_3,A_4 分别表示乘坐飞机、火车、轮船、汽车四种交通工具，B 表示如期到达，则

$$\begin{aligned}P(B)&=\sum_{i=1}^{4}P(A_i)P(B\mid A_i)\\&=5\%\times100\%+15\%\times70\%+30\%\times60\%+50\%\times90\%\\&=0.785.\end{aligned}$$

故如期到达的概率为 0.785.

例 1.12 有两箱同种类型的零件，第一箱 50 只，其中 10 只一等品；第二箱 30 只，其中 18 只一等品. 今从两箱中任取一箱，然后再从该箱中任取一只，求：(1) 取到的是一等品的概率；(2) 若取到的是一等品，它是来自第一箱的概率.

解 设 A_i="取到第 i 箱产品"$(i=1,2)$，B="取到一等品".

(1) $P(B)=P(A_1)P(B|A_1)+P(A_2)P(B|A_2)=\frac{1}{2}\times\frac{10}{50}+\frac{1}{2}\times\frac{18}{30}=\frac{2}{5}.$

(2) $$P(A_1|B)=\frac{P(A_1)P(B|A_1)}{P(A_1)P(B|A_1)+P(A_2)P(B|A_2)}$$

$$=\frac{\frac{1}{2}\times\frac{10}{50}}{\frac{1}{2}\times\frac{10}{50}+\frac{1}{2}\times\frac{18}{30}}=\frac{1}{4}.$$

例 1.13　设甲袋中装有 6 只白球、4 只红球；乙袋中装有 2 只白球、3 只红球，今从甲袋中任意取 1 只球放入乙袋中，再从乙袋中任意取 1 只球. 问：

(1) 从乙袋取到白球的概率是多少？

(2) 若从乙袋取到白球，则从甲袋取到的也是白球的概率是多少？

解　设 A="从甲袋中取到白球"，B="从乙袋中取到白球".

(1) $P(B)=P(A)P(B|A)+P(\overline{A})P(B|\overline{A})=\frac{6}{10}\times\frac{3}{6}+\frac{4}{10}\times\frac{2}{6}=\frac{13}{30}$.

(2) $P(A|B)=\frac{P(A)P(B|A)}{P(B)}=\frac{\frac{6}{10}\times\frac{3}{6}}{\frac{13}{30}}=\frac{9}{13}$.

例 1.14　某工厂有 4 条流水线生产同一种产品，这 4 条流水线分别占总产量的 15%，20%，30%，35%，又这 4 条流水线的不合格率依次为 0.05，0.04，0.03，0.02. 现从出厂产品中任取 1 件，问恰好抽到不合格品的概率为多少？若该厂规定，出了不合格品要追究有关流水线的经济责任，现在在出厂产品中任取 1 件，结果为不合格品，但标志已脱落. 问第 4 条流水线应承担多大责任？

解　设 A="任取 1 件，恰好抽到不合格品"，B_i="任取 1 件，恰好抽到第 i 条流水线的产品"($i=1,2,3,4$).

由全概率公式可得

$$
\begin{aligned}
P(A) &= \sum_{i=1}^{4} P(B_i)P(A \mid B_i) \\
&=0.15\times0.05+0.20\times0.04+0.30\times0.03+0.35\times0.02 \\
&=0.031\,5=3.15\%.
\end{aligned}
$$

$$
P(B_4 \mid A) = \frac{P(B_4)P(A \mid B_4)}{\sum_{i=1}^{4} P(B_i)P(A \mid B_i)} = \frac{0.35\times0.02}{0.031\,5} = \frac{14}{63} \approx 0.222.
$$

例 1.15　一张储蓄卡的密码共有 6 位数字，每位数字都可从 0 到 9 中任选一个，某人在银行自动提款机上取钱时，忘记了密码的最后一位数字，求：

(1) 任意按最后一位数字，不超过 2 次就按对的概率；

(2) 如果他记得密码的最后一位是偶数，不超过 2 次就按对的概率.

解　设"第 i 次按对密码"为事件 $A_i(i=1,2)$，则 $A=A_1\cup(\overline{A_1}A_2)$表示"不超过 2 次就按对密码".

(1) 因为事件 A_1 与事件$\overline{A_1}A_2$ 互斥，由概率的加法公式得

$$
P(A)=P(A_1)+P(\overline{A}_1A_2)=\frac{1}{10}+\frac{9}{10}\times\frac{1}{9}=\frac{1}{5}.
$$

(2) 设"最后一位是偶数"为事件 B，则

$$P(A|B)=P(A_1|B)+P(\overline{A}_1A_2|B)=\frac{1}{5}+\frac{4}{5}\times\frac{1}{4}=\frac{2}{5}.$$

例 1.16 一批零件共有 100 个,其中有 10 个次品.从中不返回地一个一个取出,求第三次才取得次品的概率是多少?

解 以 A_i 记事件"第 i 次取出的是次品"($i=1,2,3$),则所求概率为 $P(\overline{A}_1\overline{A}_2A_3)$,由乘法公式得

$$P(\overline{A}_1\overline{A}_2A_3)=P(\overline{A}_1)P(\overline{A}_2|\overline{A}_1)P(A_3|\overline{A}_1\overline{A}_2)=\frac{90}{100}\cdot\frac{89}{99}\cdot\frac{10}{98}\approx 0.082\,6.$$

例 1.17 对某一目标依次进行了 3 次独立的射击,设第一、二、三次射击的命中率分别为 0.4,0.5 和 0.7,试求:

(1) 3 次射击中恰好有 1 次命中的概率;

(2) 3 次射击中至少有 1 次命中的概率.

解 令 $A_i=$"第 i 次射击命中目标"($i=1,2,3$),$B=$"3 次中恰好有 1 次命中",$C=$"3 次中至少有 1 次命中".

由题意知 $B=A_1\overline{A}_2\overline{A}_3\cup\overline{A}_1A_2\overline{A}_3\cup\overline{A}_1\overline{A}_2A_3$,$C=A_1\cup A_2\cup A_3$.

由 A_1,A_2,A_3 的独立性知

$$\begin{aligned}(1)\ P(B)&=P(A_1\overline{A}_2\overline{A}_3)+P(\overline{A}_1A_2\overline{A}_3)+P(\overline{A}_1\overline{A}_2A_3)\\&=P(A_1)P(\overline{A}_2)P(\overline{A}_2)+P(\overline{A}_1)P(A_2)P(\overline{A}_3)+P(\overline{A}_1)P(\overline{A}_2)P(A_3)\\&=0.4\times0.5\times0.3+0.6\times0.5\times0.3+0.6\times0.5\times0.7\\&=0.36.\end{aligned}$$

$$\begin{aligned}(2)\ P(A_1\cup A_2\cup A_3)&=1-P(\overline{A_1\cup A_2\cup A_3})\\&=1-P(\overline{A}_1\overline{A}_2\overline{A}_3)\\&=1-0.6\times0.5\times0.3=0.91.\end{aligned}$$

注 通常积事件 $A_1A_2\cdots A_n$ 概率需要通过乘法公式进行计算,但如果它们是相互独立的,则可以利用相互独立的性质.

例 1.18 有 3 名同学各自独立地去解一道数学难题,他们能解出的概率分别为$\frac{1}{5}$,$\frac{1}{3}$,$\frac{1}{4}$.试求:(1) 恰有 1 人解出难题的概率;(2) 难题被解出的概率.

解 设 A,B,C 分别表示第 i 人解出难题的事件($i=1,2,3$).

$$\begin{aligned}&(1)\ P(A\overline{B}\overline{C}\cup\overline{A}B\overline{C}\cup\overline{A}\overline{B}C)\\&=P(A)P(\overline{B})P(\overline{C})+P(\overline{A})P(B)P(\overline{C})+P(\overline{A})P(\overline{B})P(C)\\&=\frac{1}{5}\times(1-\frac{1}{3})\times(1-\frac{1}{4})+(1-\frac{1}{5})\times\frac{1}{3}\times(1-\frac{1}{4})+(1-\frac{1}{5})\times(1-\frac{1}{3})\times\frac{1}{4}\\&=\frac{13}{30}.\end{aligned}$$

(2) $P(A\cup B\cup C)=1-P(\overline{A})P(\overline{B})P(\overline{C})$

$$=1-(1-\frac{1}{5})\times(1-\frac{1}{3})\times(1-\frac{1}{4})$$

$$=\frac{3}{5}.$$

例 1.19 设 3 次独立试验中，事件 A 出现的概率相等，若已知 A 至少出现 1 次的概率等于 $\frac{19}{27}$，则事件 A 在 1 次试验中出现的概率多大？

解 记 $A_i=$“事件 A 在第 i 次试验中出现”，则 $P(A_i)=p(i=1,2,3)$.

故由 3 次试验独立知

$$P(A_1\cup A_2\cup A_3)=1-P(\overline{A}_1\overline{A}_2\overline{A}_3)=1-P(\overline{A}_1)P(\overline{A}_2)P(\overline{A}_3)$$

$$=1-(1-p)^3=\frac{19}{27}.$$

因此，解得 $p=\frac{1}{3}$.

注 在解题中把 $\overline{A}_1\overline{A}_2\overline{A}_3$ 写成 $\overline{A}\overline{A}\overline{A}$ 是不妥当的，因为 $\overline{A}\overline{A}\overline{A}=\overline{A}$.

例 1.20 加工某一零件共需经过 4 道工序，设第一、二、三、四道工序的次品率分别为 2%，3%，5%，3%，假定各道工序是互不影响的，求加工零件的次品率.

解 令 A_i 表示第 i 道工序出现次品$(i=1,2,3,4)$，B 表示加工出来的零件是次品，则 $P(A_1)=2\%$，$P(A_2)=3\%$，$P(A_3)=5\%$，$P(A_4)=3\%$.

加工出的成品率为

$$P(\overline{A}_1\ \overline{A}_2\ \overline{A}_3\ \overline{A}_4)=P(\overline{A_1})P(\overline{A_2})P(\overline{A_3})P(\overline{A_4})$$

$$=(1-2\%)(1-3\%)(1-5\%)(1-3\%)$$

$$=0.98\times0.97\times0.95\times0.97=0.876.$$

次品率为

$$P(B)=1-P(\overline{A}_1\ \overline{A}_2\ \overline{A}_3\ \overline{A}_4)=1-0.876=0.124.$$

例 1.21 证明：若 $P(A|B)=P(A|\overline{B})$，则 A,B 相互独立.

证 因为 $P(A|B)=P(A|\overline{B})$，所以

$$\frac{P(AB)}{P(B)}=\frac{P(A\overline{B})}{P(\overline{B})},$$

即 $P(AB)P(\overline{B})=P(A\overline{B})P(B)$，则

$$P(AB)[1-P(B)]=[P(A)-P(AB)]P(B).$$

因此 $P(AB)=P(A)P(B)$，故 A,B 相互独立.

例 1.22 证明：若 3 个事件 A,B,C 独立，则 $A\cup B,AB,A-B$ 都与 C 独立.

证 因为 A,B,C 独立，从而有

$$\begin{aligned}P[(A\cup B)\cap C]&=P(AC\cup BC)\\&=P(AC)+P(BC)-P(ABC)\\&=P(A)P(C)+P(B)P(C)-P(A)P(B)P(C)\\&=[P(A)+P(B)-P(A)P(B)]P(C)\\&=P(A\cup B)P(C).\end{aligned}$$

$$P(ABC)=P(A)P(B)P(C)=P(AB)P(C).$$

$$\begin{aligned}P[(A-B)\cap C]&=P(A\bar{B}C)=P(AC-B)=P(AC)-P(ABC)\\&=P(A)P(C)-P(A)P(B)P(C)\\&=[P(A)-P(A)P(B)]P(C)\\&=[P(A)-P(AB)]P(C)\\&=P(A-B)P(C)\end{aligned}$$

所以 $A\cup B,AB,A-B$ 都与 C 独立.

例 1.23(会面问题) 甲、乙两人约定在 6 时到 7 时在某处会面，并约定先到者应等候另一个人一刻钟，过时即可离去，求两人能会面的概率.

解 以 x 和 y 分别表示甲、乙到达约会地点的时间，则两人能够会面的充要条件是

$$|x-y|\leqslant 15.$$

在平面上建立直角坐标系，则 (x,y) 的所有可能结果是边长为 60 的正方形，而可能会面的充要条件是

$$|x-y|\leqslant 15.$$

这是一个几何概率问题，由等可能性知

$$P(A)=\frac{S_A}{S_\Omega}=\frac{60^2-45^2}{60^2}=\frac{7}{16}.$$

例 1.24 在长度为 a 的线段内任取两点，将其分成 3 段，求它们可以构成一个三角形的概率.

解 设一段长为 x，另一段长为 y，样本空间 S：$0<x<a,0<y<a,0<x+y<a$. 所求事件(见图 1-1)满足

$$\begin{cases}0<x<\dfrac{a}{2},\\0<y<\dfrac{a}{2},\\x+y>(a-x-y).\end{cases}$$

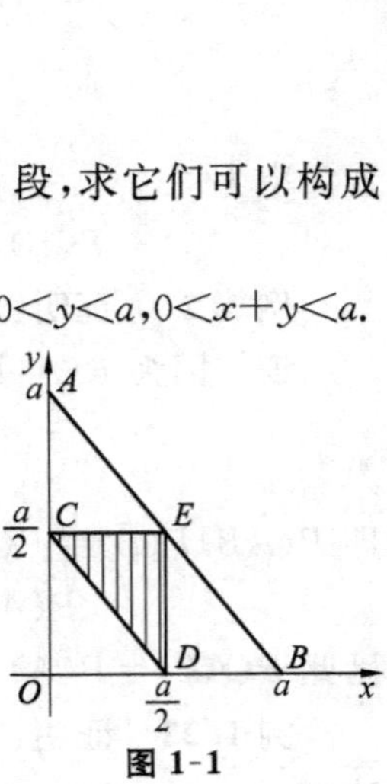

图 1-1

从而所求概率 $=\dfrac{S_{\triangle CDE}}{S_{\triangle OAB}}=\dfrac{1}{4}.$

考研真题

1. 从 0,1,2,…,9 这 10 个数字中,任意选出 3 个不同的数字,试求下列事件的概率:$A_1=\{3$ 个数字中不含 0 和 $5\}$;$A_2=\{3$ 个数字中不含 0 或 $5\}$.

解　如果取得的 3 个数字不含 0 和 5,则这 3 个数字必须在其余的 8 个数字中取得,故事件 A_1 所含的样本点的个数为 C_8^3,从而

$$P(A_1)=\frac{C_8^3}{C_{10}^3}=\frac{7}{15}.$$

对事件 A_2,有 3 种方法.

方法 1　引入下列事件:

$B_1=\{3$ 个数字中含 0,不含 $5\}$;

$B_2=\{3$ 个数字中含 5,不含 $0\}$;

$B_3=\{3$ 个数字中既不含 0,又不含 $5\}$.

则 $A_2=B_1\cup B_2\cup B_3$ 且 B_1,B_2,B_3 两两互不相容,于是有

$$P(A_2)=P(B_1)+P(B_2)+P(B_3)=\frac{C_8^2}{C_{10}^3}+\frac{C_8^2}{C_{10}^3}+\frac{C_8^3}{C_{10}^3}=\frac{14}{15}.$$

方法 2　利用逆事件进行计算.

若注意到 $\overline{A}_2=\{3$ 个数字中既含有 0 又含 $5\}$,则有

$$P(A_2)=1-P(\overline{A}_2)=1-\frac{C_8^1}{C_{10}^3}=1-\frac{1}{15}=\frac{14}{15}.$$

方法 3　利用加法公式进行计算.

若引入事件 $C_1=\{3$ 个数字中不含 $0\}$,$C_2=\{3$ 个数字中不含 $5\}$,则 $A_2=C_1\cup C_2$,从而有

$$P(A_2)=P(C_1)+P(C_2)-P(C_1C_2)=\frac{C_9^3}{C_{10}^3}+\frac{C_9^3}{C_{10}^3}-\frac{C_8^3}{C_{10}^3}$$
$$=\frac{7}{10}+\frac{7}{10}-\frac{7}{15}=\frac{14}{15}.$$

注　由此例可见,如果能利用事件间的运算关系,将一个较为复杂的事件分解成若干个比较简单的事件的和、差、积等,再利用相应的概率公式,就能比较简便地计算较复杂事件的概率.

2. 若 A,B 为任意两个随机事件,则(　　).

(A) $P(AB)\leqslant P(A)P(B)$　　(B) $P(AB)\geqslant P(A)P(B)$

(C) $P(AB)\leqslant\frac{P(A)+P(B)}{2}$　　(D) $P(AB)\geqslant\frac{P(A)+P(B)}{2}$

解　由于 $AB\subset A,AB\subset B$,由概率的基本性质可得 $P(AB)\leqslant P(A)$ 且

$P(AB) \leqslant P(B)$,从而 $P(AB) \leqslant \dfrac{P(A)+P(B)}{2}$,故选(C).

3. 设事件 A 与事件 B 互不相容,则(　　).

(A) $P(\overline{A}\overline{B})=0$　　(B) $P(AB)=P(A)P(B)$

(C) $P(A)=1-P(B)$　　(D) $P(\overline{A}\cup\overline{B})=1$

解　因为 $P(\overline{A}\cup\overline{B})=P(\overline{AB})=1-P(AB)=1$,故选(D).

4. 设 A, B 为随机事件,且 $P(B)>0$, $P(A|B)=1$, 则必有(　　).

(A) $P(A\cup B)>P(A)$　　(B) $P(A\cup B)>P(B)$

(C) $P(A\cup B)=P(A)$　　(D) $P(A\cup B)=P(B)$

解　$$\begin{aligned}P(A\cup B)&=P(A)+P(B)-P(AB)=P(A)+P(B)-P(A|B)P(B)\\&=P(A)+P(B)-P(B)=P(A),\end{aligned}$$

故选(C).

5. 已知 A,B 为任意两个事件且 $A\subset B$, $P(B)>0$,则下列选项必然成立的是(　　).

(A) $P(A)<P(A|B)$　　(B) $P(A)\leqslant P(A|B)$

(C) $P(A)>P(A|B)$　　(D) $P(A)\geqslant P(A|B)$

解　由 $A\subset B$, $0<P(B)\leqslant 1$,有

$$P(A|B)=\frac{P(AB)}{P(B)}=\frac{P(A)}{P(B)}\geqslant P(A),$$

故选(B).

6. 某人向同一目标独立地重复射击,每次射击命中目标的概率为 $p(0<p<1)$,则此人第 4 次射击恰好第 2 次命中的概率为(　　).

(A) $3p(1-p)^2$　　(B) $6p(1-p)^2$

(C) $3p^2(1-p)^2$.　　(D) $6p^2(1-p)^2$

解　设事件 A="第 4 次射击恰好第 2 次命中目标",则 A 表示共射击 4 次,其中前 3 次只有 1 次击中目标,且第 4 次才第 2 次击中目标,因此

$$P(A)=C_3^1\ p(1-p)^2\cdot p=3p^2(1-p)^2,$$

故选(C).

7. 对于任意两事件 A 和 B,则(　　).

(A) 若 $AB\neq\varnothing$,则 A,B 一定独立　　(B)若 $AB\neq\varnothing$,则 A,B 有可能独立

(C) 若 $AB=\varnothing$,则 A,B 一定独立　　(D)若 $AB=\varnothing$,则 A,B 一定不独立

解　$AB=\varnothing$ 推不出 $P(AB)=P(A)P(B)$,因此推不出 A,B 一定独立,排除(A);若 $AB=\varnothing$,则 $P(AB)=0$,但 $P(A)P(B)$是否为零不确定,因此(C),(D) 也不成立,故选(B).

注　当 $P(A)\neq 0$, $P(B)\neq 0$ 时,若 A,B 相互独立,则一定有 $P(AB)=$

$P(A)P(B)\neq 0$,从而有 $AB\neq\varnothing$.可见,当 A,B 相互独立时,往往 A,B 并不是互斥的.

8. 设 A,B 是两个随机事件,且 $0<P(A)<1,0<P(B)<1,P(B|A)=P(B|\overline{A})$,则必有(　　).

(A) $P(A|B)=P(\overline{A}|B)$　　(B) $P(A|B)\neq P(\overline{A}|B)$

(C) $P(AB)=P(A)P(B)$　　(D) $P(AB)\neq P(A)P(B)$

解　因为 $P(B|A)=P(B|\overline{A})$,所以

$$\frac{P(AB)}{P(A)}=\frac{P(\overline{A}B)}{P(\overline{A})},$$

$$\frac{P(AB)}{P(A)}=\frac{P(B)-P(AB)}{1-P(A)},$$

得 $P(AB)=P(A)P(B)$,故选(C).

9. 将一枚硬币独立地掷两次,引进事件:$A_1=\{$掷第一次出现正面$\}$,$A_2=\{$掷第二次出现正面$\}$,$A_3=\{$正、反面各出现一次$\}$,$A_4=\{$正面出现两次$\}$,则事件(　　).

(A) A_1,A_2,A_3 相互独立　　(B) A_2,A_3,A_4 相互独立

(C) A_1,A_2,A_3 两两独立　　(D) A_2,A_3,A_4 两两独立

解　因为 $P(A_1)=P(A_2)=P(A_3)=\frac{1}{2}$,$P(A_4)=\frac{1}{4}$,且

$$P(A_1A_2)=P(A_1A_3)=P(A_2A_3)=P(A_2A_4)=\frac{1}{4},\ P(A_1A_2A_3)=0,$$

所以有

$$P(A_1A_2)=P(A_1)P(A_2),$$
$$P(A_1A_3)=P(A_1)P(A_3),$$
$$P(A_2A_3)=P(A_2)P(A_3),$$
$$P(A_2A_4)\neq P(A_2)P(A_4),$$
$$P(A_1A_2A_3)\neq P(A_1)P(A_2)P(A_3).$$

故 A_1,A_2,A_3 两两独立但不相互独立,A_2,A_3,A_4 不两两独立更不相互独立,故选(C).

10. 设两个相互独立的事件 A 和 B 都不发生的概率为 $\frac{1}{9}$,A 发生 B 不发生的概率与 B 发生 A 不发生的概率相等,则 $P(A)=$________.

解　由题意得

$$P(\overline{A}\overline{B})=1/9,\ P(A\overline{B})=P(\overline{A}B).$$

因为 A 和 B 相互独立,所以 $A,\overline{B}$ 和 $\overline{A},B$ 也相互独立,于是由 $P(A\overline{B})=P(\overline{A}B)$ 有 $P(A)P(\overline{B})=P(\overline{A})P(B)$,即有

$$P(A)[1-P(B)]=[1-P(A)]P(B),$$

可得 $P(A)=P(B)$，从而有

$$P(\overline{A}\overline{B})=P(\overline{A})P(\overline{B})=[1-P(A)]^2=1/9,$$

解得 $P(A)=2/3$.

11. 设事件 A,B 相互独立，$P(B)=0.5$，$P(A-B)=0.3$ 则 $P(B-A)=$ ( ).

(A) 0.1 (B) 0.2 (C) 0.3 (D) 0.4

解 因为 $P(B)=0.5$，所以

$$\begin{aligned}P(A-B)&=P(A)-P(AB)=P(A)-P(A)P(B)\\&=P(A)-0.5P(A)=0.5P(A),\end{aligned}$$

又因为 $P(A-B)=0.3$，所以 $P(A)=0.6$，则

$$P(B-A)=P(B)-P(AB)=0.5-0.5P(A)=0.2.$$

故选(B).

12. 设工厂 A 和工厂 B 的次品率分别为 1% 和 2%，现从由 A 和 B 的产品分别占 60% 和 40% 的一批产品中随机抽取一件，发现是次品，则该次品属 A 厂产品的概率是________.

解 设事件 A 表示产品由 A 厂生产，B 表示产品由 B 厂生产，C 表示抽取的是次品.

$$\begin{aligned}P(C)&=P(A)P(C|A)+P(B)P(C|B)\\&=60\%\times1\%+40\%\times2\%=1.4\%,\end{aligned}$$

$$P(A|C)=\frac{P(AC)}{P(C)}=\frac{P(A)P(C|A)}{P(C)}=\frac{60\%\times1\%}{1.4\%}=\frac{3}{7}.$$

13. 袋中有 50 个乒乓球，其中 20 个是黄球，30 个是白球. 今有两人依次随机地从袋中各取一球，取后不放回，则第二个人取得黄球的概率是________.

解 设事件 A_1 表示第一人取得黄球，A_2 表示第二人取得黄球.

$$\begin{aligned}P(A_2)&=P(A_1)P(A_2|A_1)+P(\overline{A}_1)P(A_2|\overline{A}_1)\\&=\frac{20}{50}\times\frac{19}{49}+\frac{30}{50}\times\frac{20}{49}=\frac{2}{5}.\end{aligned}$$

14. 设两两相互独立的 3 个事件 A,B,C 满足条件：$ABC=\varnothing$，$P(A)=P(B)=P(C)<\frac{1}{2}$，且 $P(A\cup B\cup C)=\frac{9}{16}$，则 $P(A)=$________.

解 $P(A\cup B\cup C)=P(A)+P(B)+P(C)-P(AB)-P(AC)-P(BC)+P(ABC)$. 因为 A,B 和 C 两两相互独立，$ABC=\varnothing$，$P(A)=P(B)=P(C)<\frac{1}{2}$，所以

$$P(AB)=P(AC)=P(BC)=P^2(A),$$

$$P(ABC)=P(\varnothing)=0.$$

从而

$$P(A\cup B\cup C)=3P(A)-3P^2(A)=\frac{9}{16},$$

解得 $P(A)=\frac{3}{4}$或 $P(A)=\frac{1}{4}$.

因为 $P(A)<\frac{1}{2}$,所以 $P(A)=\frac{1}{4}$.

15. 玻璃杯成箱出售,每箱 20 只,假设各箱含 0 个、1 个、2 个残次品的概率相应为 0.8,0.1,0.1. 一顾客欲买一箱玻璃杯,售货员随意取出一箱,顾客开箱后,随意查看 4 只,若无次品,则买下这箱玻璃杯,否则退回. 试求:

(1) 顾客买下该箱的概率 α;

(2) 在顾客买下的一箱中,确无次品的概率 β.

解　设 A=“顾客买下该箱玻璃杯”,B_i=“箱中恰有 i 个残次品”($i=0,1,2$),则

$$A=B_0A+B_1A+B_2A.$$

(1) 由全概率公式,可得

$$\begin{aligned}\alpha=P(A)&=P(B_0)P(A|B_0)+P(B_1)P(A|B_1)+P(B_2)P(A|B_2)\\&=0.8\times1+0.1\times\frac{C_{19}^4}{C_{20}^4}+0.1\times\frac{C_{18}^4}{C_{20}^4}\approx0.94.\end{aligned}$$

(2) 由贝叶斯公式,可得

$$\beta=P(B_0|A)=\frac{P(B_0)P(A|B_0)}{P(A)}=\frac{0.8}{0.94}=0.85.$$

16. 某招生处收到来自 3 个地区的考生报名表,数量分别为 10 份、15 份、25 份,其中女生的报名表分别为 3 份、7 份、5 份. 今随机地取一个地方的报名表,从中先后取出两份.

(1) 求先取出的一份为女生表的概率 p;

(2) 已知后抽到的一份是男生表,求先取到的一份是女生表的概率 q.

解　设 A_i=“第 i 次抽到女生表”($i=1,2$);B_i=“取到第 i 个地区的报名表”($i=1,2,3$).

(1) 所求概率为 $P(A_1)$,因为 $A_1=B_1A_1+B_2A_1+B_3A_1$,所以由全概率公式,有

$$\begin{aligned}p=P(A_1)&=P(B_1)P(A_1|B_1)+P(B_2)P(A_1|B_2)+P(B_3)P(A_1|B_3)\\&=\frac{1}{3}\left(\frac{3}{10}+\frac{7}{15}+\frac{5}{25}\right)=\frac{29}{90}.\end{aligned}$$

(2) $q=P(A_1|\overline{A}_2)=\dfrac{P(A_1\overline{A}_2)}{P(\overline{A}_2)}.$

而 $A_1\overline{A}_2=A_1\overline{A}_2B_1\cup A_1\overline{A}_2B_2\cup A_1\overline{A}_2B_3$，所以

$$P(A_1\overline{A}_2)=P(B_1)P(A_1\overline{A}_2|B_1)+P(B_2)P(A_1\overline{A}_2|B_2)+P(B_3)P(A_1\overline{A}_2|B_3)$$
$$=\frac{1}{3}\times(\frac{3}{10}\times\frac{7}{9}+\frac{7}{15}\times\frac{8}{14}+\frac{5}{25}\times\frac{20}{24})=\frac{2}{9},$$

又
$$P(\overline{A}_2)=\frac{1}{3}\times\left(\frac{7}{10}+\frac{8}{15}+\frac{20}{25}\right)=\frac{61}{90},$$

故
$$q=\frac{P(A_1\overline{A}_2)}{P(\overline{A}_2)}=\frac{\frac{2}{9}}{\frac{61}{90}}=\frac{20}{61}.$$

17. 设两箱内装有同种零件，第一箱装 50 件，其中有 10 件一等品，第二箱装 30 件，其中有 18 件一等品. 先从两箱中任挑一箱，再从此箱中前后不放回地任取两个零件，求：

(1) 取出的零件是一等品的概率；

(2) 在先取的是一等品的条件下，后取的仍是一等品的条件概率.

解 设事件 A_i＝"从第 i 箱取的零件"，B_i＝"第 i 次取的零件是一等品".

(1) $P(B_1)=P(A_1)P(B_1|A_1)+P(A_2)P(B_1|A_2)$

$$=\frac{1}{2}\times\frac{10}{50}+\frac{1}{2}\times\frac{18}{30}=\frac{2}{5}.$$

(2) $P(B_1B_2)=\frac{1}{2}\frac{C_{10}^2}{C_{50}^2}+\frac{1}{2}\frac{C_{18}^2}{C_{30}^2}=0.194$，则

$$P(B_2|B_1)=\frac{P(B_1B_2)}{P(B_1)}=\frac{0.194}{\frac{2}{5}}=0.485.$$

18. 在区间(0,1)中随机地取两个数，则这两个数之差的绝对值小于$\frac{1}{2}$的概率为________.

解 如图 1-2 所示，这是一个几何概型，设 x，y 为所取的两个数，则样本空间 $S=\{(x,y)|0<x,y<1\}$，记 $A=\left\{(x,y)|(x,y)\in S,|x-y|<\frac{1}{2}\right\}$.

故$P(A)=\frac{S_A}{S_S}=\frac{\frac{3}{4}}{1}=\frac{3}{4}$(其中 S_A，S_S 分别表示 A，S 的面积).

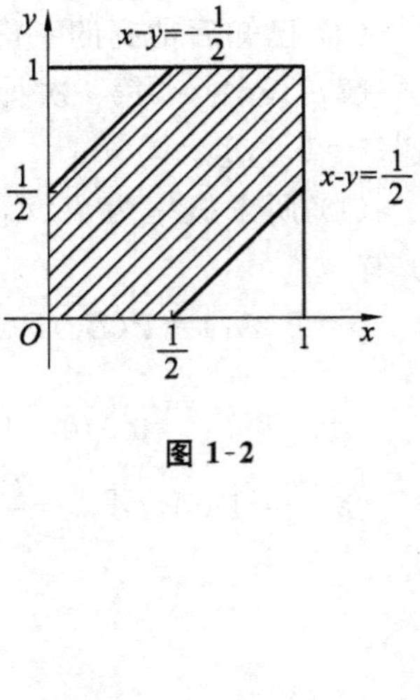

图 1-2

自测题

一、填空题

1. 设 A,B,C 是三个随机事件，试用 A,B,C 分别表示下列事件：

(1) A,B,C 至少有一个发生____________________________；

(2) A,B,C 中恰有一个发生____________________________；

(3) A,B,C 不多于一个发生____________________________.

2. 设事件 A,B 互不相容，且 $P(A)=0.8,P(B)=0.1$，则 $P(A-B)=$________.

3. 设 A,B 为随机事件，$P(A)=0.5,P(B)=0.6,P(B|A)=0.8$，则 $P(B\cup A)=$________.

4. 从 1,2,3,4,5 五个数中任取 3 个，组成没有重复数字的三位数，则这三位数是偶数的概率为________.

5. 已知 $P(A)=0.5,P(B)=0.2$，事件 A 与 B 相互独立，则 $P(\overline{A}\cup\overline{B})=$________.

二、选择题

1. 在某学校学生中任选一名学生，设事件 A 表示“选出的学生是男生”，B 表示“选出的学生是三年级学生”，C 表示“选出的学生是篮球运动员”，则 ABC 的含义是(　　).

(A) 选出的学生是三年级男生

(B) 选出的学生是三年级男子篮球运动员

(C) 选出的学生是男子篮球运动员

(D) 选出的学生是三年级篮球运动员

2. 在随机事件 A,B,C 中，A 和 B 两事件至少有一个发生而 C 事件不发生的随机事件可表示为(　　).

(A) $A\overline{C}\cup B\overline{C}$　　(B) $AB\overline{C}$

(C) $AB\overline{C}\cup A\overline{B}C\cup\overline{A}BC$　　(D) $A\cup B\cup\overline{C}$

3. 某人射击时，中靶的概率为 3/4，如果射击直到中靶为止，则射击次数为 3 的概率为(　　).

(A) $(3/4)^3$　　(B) $(3/4)^2\times1/4$

(C) $(1/4)^2\times3/4$　　(D) $(3/4)^3$

4. 抛一枚硬币，反复掷 4 次，则恰有 3 次出现正面的概率是(　　).

(A) $\frac{1}{16}$　　(B) $\frac{1}{8}$

(C) $\frac{1}{10}$　　(D) $\frac{1}{4}$

5. 设 A,B 互为对立事件，且 $P(A)>0,P(B)>0$，则下列各式中错误的是(　　).

(A) $P(\overline{B}|A)=0$　　(B) $P(A|B)=0$

(C) $P(AB)=0$　　(D) $P(A\cup B)=1$

三、解答题

1. 一个袋内装有大小相同的7个球，其中4个是白球、3个是黑球、从中一次抽取3个，计算至少有两个是白球的概率.

2. 一个宿舍中住有6位同学，计算下列事件的概率：

(1) 6人中至少有1人生日在10月份；

(2) 6人中恰有4人生日在10月份；

(3) 6人中恰有4人生日在同一月份.

3. 已知 $P(\overline{A})=0.3,P(B)=0.4,P(A\overline{B})=0.5$，求 $P(B|A\cup\overline{B})$.

4. 有甲、乙、丙三门火炮同时独立地向某目标射击，命中率分别为0.2，0.3，0.5. 求：(1) 至少有一门火炮命中目标的概率；(2) 恰有一门火炮命中目标的概率.

5. 两台车床加工同样的零件，第一台加工的废品率为0.03，第二台加工的废品率为0.02. 加工出来的零件不加标签混合放在一起，已知这批零件中，由第一台车床加工的占2/3，由第二台加工的占1/3，从这批零件中任取一件，求：(1) 取到合格品的概率；(2) 取到的合格品是由第二台车床加工的概率.

第二章

随机变量及其分布

基本要求

(1) 理解随机变量的概念，理解分布函数的概念及其性质.

(2) 理解离散型随机变量及分布律的概念，掌握 0－1 分布、二项分布、泊松分布，会求离散型随机变量的分布函数和概率.

(3) 理解连续型随机变量及其概率密度的概念，掌握均匀分布、指数分布、正态分布，会求连续型随机变量的分布函数和概率.

(4) 会求随机变量函数的分布.

内容提要

1. 随机变量

设 S 是随机试验的样本空间，如果对于试验的每一个可能结果 $e\in S$，都有唯一的实数 $X(e)$ 与之对应，则称 $X(e)$ 为定义在 S 上的随机变量，简记为 X. 随机变量通常用大写字母 X,Y,Z 或希腊字母 ζ、η、γ 表示.

2. 分布函数及其性质

设 X 为随机变量，x 为任意实数，函数 $F(x)=P\{X\leqslant x\}(-\infty<x<+\infty)$ 称为随机变量 X 的分布函数.

分布函数具有以下性质：

(1) 如果 $x_1<x_2$，则 $F(x_1)\leqslant F(x_2)$；

(2) $0\leqslant F(x)\leqslant 1$，$\lim\limits_{x\to-\infty}F(x)=0$，$\lim\limits_{x\to+\infty}F(x)=1$；

(3) $F(x)$ 关于 x 右连续，即 $F(x+0)=F(x)$.

根据分布函数的定义可求下列事件的概率.

$$P\{a<X\leqslant b\}=F(B)-F(a);$$

$$P\{X=a\}=F(a)-F(a-0);$$

$$P\{a \leqslant X \leqslant b\}=F(B)-F(a-0);$$
$$P\{X \geqslant a\}=1-F(a-0);$$
$$P\{a<X<b\}=F(b-0)-F(a);$$
$$P\{X<a\}=F(a-0).$$

3. 离散型随机变量及其概率分布

如果随机变量 X 只能取有限个或可列无限个可能值，则称 X 为离散型随机变量.

如果 X 的一切可能值为 $x_1,x_2,\cdots$，并且 X 取 x_k 的概率为 p_k，则称

$$p_k=P\{X=x_k\}(k=1,2,3,\cdots)$$

为离散型随机变量 X 的分布律.

分布律也可写成表格形式(见表 2-1).

表 2-1

X	x_1	x_2	$\cdots$	x_k	$\cdots$
p	p_1	p_2	$\cdots$	p_k	$\cdots$

分布律满足下面两条性质：

(1) $p_k \geqslant 0$；

(2) $\sum\limits_k p_k=1$.

常见的离散型随机变量的分布包括：

(1) 0-1 分布，分布律为

$$P\{X=k\}=p^k(1-p)^{1-k},\ k=0,1,\ 0<p<1;$$

(2) 二项分布，记为 $X \sim B(n,p)$，分布律为

$$P\{X=k\}=C_n^k p^k(1-p)^{n-k},\ k=0,1,\cdots,n,\ 0<p<1;$$

(3) 泊松分布，记为 $X \sim P(\lambda)$ 或 $x \sim \pi(\lambda)$，分布律为

$$P\{X=k\}=\frac{\lambda^k e^{-\lambda}}{k!},\ k=0,1,2,\cdots,\ \lambda>0.$$

泊松定理 设 $\lambda>0$ 是一常数，n 是任意正整数，设 $np_n=\lambda$，则对于任一固定的非负整数 k，有 $\lim\limits_{n \to \infty} C_n^k p_n^k(1-p_n)^{n-k}=\frac{\lambda^k e^{-\lambda}}{k!}$.

当 n 很大且 p 很小时，二项分布可以用泊松分布近似代替，即

$$C_n^k p^k(1-p)^{n-k} \approx \frac{\lambda^k e^{-\lambda}}{k!}\ (\lambda=np).$$

(4) 几何分布，记为 $X \sim G(P)$，分布律为

$$P\{X=k\}=p(1-p)^{k-1},\ k=1,2,\cdots,\ 0<p<1.$$

进行重复独立试验，设每次试验成功的概率为 p,失败的概率为 $1-p$，将试验进行到出现一次成功为止.以 X 表示所需的试验次数,则 X 的分布律即为上式.

(5) 超几何分布,记为 $X\sim H(n,M,N)$,分布律为

$$P\{X=k\}=\frac{C_M^k C_{N-M}^{n-k}}{C_N^n},\ k=0,1,\cdots,\min(n,M),$$

其中,n,N,M 为正整数,且 $M\leqslant N,n\leqslant N$.

考虑在含有 M 件次品的 N 件产品中无放回地取 n 件,则次品数恰为 k 件的概率即为上式,因此次品数 X 的分布为超几何分布.

4. 连续型随机变量及其概率分布

如果对于随机变量 X 的分布函数 $F(x)$,存在非负可积函数 $f(x)$,使对于任一实数 x,有 $F(x)=\int_{-\infty}^{x}f(t)\mathrm{d}t$,则称 X 为连续型随机变量,函数 $f(x)$ 称为 X 的概率密度函数.

概率密度函数具有以下性质：

(1) $f(x)\geqslant 0$；

(2) $\int_{-\infty}^{+\infty}f(x)\mathrm{d}x=1$；

(3) $P\{x_1<X\leqslant x_2\}=\int_{x_1}^{x_2}f(x)\mathrm{d}x$；

(4) $P\{X=a\}=0$,其中 a 为任意常数；

(5) 如果 $f(x)$在 x 处连续,则 $F'(x)=f(x)$.

常见的连续型随机变量的分布包括：

(1) 均匀分布,记为 $X\sim U[a,b]$,概率密度为

$$f(x)=\begin{cases}\dfrac{1}{b-a}, & a\leqslant x\leqslant b,\\ 0, & \text{其他},\end{cases}$$

相应的分布函数为

$$F(x)=\begin{cases}0, & x<a,\\ \dfrac{x-a}{b-a}, & a\leqslant x\leqslant b,\\ 1, & x>b.\end{cases}$$

(2) 指数分布,记为 $X\sim E(\theta)$,概率密度为

$$f(x)=\begin{cases}\dfrac{1}{\theta}\mathrm{e}^{-\frac{x}{\theta}}, & x>0,\\ 0, & x\leqslant 0,\end{cases}$$

相应的分布函数为

$$F(x)=\begin{cases}1-e^{-\frac{x}{\theta}}, & x>0,\\ 0, & x\leqslant 0.\end{cases}$$

(3) 正态分布,记为 $X\sim N(\mu,\sigma^2)$,概率密度为

$$f(x)=\frac{1}{\sqrt{2\pi}\sigma}e^{-\frac{(x-\mu)^2}{2\sigma^2}}, \quad -\infty<x<+\infty,$$

相应的分布函数为

$$F(x)=\frac{1}{\sqrt{2\pi}\sigma}\int_{-\infty}^{x}e^{-\frac{(t-\mu)^2}{2\sigma^2}}dt.$$

概率密度曲线 $f(x)$关于直线 $x=\mu$ 对称.

当 $\mu=0,\sigma=1$,即 $X\sim N(0,1)$时,称 X 服从标准正态分布.这时分别用 $\varphi(x)$ 和 $\Phi(x)$表示 X 的概率密度函数和分布函数,即

$$\varphi(x)=\frac{1}{\sqrt{2\pi}}e^{-\frac{x^2}{2}}, \quad \Phi(x)=\frac{1}{\sqrt{2\pi}}\int_{-\infty}^{x}e^{-\frac{t^2}{2}}dt, \quad -\infty<x<+\infty.$$

标准正态分布函数具有性质:

① $\Phi(0)=\frac{1}{2}$;

② $\Phi(-x)=1-\Phi(x)$.

定理 若 $X\sim N(\mu,\sigma^2)$,则 $Z=\frac{X-\mu}{\sigma}\sim N(0,1)$.

由一般正态分布和标准正态分布的关系知,若 $X\sim N(\mu,\sigma^2)$,则

$$P\{x_1<X\leqslant x_2\}=P\left\{\frac{x_1-\mu}{\sigma}<\frac{X-\mu}{\sigma}\leqslant\frac{x_2-\mu}{\sigma}\right\}=\Phi\left(\frac{x_1-\mu}{\sigma}\right)-\Phi\left(\frac{x_2-\mu}{\sigma}\right)$$

设 $X\sim N(0,1)$,若 z_α 满足条件 $P\{X>z_\alpha\}=\alpha,0<\alpha<1$,则称点 z_α 为标准正态分布的上 α 分位点.

易知 $z_{1-\alpha}=-z_\alpha$.

5. 随机变量函数的分布

(1) 离散型随机变量函数的分布

设 X 为离散型随机变量,其分布律见表 2-2.

表 2-2

X	x_1	x_2	x_3	…	x_n	…
p	p_1	p_2	p_3	…	p_n	…

则 $Y=g(X)$也为离散型随机变量,其分布律见表 2-3.

表 2-3

Y	$y_1=g(x_1)$	$y_2=g(x_2)$	$y_3=g(x_3)$	…	$y_n=g(x_n)$	…
p	p_1	p_2	p_3	…	p_n	…

当 y_i 有相同值时,要合并为一项,对应的概率相加.

(2) 连续型随机变量函数的分布

设 X 为连续型随机变量,概率密度为 $f_X(x)$,$Y=g(X)$为连续函数,求 $Y=g(X)$的概率密度 $f_Y(y)$.

① 分布函数法

先求 $Y=g(X)$的分布函数,

$$F_Y(y)=P\{Y\leqslant y\}=P\{g(X)\leqslant y\}=P\{X\in G\}=\int_G f_X(x)\mathrm{d}x,$$

然后求 $f_Y(y)=[F_Y(y)]'$.

② 公式法

设随机变量 X 的概率密度为 $f_X(x)$,$-\infty<x<+\infty$,$Y=g(X)$,其中 $y=g(x)$为严格单调可导函数,$x=h(y)$为其反函数,则 Y 的概率密度为

$$f_Y(y)=\begin{cases} f[h(y)]\,|h'(y)|, & \alpha<y<\beta, \\ 0, & 其他. \end{cases}$$

其中,$\alpha=\min\{g(-\infty),g(+\infty)\}$,$\beta=\max\{g(-\infty),g(+\infty)\}$.

注 若 $f(x)$只在$[a,b]$上非零,且满足定理其他条件,此时

$$\alpha=\min\{g(a),g(B)\},\ \beta=\max\{g(a),g(B)\}.$$

典型例题

例 2.1 分析下列函数是否可作为分布函数.若是分布函数,判断是哪类随机变量的分布函数.

(1) $F(x)=\begin{cases} 0, & x<-2, \\ \dfrac{1}{2}, & -2\leqslant x<0, \\ 1, & x\geqslant 0. \end{cases}$ (2) $F(x)=\begin{cases} 0, & x<0, \\ \sin x, & 0\leqslant x<\pi, \\ 1, & x\geqslant \pi. \end{cases}$

(3) $F(x)=\begin{cases} 0, & x<0, \\ x+\dfrac{1}{2}, & 0\leqslant x<\dfrac{1}{2}, \\ 1, & x\geqslant \dfrac{1}{2}. \end{cases}$

解 (1) $F(x)$在$(-\infty,+\infty)$上单调不减且右连续.同时,$\lim\limits_{x\to-\infty}F(x)=0$,

$\lim\limits_{x\to+\infty}F(x)=1$. 故 $F(x)$ 是随机变量的分布函数. 由 $F(x)$ 的图形可知是阶梯形曲线, 故 $F(x)$ 是离散型随机变量的分布函数.

(2) 由于 $F(x)$ 在 $\left[\frac{\pi}{2},\pi\right]$ 上单调下降, 故 $F(x)$ 不是随机变量的分布函数. 但只要将 $F(x)$ 中的 π 改为 $\frac{\pi}{2}$, $F(x)$ 就满足单调不减右连续, 且 $\lim\limits_{x\to-\infty}F(x)=0$, $\lim\limits_{x\to+\infty}F(x)=1$, 这时 $F(x)$ 就是随机变量的分布函数. 由 $F(x)$ 可求得

$$f(x)=F'(x)=\begin{cases}0, & \text{其他},\\ \cos x, & 0<x\leqslant\frac{\pi}{2}.\end{cases}$$

显然, $F(x)$ 是连续型随机变量的分布函数.

(3) $F(x)$ 在 $(-\infty,+\infty)$ 上单调不减且右连续, 且 $F(-\infty)=0$, $F(+\infty)=1$, 是随机变量的分布函数. 但 $F(x)$ 在 $x=0$ 和 $x=\frac{1}{2}$ 处不可导, 故不存在密度函数 $f(x)$, 使得 $\int_{-\infty}^{x}f(x)\mathrm{d}x=F(x)$. 同时, $F(x)$ 的图形也不是阶梯形曲线, 因而 $F(x)$ 是既非连续型也非离散型随机变量的分布函数.

例 2.2 10 名篮球队员分别穿 4～13 号球衣, 现随机抽 5 人上场, 求:

(1) 抽出的队员中所穿的球衣号码的最小值 X 的分布律;

(2) 最小值至少为 8 的概率.

解 (1) 抽出的队员中所穿的球衣号码的最小值 X 的分布律为

$$P\{X=i\}=\frac{C_{13-i}^{4}}{C_{10}^{5}}\ (i=4,5,6,7,8,9).$$

分布律也可表示为

X	4	5	6	7	8	9
p	$\frac{126}{252}$	$\frac{70}{252}$	$\frac{35}{252}$	$\frac{15}{252}$	$\frac{5}{252}$	$\frac{1}{252}$

(2) $P\{X\geqslant 8\}=P\{X=8\}+P\{X=9\}=\frac{5}{252}+\frac{1}{252}=\frac{6}{252}=0.023\,8$.

例 2.3 一大楼装有 5 个同类型的供水设备, 调查表明, 在任一时刻 t, 每个设备使用的概率为 0.1, 问:

(1) 在同一时刻至少有 3 个设备被使用的概率是多少?

(2) 同一时刻至少有 1 个设备被使用的概率是多少?

解 由题意可知 $X\sim B(5,0.1)$, 即

$$P\{x=k\}=C_5^k\,0.1^k\,0.9^{5-k},\ k=0,1,\cdots,5.$$

(1) $P\{X\geqslant 3\}=C_5^3\times(0.1)^3\times(0.9)^2+C_5^4\times(0.1)^4\times(0.9)+C_5^5\times(0.1)^5$

$=0.008\ 56$,

(2) $P\{X\geqslant 1\}=1-P\{X=0\}=1-0.590\ 49=0.409\ 51$.

例 2.4 设 1 小时内进入某图书馆的读者人数服从泊松分布. 已知 1 小时内无人进入图书馆的概率为 0.01. 求 1 小时内至少有 2 个读者进入图书馆的概率.

解 设 X 为在 1 小时内进入图书馆的人数, 则 $X\sim P(\lambda)$, 此时

$$P\{X=k\}=\frac{\lambda^k e^{-\lambda}}{k!},\ k=0,1,\cdots.$$

已知 $P\{X=0\}=e^{-\lambda}=0.01$, 故 $\lambda=2\ln 10$.

所求概率 $P\{X\geqslant 2\}=1-e^{-\lambda}-\lambda e^{-\lambda}=1-0.01(1+2\ln 10)\approx 0.944$.

例 2.5 设某射手命中率为 $\frac{3}{4}$, 现对某一目标连续射击, 直到第一次击中目标为止, 求他射击次数不超过 5 次就能击中目标的概率.

解 设 X 为首次击中目标时所用的射击次数, 故

$$P\{X=k\}=\left(\frac{1}{4}\right)^{k-1}\times\frac{3}{4},\ k=1,2,\cdots,$$

从而

$$P\{X\leqslant 5\}=\sum_{k=1}^{5}P\{X=k\}=\sum_{k=1}^{5}\left(\frac{1}{4}\right)^{k-1}\times\frac{3}{4}$$

$$=\frac{3}{4}\times\frac{1-\left(\frac{1}{4}\right)^5}{1-\frac{1}{4}}$$

$$=1-\left(\frac{1}{4}\right)^5=\frac{1\ 023}{1\ 024}.$$

例 2.6 设随机变量 X 的分布函数为

$$F(x)=\begin{cases}0, & x<-1,\\ 0.4, & -1\leqslant x<1,\\ 0.8, & 1\leqslant x<3,\\ 1. & x\geqslant 3.\end{cases}$$

求 X 的概率分布.

解 显然 $F(x)$ 的间断点, 即 X 可能的取值为 $-1,1,3$. 从而

$$P\{X=-1\}=F(-1)-F(-1-0)=0.4-0=0.4,$$
$$P\{X=1\}=F(1)-F(1-0)=0.8-0.4=0.4,$$
$$P\{X=3\}=F(3)-F(3-0)=1-0.8=0.2.$$

故 X 的概率分布为

X	-1	1	3
p	0.4	0.4	0.2

例 2.7 设连续型随机变量 X 的分布函数为

$$F(x)=\begin{cases}Ae^{x}, & x<0,\\ B, & 0\leqslant x<1,\\ 1-Ae^{-(x-1)}, & x\geqslant 1.\end{cases}$$

求:(1) A,B 的值;(2) X 的概率密度;(3) $P\left\{X>\frac{1}{3}\right\}$.

解 (1) 由于连续型随机变量的分布函数 $F(x)$为连续函数,下面考察 $F(x)$ 在 $x=0,x=1$ 两点的连续性. 由

$$\lim_{x\to 0^-}F(x)=\lim_{x\to 0^-}Ae^{x}=A,\ \lim_{x\to 0^+}F(x)=\lim_{x\to 0^+}B=B,$$

可知 $A=B$,又

$$\lim_{x\to 1^-}F(x)=\lim_{x\to 1^-}B=B,\ \lim_{x\to 1^+}F(x)=\lim_{x\to 1^+}(1-Ae^{-(x-1)})=1-A,$$

得 $B=1-A$,从而可知 $A=B=\frac{1}{2}$. 于是

$$F(x)=\begin{cases}\frac{1}{2}e^{x}, & x<0,\\ \frac{1}{2}, & 0\leqslant x<1,\\ 1-\frac{1}{2}e^{-(x-1)}, & x>1.\end{cases}$$

(2) X 的概率密度为

$$f(x)=F'(x)=\begin{cases}\frac{1}{2}e^{x}, & x<0,\\ 0, & 0\leqslant x<1,\\ \frac{1}{2}e^{-(x-1)}, & x>1.\end{cases}$$

(3) $$P\left\{X>\frac{1}{3}\right\}=1-P\left\{X\leqslant\frac{1}{3}\right\}=1-F\left(\frac{1}{3}\right)=1-\frac{1}{2}=\frac{1}{2}$$

或 $$P\left\{X>\frac{1}{3}\right\}=\int_{\frac{1}{3}}^{+\infty}f(x)\,dx=\int_{\frac{1}{3}}^{1}0\,dx+\int_{1}^{+\infty}\frac{1}{2}e^{-(x-1)}\,dx=\frac{1}{2}.$$

例 2.8 设随机变量 X 的概率密度函数为 $f(x)=\begin{cases}\frac{c}{\sqrt{1-x^2}}, & |x|<1,\\ 0, & \text{其他}.\end{cases}$ 试求:(1) 常数 c;(2) $P\left\{0\leqslant X\leqslant\frac{1}{2}\right\}$;(3) X 的分布函数.

解 (1) 由 $1=\int_{-\infty}^{+\infty}f(x)\mathrm{d}x=\int_{-1}^{+1}\frac{c}{\sqrt{1-x^2}}\mathrm{d}x=c\cdot\arcsin x\,|_{-1}^{+1}=c\pi$ 得 $c=\frac{1}{\pi}$.

(2) $P\left\{0\leqslant X\leqslant\frac{1}{2}\right\}=\int_0^{\frac{1}{2}}\frac{1}{\pi}\frac{1}{\sqrt{1-x^2}}\mathrm{d}x=\frac{1}{\pi}\arcsin x\,|_0^{\frac{1}{2}}=\frac{1}{6}$.

(3) 当 $x\leqslant-1$ 时,$\{X\leqslant x\}$ 是不可能事件,所以

$$F(x)=P\{X\leqslant x\}=0;$$

当 $|x|<1$ 时,

$$F(x)=\int_{-\infty}^{x}f(x)\mathrm{d}x=\int_{-1}^{x}\frac{1}{\pi}\frac{1}{\sqrt{1-x^2}}\mathrm{d}x$$

$$=\frac{1}{\pi}\arcsin x\Big|_{-1}^{x}=\frac{1}{\pi}\arcsin x+\frac{1}{2};$$

当 $x\geqslant1$ 时,

$$F(x)=\int_{-\infty}^{x}f(x)\mathrm{d}x=\int_{-1}^{1}\frac{1}{\pi}\frac{1}{\sqrt{1-x^2}}\mathrm{d}x=1.$$

所以,X 的分布函数为

$$F(x)=\begin{cases}0, & x\leqslant-1,\\ \frac{1}{\pi}\arcsin x+\frac{1}{2}, & |x|<1,\\ 1, & x\geqslant1.\end{cases}$$

例 2.9 已知随机变量 X 的概率密度为

$$f(x)=\begin{cases}ax+b, & 1<x<3,\\ 0, & 其他.\end{cases}$$

又知 $P\{2<X<3\}=2P\{-1<X<2\}$. 试求 $P\left\{0\leqslant X\leqslant\frac{3}{2}\right\}$.

解 由概率密度 $f(x)$ 的性质知

$$1=\int_{-\infty}^{+\infty}f(x)\mathrm{d}x=\int_1^3(ax+b)\mathrm{d}x=4a+2b.$$

因为

$$P\{2<X<3\}=\int_2^3f(x)\mathrm{d}x=\int_2^3(ax+b)\mathrm{d}x=\frac{5}{2}a+b,$$

$$P\{-1<X<2\}=\int_{-1}^{2}f(x)\mathrm{d}x=\int_{-1}^{1}0\mathrm{d}x+\int_1^2(ax+b)\mathrm{d}x=\frac{3}{2}a+b,$$

又 $P\{2<X<3\}=2P\{-1<X<2\}$,故 $\frac{5}{2}a+b=2\left(\frac{3}{2}a+b\right)$,即 $a+2b=0$.

故得

$$\begin{cases}4a+2b=1,\\ a+2b=0.\end{cases}$$

解之得 $a=\frac{1}{3}, b=-\frac{1}{6}$.

从而 $P\left\{0\leqslant X\leqslant \frac{3}{2}\right\}=\int_0^{\frac{3}{2}} f(x)\mathrm{d}x=\int_0^{\frac{3}{2}}\left(\frac{1}{3}x-\frac{1}{6}\right)\mathrm{d}x=\frac{1}{8}$.

例 2.10 某单位招聘 2 500 人，按考试成绩从高分到低分依次录用，共有 10 000 人报名，假设报名者的成绩 $X\sim N(\mu,\sigma^2)$，已知 90 分以上有 359 人，60 分以下有 1 151 人，问被录用者中最低分为多少？

解 根据题意得 $P\{X>90\}=\frac{359}{10\ 000}=0.035\ 9$，故

$$P\{X\leqslant 90\}=1-P\{X>90\}=0.964\ 1,$$

而

$$P\{X\leqslant 90\}=P\left\{\frac{X-\mu}{\sigma}\leqslant\frac{90-\mu}{\sigma}\right\}=\Phi\left(\frac{90-\mu}{\sigma}\right)=0.964\ 1,$$

反查标准正态分布表，得 $$\frac{90-\mu}{\sigma}=1.8. \tag{1}$$

同理，$P\{X<60\}=\frac{1\ 151}{10\ 000}=0.115\ 1$，而

$$P\{X<60\}=P\{X\leqslant 60\}=P\left\{\frac{X-\mu}{\sigma}\leqslant\frac{60-\mu}{\sigma}\right\}=\Phi\left(\frac{60-\mu}{\sigma}\right)=0.115\ 1,$$

通过反查标准正态分布表，得 $$\frac{60-\mu}{\sigma}=1.2. \tag{2}$$

由(1)、(2)两式解得 $\mu=72,\sigma=10$，所以 $X\sim N(72,10^2)$.

已知录用率为 $\frac{2\ 500}{10\ 000}=0.25$，设被录用者中最低分为 x_0，则

$$P\{X\leqslant x_0\}=1-P\{X\geqslant x_0\}=0.75,$$

而

$$P\{X\leqslant x_0\}=P\left\{\frac{X-72}{10}\leqslant\frac{x_0-72}{10}\right\}=\Phi\left(\frac{x_0-72}{10}\right)=0.75,$$

反查标准正态分布表，得

$$\frac{x_0-72}{10}\approx 0.675.$$

解得 $x_0\approx 78.75$，故被录用者中最低分为 79 分.

例 2.11 设随机变量 X 的概率分布为

X	-2	-1	0	1	2
$P\{X=x_i\}$	0.1	0.2	0.3	0.2	0.2

试求：(1) $Y=2X-1$ 的概率分布；(2) $Z=X^2+1$ 的概率分布.

解　(1) 列表如下：

X	-2	-1	0	1	2
$P=\{X=x_i\}$	0.1	0.2	0.3	0.2	0.2
$Y=2X-1$	-5	-3	-1	1	3

可看出 Y 的所有可能取值为 $-5,-3,-1,1,3$. 所以，Y 的概率分布为

Y	-5	-3	-1	1	3
$P\{Y=y_j\}$	0.1	0.2	0.3	0.2	0.2

(2) 列表如下：

X	-2	-1	0	1	2
$P\{X=x_i\}$	0.1	0.2	0.3	0.2	0.2
$Z=X^2+1$	5	2	1	2	5

可看出 Z 的所有可能取值为 $1,2,5$. 所以，Z 的概率分布为

Z	1	2	5
$P\{Z=z_j\}$	0.3	0.4	0.3

注　若 $Y=g(X)$ 有相同的取值应该进行合并.

例 2.12　设离散型随机变量 X 的分布函数为

$$F(x)=\begin{cases}0, & x<-1,\\ a, & -1\leqslant x<1,\\ \dfrac{2}{3}-a, & 1\leqslant x<2,\\ a+b, & x\geqslant 2.\end{cases}$$

且 $P\{X=2\}=\dfrac{1}{2}$，试确定常数 a,b，并求 X 的分布律.

解　利用分布函数 $F(x)$ 的性质：

$$P\{X=x_i\}=F(x_i)-F(x_i-0) \text{ 与 } F(+\infty)=1,$$

可知 $\dfrac{1}{2}=P\{X=2\}=(a+b)-\left(\dfrac{2}{3}-a\right)=2a+b-\dfrac{2}{3}$，且 $a+b=1$.

由此可得 $a=\dfrac{1}{6}$，$b=\dfrac{5}{6}$. 因此，有

$$F(x)=\begin{cases}0, & x<-1,\\ \dfrac{1}{6}, & -1\leqslant x<1,\\ \dfrac{1}{2}, & 1\leqslant x\leqslant 2,\\ 1, & x\geqslant 2.\end{cases}$$

从而，X 的分布律为

X	-1	1	2
p	$\frac{1}{6}$	$\frac{1}{3}$	$\frac{1}{2}$

例 2.13 假设一部机器在一天内发生故障的概率为 0.2，机器发生故障时全线停止工作．若一周 5 个工作日无故障，可获利润 10 万元；发生 1 次故障仍可获利润 5 万元；发生 2 次故障可获利润 0 万元，发生 3 次以上故障就要亏损 2 万元，求一周内利润的分布律．

解 若以 X 表示一周内机器发生故障的天数，则 $X\sim B(5,0.2)$，故

$$P\{X=0\}=0.8^5=0.328,$$
$$P\{X=1\}=C_5^1\times 0.2\times 0.8^4=0.410,$$
$$P\{X=2\}=C_5^2\times 0.2^2\times 0.8^3=0.205,$$
$$P\{X\geqslant 3\}=1-P\{X=0\}-P\{X=1\}-P\{X=2\}=0.057.$$

若以 Y 表示一周内所获利润，则根据题设，有

$$Y=g(X)=\begin{cases}10, & X=0,\\ 5, & X=1,\\ 0, & X=2,\\ -2, & X\geqslant 3.\end{cases}$$

则 Y 的分布律为

Y	10	5	0	-2
p	$P\{X=0\}$	$P\{X=1\}$	$P\{X=2\}$	$P\{X\geqslant 3\}$

即

Y	10	5	0	-2
p	0.328	0.410	0.205	0.057

例 2.14 设随机变量 X 的概率密度为

$$f(x)=\begin{cases}1-|x|, & -1<x<1,\\0, & \text{其他},\end{cases}$$

求随机变量 $Y=X^2+1$ 的分布函数与密度函数.

解　由于 $F_Y(y)=P\{Y\leqslant y\}=P\{X^2+1\leqslant y\}=P\{X^2\leqslant y-1\}$

$$=\begin{cases}0, & y<1,\\P\{-\sqrt{y-1}\leqslant X\leqslant\sqrt{y-1}\}, & 1\leqslant y<2,\\1, & y\geqslant 2,\end{cases}$$

故

$$F_Y(y)=\begin{cases}0, & y<1,\\1-(1-\sqrt{y-1})^2, & 1\leqslant y<2,\\1, & y\geqslant 2.\end{cases}$$

因此,Y 的密度函数为

$$f_Y(y)=\begin{cases}\dfrac{1}{\sqrt{y-1}}-1, & 1<y<2,\\0, & \text{其他}.\end{cases}$$

考研真题

1. 一汽车沿街道行驶,需要通过三个均设有红绿信号灯的路口,每个信号灯为红或绿与其他信号灯为红或绿相互独立,且红绿两种信号灯显示的时间相等.以 X 表示该汽车首次遇到红灯前已通过的路口个数,求 X 的概率分布.

解　由题设可知 X 的可能值为 0,1,2,3.

设 A_i="汽车在第 i 个路口首先遇到红灯"$(i=1,2,3)$,则事件 A_1,A_2,A_3 相互独立,且

$$P(A_i)=P(\overline{A}_i)=\frac{1}{2}\ (i=1,2,3),$$

故有

$$P\{X=0\}=P(A_1)=\frac{1}{2},$$

$$P\{X=1\}=P(\overline{A}_1A_2)=P(\overline{A}_1)P(A_2)=\frac{1}{2^2},$$

$$P\{X=2\}=P(\overline{A}_1\overline{A}_2A_3)=P(\overline{A}_1)P(\overline{A}_2)P(A_3)=\frac{1}{2^3},$$

$$P\{X=3\}=P(\overline{A}_1\overline{A}_2\overline{A}_3)=P(\overline{A}_1)P(\overline{A}_2)P(\overline{A}_3)=\frac{1}{2^3}.$$

所以,X 的分布规律为

X	0	1	2	3
p	$\frac{1}{2}$	$\frac{1}{2^2}$	$\frac{1}{2^3}$	$\frac{1}{2^3}$

2. 设随机变量 X 和 Y 同分布，X 的概率密度为

$$f(x)=\begin{cases}\frac{3}{8}x^2, & 0<x<2,\\ 0, & 其他.\end{cases}$$

若已知事件 $A=\{X>a\}$ 和 $B=\{Y>a\}$ 独立，且 $P(A\cup B)=\frac{3}{4}$，求常数 a.

解 由题设知，$P(A)=P(B)$ 且 $P(AB)=P(A)P(B)$，又

$$\begin{aligned}P(A\cup B)&=P(A)+P(B)-P(AB)\\&=2P(A)-[P(A)]^2=\frac{3}{4},\end{aligned}$$

所以 $P(A)=\frac{1}{2}$. 又根据题设

$$\frac{1}{2}=P(A)=P\{X>a\}=\int_a^{+\infty}f(x)\mathrm{d}x=\frac{3}{8}\int_a^2 x^2\mathrm{d}x=\frac{1}{8}(8-a^3),$$

于是 $a=\sqrt[3]{4}$.

3. 设随机变量 ξ 在区间[1,6]上服从均匀分布，求方程 $x^2+\xi x+1=0$ 有实根的概率.

解 由于 ξ 在[1,6]上服从均匀分布，知 ξ 的概率密度为

$$f(x)=\begin{cases}\frac{1}{5}, & 1\leqslant x\leqslant 6,\\ 0, & 其他.\end{cases}$$

方程 $x^2+\xi x+1=0$ 有实根当且仅当 $\Delta=\xi^2-4\geqslant 0$，即 $|\xi|\geqslant 2$，故

$$\begin{aligned}P\{|\xi|\geqslant 2\}&=P\{\xi\leqslant -2 或 \xi\geqslant 2\}=\int_{-\infty}^{2}f(x)\mathrm{d}x+\int_2^{+\infty}f(x)\mathrm{d}x\\&=0+\int_2^6\frac{1}{5}\mathrm{d}x=\frac{4}{5}.\end{aligned}$$

4. 已知 $X\sim N(2,\sigma^2)$，$P\{2<X<4\}=0.3$，求 $P\{X<0\}$.

解 由于 $X\sim N(2,\sigma^2)$，故 $\frac{X-2}{\sigma}\sim N(0,1)$，从而

$$0.3=P\{2<X<4\}=P\left\{\frac{2-2}{\sigma}<\frac{X-2}{\sigma}<\frac{4-2}{\sigma}\right\}=\Phi\left(\frac{2}{\sigma}\right)-\Phi(0).$$

由于 $\Phi(0)=\frac{1}{2}$，可知 $\Phi\left(\frac{2}{\sigma}\right)=0.8$，而

$$P\{X<0\}=P\left\{\frac{X-2}{\sigma}<\frac{0-2}{\sigma}\right\}=\Phi\left(-\frac{2}{\sigma}\right)$$
$$=1-\Phi\left(\frac{2}{\sigma}\right)=1-0.8=0.2.$$

5．设随机变量 X 在$[2,5]$上服从均匀分布，现在对 X 进行 3 次独立观测，试求至少有 2 次观测值大于 3 的概率.

解　由题设知，X 的概率密度为

$$f(x)=\begin{cases}\frac{1}{3}, & 2\leqslant x\leqslant 5,\\ 0, & \text{其他}.\end{cases}$$

记 $A=\{$对 X 的观测值大于 3$\}$，故 $A=\{X>3\}$，因此

$$P(A)=P\{X>3\}=\int_3^{+\infty}f(x)\mathrm{d}x=\int_3^5\frac{1}{3}\mathrm{d}x=\frac{2}{3}.$$

设 Y 为 3 次独立观测中观测值大于 3 的次数，故由伯努利概型知，$Y\sim B\left(3,\frac{2}{3}\right)$，从而所求概率为

$$P\{Y\geqslant 2\}=P\{Y=2\}+P\{Y=3\}=\mathrm{C}_3^2\left(\frac{2}{3}\right)^2\left(\frac{1}{3}\right)+\mathrm{C}_3^3\left(\frac{2}{3}\right)^3=\frac{20}{27}.$$

6．设随机变量 X 的概率密度为

$$f(x)=\begin{cases}\mathrm{e}^{-x}, & x\geqslant 0,\\ 0, & x<0.\end{cases}$$

求随机变量 $Y=\mathrm{e}^X$ 的概率密度 $f_Y(y)$.

解　根据分布函数的定义，有

$$F_Y(y)=P\{Y\leqslant y\}=P\{\mathrm{e}^X\leqslant y\}$$
$$=\begin{cases}0, & y\leqslant 0,\\ P\{X\leqslant \ln y\}, & 0<y<1,\\ P\{X\leqslant \ln y\}, & y\geqslant 1.\end{cases}$$

当 $0<y<1$ 时，注意到 $\ln y<0$，有

$$P\{X\leqslant \ln y\}=\int_{-\infty}^{\ln y}f(x)\mathrm{d}x=0;$$

当 $y\geqslant 1$ 时，$\ln y\geqslant 0$，故

$$P\{X\leqslant \ln y\}=\int_{-\infty}^{\ln y}f(x)\mathrm{d}x=\int_{-\infty}^{\ln y}\mathrm{e}^{-x}\mathrm{d}x=1-\frac{1}{y}.$$

因此

$$F_Y(y)=\begin{cases}0, & y<1,\\ 1-\frac{1}{y}, & y\geqslant 1.\end{cases}$$

从而

$$f_Y(y)=\begin{cases}0, & y<1,\\ \dfrac{1}{y^2}, & y\geqslant 1.\end{cases}$$

7. 设随机变量 X 的概率密度为

$$f(x)=\begin{cases}\dfrac{1}{3\sqrt[3]{x^2}}, & x\in[1,8]\\ 0, & 其他.\end{cases}$$

$F(x)$是 X 的分布函数.求随机变量 $Y=F(X)$的分布函数.

解 当 $x<1$ 时,$F(x)=0$;当 $x>8$ 时,$F(x)=1$.

对于 $x\in[1,8]$,有

$$F(x)=\int_1^x\frac{1}{3\sqrt[3]{t^2}}\mathrm{d}t=\sqrt[3]{x}-1.$$

设 $G(y)$是随机变量 $Y=F(X)$的分布函数. 显然,当 $y<0$ 时,$G(y)=0$;当 $y\geqslant1$ 时,$G(y)=1$.

对于 $y\in[0,1)$,有

$$\begin{aligned}G(y)&=P\{Y\leqslant y\}=P\{F(X)\leqslant y\}\\&=P\{\sqrt[3]{X}-1\leqslant y\}=P\{X\leqslant(y+1)^3\}\\&=F[(y+1)^3]=y.\end{aligned}$$

于是,$Y=F(X)$的分布函数为

$$G(y)=\begin{cases}0, & y<0,\\ y, & 0\leqslant y<1,\\ 1, & y\geqslant 1.\end{cases}$$

8. 设随机变量 X 服从正态分布 $N(\mu_1,\sigma_1^2)$,随机变量 Y 服从正态分布 $N(\mu_2,\sigma_2^2)$,且 $P\{|X-\mu_1|<1\}>P\{|Y-\mu_2|<1\}$,则必有(　　).

(A) $\sigma_1<\sigma_2$　　(B) $\sigma_1>\sigma_2$　　(C) $\mu_1<\mu_2$　　(D) $\mu_1>\mu_2$

解 由题设可知 $P\left\{\dfrac{|X-\mu_1|}{\sigma_1}<\dfrac{1}{\sigma_1}\right\}>P\left\{\dfrac{|Y-\mu_2|}{\sigma_2}<\dfrac{1}{\sigma_2}\right\}$,则

$$2\Phi\left(\frac{1}{\sigma_1}\right)-1>2\Phi\left(\frac{1}{\sigma_2}\right)-1,$$

即 $\Phi\left(\dfrac{1}{\sigma_1}\right)>\Phi\left(\dfrac{1}{\sigma_2}\right)$,其中,$\Phi(x)$是标准正态分布的分布函数,为单调不减函数,所以$\dfrac{1}{\sigma_1}>\dfrac{1}{\sigma_2}$,故选(A).

9. 随机变量 X 的概率密度为

$$f_X(x)=\begin{cases}\dfrac{1}{2}, & -1<x<0,\\ \dfrac{1}{4}, & 0\leqslant x<2,\\ 0, & 其他,\end{cases}$$

令 $Y=X^2$，$F(x,y)$为二维随机变量(X,Y)的分布函数，求：

(1) Y 的概率密度；

(2) $F\left(-\dfrac{1}{2},4\right)$.

解　(1) 当 $y<0$ 时，$F_Y(y)=0$；

当 $y\geqslant 4$ 时，$F_Y(y)=1$；

当 $0\leqslant y<1$ 时，

$$F_Y(y)=P\{Y\leqslant y\}=P\{X^2\leqslant y\}=P\{-\sqrt{y}\leqslant X\leqslant\sqrt{y}\}$$
$$=\int_{-\sqrt{y}}^{0}\frac{1}{2}\mathrm{d}x+\int_{0}^{\sqrt{y}}\frac{1}{4}\mathrm{d}x=\frac{3}{4}\sqrt{y};$$

当 $1\leqslant y<4$ 时，

$$F_Y(y)=P\{Y\leqslant y\}=P\{X^2\leqslant y\}=P\{-\sqrt{y}\leqslant X\leqslant\sqrt{y}\}$$
$$=\int_{-1}^{0}\frac{1}{2}\mathrm{d}x+\int_{0}^{\sqrt{y}}\frac{1}{4}\mathrm{d}x=\frac{1}{2}+\frac{1}{4}\sqrt{y}.$$

所以有

$$f_Y(y)=F_Y'(y)=\begin{cases}\dfrac{3}{8\sqrt{y}}, & 0<y<1,\\ \dfrac{1}{8\sqrt{y}}, & 1\leqslant y<4,\\ 0, & 其他.\end{cases}$$

(2) $$F\left(-\frac{1}{2},4\right)=P\left\{X\leqslant-\frac{1}{2},Y\leqslant 4\right\}=P\left\{X\leqslant-\frac{1}{2},-2\leqslant X\leqslant 2\right\}$$
$$=P\left\{-2\leqslant X\leqslant-\frac{1}{2}\right\}=\int_{-1}^{-\frac{1}{2}}\frac{1}{2}\mathrm{d}x=\frac{1}{4}.$$

10. 从数 1,2,3,4 中任取一个数，记为 X，再从 $1,2,\cdots,X$ 中任取一个数，记为 Y，则 $P\{Y=2\}=$________.

解　$$P\{Y=2\}=P\{X=1\}P\{Y=2|X=1\}+P\{X=2\}P\{Y=2|X=2\}+$$
$$P\{X=3\}P\{Y=2|X=3\}+P\{X=4\}P\{Y=2|X=4\}$$
$$=\frac{1}{4}\left(0+\frac{1}{2}+\frac{1}{3}+\frac{1}{4}\right)=\frac{13}{48}.$$

11. 设随机变量 X 服从正态分布 $N(0,1)$，对给定的 $\alpha(0<\alpha<1)$，数 u_α 满

足 $P\{X>u_\alpha\}=\alpha$，若 $P\{|X|<x\}=\alpha$，则 x 等于（　　）.

(A) $u_{\frac{\alpha}{2}}$　　(B) $u_{1-\frac{\alpha}{2}}$　　(C) $u_{\frac{1-\alpha}{2}}$　　(D) $u_{1-\alpha}$

解　$$\begin{aligned}1-\alpha&=1-P\{|x|<x\}=P\{|X|\geqslant x\}\\&=P\{X\geqslant x\}+P\{X\leqslant -x\}=2P\{X\geqslant x\},\end{aligned}$$

即有

$$P\{X\geqslant x\}=\frac{1-\alpha}{2}.$$

根据定义可得 $x=u_{\frac{1-\alpha}{2}}$，故选(C).

12. 设随机变量 X 服从正态分布 $N(\mu,\sigma^2)(\sigma>0)$，且二次方程 $y^2+4y+X=0$ 无实根的概率为$\frac{1}{2}$，则 $\mu=$________.

解　事件 $A=\{y^2+4y+X=0$ 无实根$\}=\{X>4\}$，则

$$\frac{1}{2}=P\{X>4\}=1-P\{X\leqslant 4\}=1-\Phi\left(\frac{4-\mu}{\sigma}\right),$$

可得 $\Phi\left(\frac{4-\mu}{\sigma}\right)=\frac{1}{2}$，所以$\frac{4-\mu}{\sigma}=0$，即 $\mu=4$.

13. 设随机变量 X 在区间(1,2)上服从均匀分布，试求随机变量 $Y=\mathrm{e}^{2X}$ 的概率密度函数 $f_Y(y)$.

解　由已知有

$$f_X(x)=\begin{cases}1, & 1<x<2,\\0, & \text{其他}.\end{cases}$$

对任意实数 y，有

$$F_Y(y)=P\{Y\leqslant y\}=P\{\mathrm{e}^{2X}\leqslant y\}.$$

当 $y\leqslant \mathrm{e}^2$ 时，因为 $1<x<2$，所以$\{\mathrm{e}^{2X}\leqslant y\}$是不可能事件，有

$$F_Y(y)=P\{\mathrm{e}^{2X}\leqslant y\}=0.$$

当 $\mathrm{e}^2<y<\mathrm{e}^4$ 时，

$$\begin{aligned}F_Y(y)&=P\{\mathrm{e}^{2X}\leqslant y\}=P\left\{X\leqslant\frac{1}{2}\ln y\right\}\\&=\int_{-\infty}^{\frac{1}{2}\ln y}f(x)\mathrm{d}x=\int_1^{\frac{1}{2}\ln y}\mathrm{d}x=\frac{1}{2}\ln y.\end{aligned}$$

当 $y\geqslant \mathrm{e}^4$ 时，因为 $1<x<2$，所以$\{\mathrm{e}^{2X}\leqslant y\}$是必然事件，有

$$F_Y(y)=P\{\mathrm{e}^{2X}\leqslant y\}=1.$$

故

$$F_Y(y)=\begin{cases}0, & y\leqslant \mathrm{e}^2,\\ \frac{1}{2}\ln y, & \mathrm{e}^2<y<\mathrm{e}^4,\\ 1, & y\geqslant \mathrm{e}^4\end{cases}\quad f_Y(y)=F'_Y(y)=\begin{cases}\frac{1}{2y}, & \mathrm{e}^2<y<\mathrm{e}^4,\\0, & \text{其他}.\end{cases}$$

14. 设随机变量 X 服从参数为$\frac{1}{2}$的指数分布,证明:$Y=1-\mathrm{e}^{-2X}$在区间(0,1)上服从均匀分布.

证 已知 $f_X(x)=\begin{cases}2\mathrm{e}^{-2x}, & x>0,\\ 0, & 其他,\end{cases}$ 又

$$F_Y(y)=P\{Y\leqslant y\}=P\{1-\mathrm{e}^{-2X}\leqslant y\}.$$

当 $y\leqslant 0$ 时,有 $F_Y(y)=0$;

当 $y\geqslant 1$ 时,有 $F_Y(y)=1$,

当 $0<y<1$ 时,有

$$F_Y(y)=P\{1-\mathrm{e}^{-2X}\leqslant y\}=P\{\ln(1-y)\leqslant -2X\}=P\left\{X\leqslant -\frac{1}{2}\ln(1-y)\right\}$$

$$=\int_{-\infty}^{-\frac{1}{2}\ln(1-y)} f_X(x)\mathrm{d}x=\int_0^{-\frac{1}{2}\ln(1-y)} 2\mathrm{e}^{-2x}\mathrm{d}x.$$

故

$$F_Y(y)=\begin{cases}0, & y\leqslant 0,\\ \int_0^{-\frac{1}{2}\ln(1-y)} 2\mathrm{e}^{-2x}\mathrm{d}x, & 0<y<1,\\ 1, & y\geqslant 1,\end{cases}$$

$$f_Y(y)=F'_Y(y)=\begin{cases}1, & 0<y<1,\\ 0, & 其他.\end{cases}$$

即 Y 在区间(0,1)上服从均匀分布.

15. 已知随机变量 X 的概率密度为

$$f(x)=A\mathrm{e}^{-|x|},-\infty<x<+\infty.$$

(1) 求系数 A;(2) 求 X 的分布函数 $F(x)$;(3) 求 $Y=X^2$ 的概率密度.

解 (1) 由概率密度的性质,有

$$1=\int_{-\infty}^{+\infty} f(x)\mathrm{d}x=\int_{-\infty}^{+\infty} A\mathrm{e}^{-|x|}\mathrm{d}x=2\int_0^{+\infty} A\mathrm{e}^{-|x|}\mathrm{d}x=2A,$$

所以 $A=\frac{1}{2}$.

(2) $F(x)=\int_{-\infty}^{x}\frac{1}{2}\mathrm{e}^{-|x|}\mathrm{d}x.$

当 $x<0$ 时,有

$$F(x)=\frac{1}{2}\int_{-\infty}^{x}\mathrm{e}^{x}\mathrm{d}x=\frac{1}{2}\mathrm{e}^{x};$$

当 $x\geqslant 0$ 时,有

$$F(x)=\frac{1}{2}\left(\int_{-\infty}^{0}\mathrm{e}^{x}\mathrm{d}x+\int_0^{x}\mathrm{e}^{-x}\mathrm{d}x\right)=1-\frac{1}{2}\mathrm{e}^{x}.$$

所以 X 的分布函数为

$$F(x)=\begin{cases}\frac{1}{2}e^{x}, & x<0,\\ 1-\frac{1}{2}e^{-x}, & x\geqslant 0.\end{cases}$$

(3) 因为 $Y=X^2$ 不是单调函数,不能直接用公式解,故先求 Y 的分布函数. 由于 $Y=X^2\geqslant 0$,故当 $y\leqslant 0$ 时,有

$$F_Y(y)=P(Y\leqslant y)=0.$$

当 $y>0$ 时,有

$$F_Y(y)=P\{Y\leqslant y\}=P\{X^2\leqslant y\}=P\{-\sqrt{y}\leqslant X\leqslant\sqrt{y}\}$$
$$=\int_{-\sqrt{y}}^{\sqrt{y}}\frac{1}{2}e^{-|x|}\,dx=2\int_0^{\sqrt{y}}\frac{1}{2}e^{-x}\,dx.$$

注意到 $F'_Y(x)=f_Y(y)$,故当 $y>0$ 时,有

$$\frac{d}{dy}F_Y(x)=\frac{d}{dy}\left(\int_0^{\sqrt{y}}\frac{1}{2}e^{-x}\,dx\right)=e^{-\sqrt{y}}\cdot\frac{1}{2\sqrt{y}}.$$

从而,Y 的概率密度为

$$f_Y(y)=\begin{cases}\frac{1}{2\sqrt{y}}e^{-\sqrt{y}}, & y>0,\\ 0, & y\leqslant 0.\end{cases}$$

16. 设某城市成年男子的身高 $X\sim N(170,6^2)$ (单位:cm).

(1) 问应如何设计公共汽车车门的高度,使男子与车门顶碰头的机会小于 0.01.

(2) 若车门高为 182 cm,求 100 个成年男子与车门顶碰头的人数不多于 2 个的概率.

解 (1) 由题设知 $X\sim N(170,6^2)$,经标准化得

$$\frac{X-170}{6}\sim N(0,1).$$

设公共汽车车门的高度为 l cm,根据设计要求,l 应满足 $P\{X>l\}<0.01$,而

$$P\{X>l\}=1-P\{X\leqslant l\}=1-P\left\{\frac{X-170}{6}\leqslant X\leqslant\frac{l-170}{6}\right\}$$
$$=1-\Phi\left(\frac{l-170}{6}\right)<0.01,$$

即 $\Phi\left(\frac{l-170}{6}\right)>0.99$. 查表得 $\frac{l-170}{6}>2.33$,故 $l>183.98$ cm.

(3) 因为任一男子身高可能超过 182 cm,也可能低于 182 cm,一般来说,只

有身高超过 182 cm 的才能与车门顶相碰，因此，可以将任一男子是否与车门碰头看成伯努利试验，故问题就转化成一个 100 重伯努利试验中的概率计算问题. 为此，先求任一男子身高超过 182 cm 的概率 p，显然

$$p=P\{X>182\}=P\left\{\frac{X-170}{6}>\frac{182-170}{6}\right\}=1-\Phi(2)=0.0228.$$

设 Y 为 100 个男子中身高超过 182 cm 的人数，故由以上分析知，

$$Y\sim B(100,0.0228)$$

即

$$P\{Y=k\}=C_{100}^{k}\times0.0228^{k}\times0.9772^{100-k},\ k=0,1,2,\cdots.$$

所求概率为

$$P\{Y\leqslant2\}=P\{Y=0\}+P\{Y=1\}+P\{Y=2\}.$$

由于 $n=100$ 较大，$p=0.0228$ 较小，故可用泊松分布近似代替二项分布，其中 $\lambda=np=2.28$，从而

$$P\{Y\leqslant2\}=\frac{2.28^0e^{-2.28}}{0!}+\frac{2.28^1e^{-2.28}}{1!}+\frac{2.28^2e^{-2.28}}{2!}=0.6013.$$

17. 设 X_1,X_2,X_3 是随机变量，且 $X_1\sim N(0,1)$，$X_2\sim N(0,2^2)$，$X_3\sim N(5,3^2)$，$p_i=P\{-2\leqslant X_i\leqslant2\}(i=1,2,3)$，则(　　).

(A) $p_1>p_2>p_3$　　(B) $p_2>p_1>p_3$

(C) $p_3>p_1>p_2$　　(D) $p_1>p_3>p_2$

解

$$p_1=P\{-2\leqslant X_1\leqslant2\}=\Phi(2)-\Phi(-2)=2\Phi(2)-1,$$

$$p_2=P\{-2\leqslant X_2\leqslant2\}=P\left\{\frac{-2-0}{2}\leqslant\frac{X_2-0}{2}\leqslant\frac{2-0}{2}\right\}$$

$$=\Phi(1)-\Phi(-1)=2\Phi(1)-1,$$

$$p_3=P\{-2\leqslant X_3\leqslant2\}=P\left\{\frac{-2-5}{3}\leqslant\frac{X_3-5}{3}\leqslant\frac{2-5}{3}\right\}$$

$$=\Phi(-1)-\Phi\left(-\frac{7}{3}\right)=\Phi\left(\frac{7}{3}\right)-\Phi(1).$$

由图 2-1 可知，$p_1>p_2>p_3$. 故选(A)

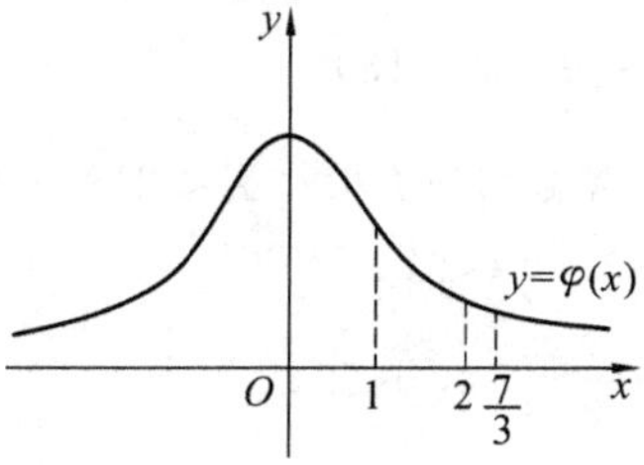

图 2-1

18. 设随机变量 Y 服从参数为 1 的指数分布，a 为常数且大于零，则 $P\{Y\leqslant a+1|Y>a\}=$________.

解 由题意得 $f(y)=\begin{cases}e^{-y}, & y>0,\\ 0, & y\leqslant 0,\end{cases}$

$$P\{Y\leqslant a+1\mid Y>a\}=\frac{P\{Y>a,Y\leqslant a+1\}}{P\{Y>a\}}$$

$$=\frac{\int_a^{a+1}f(y)\mathrm{d}y}{\int_a^{+\infty}f(y)\mathrm{d}y}=\frac{\mathrm{e}^{-a}-\mathrm{e}^{-(a+1)}}{\mathrm{e}^{-a}}=1-\frac{1}{\mathrm{e}}.$$

19. 设随机变量 X 的概率密度为 $f(x)=\begin{cases}\frac{1}{9}x^2, & 0<x<3,\\ 0, & \text{其他},\end{cases}$ 令随机变量

$$Y=\begin{cases}2, & X\leqslant 1,\\ X, & 1<X<2,\\ 1, & X\geqslant 2.\end{cases}$$

(1) 求 Y 的分布函数，

(2) 求概率 $P\{X\leqslant Y\}$.

解 (1) 设 Y 的分布函数为 $F(y)$，则

$$\begin{aligned}F(y)&=P\{Y\leqslant y\}\\&=P\{Y\leqslant y,X\leqslant 1\}+P\{Y\leqslant y,1<X<2\}+P\{Y\leqslant y,X\geqslant 2\}\\&=P\{2\leqslant y,X\leqslant 1\}+P\{X\leqslant y,1<X<2\}+P\{1\leqslant y,X\geqslant 2\}.\end{aligned}$$

当 $y<1$ 时，$F(y)=0$；

当 $1\leqslant y<2$ 时，
$$\begin{aligned}F(y)&=P\{X\leqslant y,1<X<2\}+P\{X\geqslant 2\}\\&=P\{1<X\leqslant y\}+P\{X\geqslant 2\}\\&=\int_1^y\frac{1}{9}x^2\mathrm{d}x+\int_2^3\frac{1}{9}x^2\mathrm{d}x\\&=\frac{1}{27}(y^3-1)+\frac{1}{27}(3^3-2^3)\\&=\frac{1}{27}(y^3+18).\end{aligned}$$

当 $y\geqslant 2$ 时，$F(y)=P\{X\leqslant 1\}+P\{1<X<2\}+P\{X\geqslant 2\}=1$.

所以 $F_Y(y)=\begin{cases}0, & y<1,\\ \frac{1}{27}y^3+\frac{2}{3}, & 1\leqslant y<2,\\ 1, & y\geqslant 2.\end{cases}$

(2) $P\{X \leqslant Y\} = 1 - P\{X > Y\} = 1 - P\{Y = 1\} = 1 - \int_2^3 \frac{1}{9}x^2 \mathrm{d}x = \frac{8}{27}$.

自测题

一、填空题

1. 当 a 的值为________时，$P\{X=k\}=a\left(\frac{2}{3}\right)^k (k=1,2,\cdots)$才能成为随机变量 X 的分布律.

2. 设连续型随机变量 X 的分布函数为 $F(x)=\begin{cases}0, & x<0,\\ Ax^2, & 0\leqslant x<1,\\ 1, & x\geqslant 1\end{cases}$ 则 $A=$________，X 落在$(-1, 1/2)$内的概率为________.

3. 设 K 在$(0,5)$上服从均匀分布，则方程 $4x^2+4Kx+K+2=0$ 有实根的概率为________.

4. 设 $X\sim N(3,2^2)$，若 $P\{X<c\}=P\{X\geqslant c\}$，则 $c=$________.

5. 设 $X\sim N(2,\sigma^2)$，$P\{2<X<4\}=0.3$，则 $P\{X<0\}=$________.

二、选择题

1. 设随机变量 X 服从参数为 λ 的泊松分布，且 $P\{X=1\}=P\{X=2\}$，则 $P\{X>2\}$的值为(　　).

(A) e^{-2}　　(B) $1-\frac{5}{e^2}$　　(C) $1-\frac{4}{e^2}$　　(D) $1-\frac{2}{e^2}$

2. 设 $X\sim B(2,p)$，$Y\sim B(3,p)$，若 $P\{X\geqslant 1\}=\frac{5}{9}$，则 $P\{Y\geqslant 1\}=$(　　).

(A) $\frac{19}{27}$　　(B) $\frac{1}{9}$　　(C) $\frac{1}{3}$　　(D) $\frac{8}{27}$

3. 设 $X\sim N(1,1)$，概率密度为 $\varphi(x)$，则(　　).

(A) $P\{X\leqslant 0\}=P\{X\geqslant 0\}=0.5$

(B) $\varphi(x)=\varphi(-x)$，$x\in(-\infty,+\infty)$

(C) $P\{X\leqslant 1\}=P\{X\geqslant 1\}=0.5$

(D) $F(x)=1-F(-x)$，$x\in(-\infty,+\infty)$

4. 设 $X\sim N(1,4)$，$\Phi(0.5)=0.6915$，$\Phi(1.5)=0.9332$，则 $P\{|X|>2\}$为(　　).

(A) 0.241 7　(B) 0.375 3　　(C) 0.383 0　　(D) 0.866 4

5. 设随机变量 X 的概率密度函数为 $f_X(x)$，则 $Y=-2X+3$ 的密度函数为(　　).

(A) $-\frac{1}{2}f_X\left(-\frac{y-3}{2}\right)$　　(B) $\frac{1}{2}f_X\left(-\frac{y-3}{2}\right)$

(C) $-\frac{1}{2}f_X\left(-\frac{y+3}{2}\right)$　　(D) $\frac{1}{2}f_X\left(-\frac{y+3}{2}\right)$

三、解答题

1. 设离散型随机变量 X 的分布律为

X	-1	1	2
p	0.2	0.5	0.3

求：(1) X 的分布函数；(2) $P\{X>1/2\}$；(3) $P\{-1\leqslant X\leqslant 2\}$；(4) $Y=2X+1$ 的分布律.

2. 设随机变量 X 的分布函数为

$$F(x)=P\{X\leqslant x\}=\begin{cases}0, & x<-1,\\ 0.2, & -1\leqslant x<2,\\ 0.7, & 2\leqslant x<4,\\ 1, & x\geqslant 4.\end{cases}$$

求：(1) X 的分布律；(2) $P\{X\geqslant 3\}$；(3) $Y=3X-1$ 的分布律.

3. 设随机变量 X 服从泊松分布，且 $P\{X=1\}=P\{X=2\}$，求 $P\{X>1\}$.

4. 设随机变量 X 的概率密度为

$$f(x)=\begin{cases}cx, & 0\leqslant x<1,\\ 0, & \text{其他}.\end{cases}$$

求：(1) 常数 c 的值；(2) X 的分布函数 $F(x)$；(3) $P\{0.1<X\leqslant 0.5\}$.

5. 设连续型随机变量 X 的分布函数为

$$F(x)=\begin{cases}0, & x<0,\\ Ax^2, & 0\leqslant x<1,\\ 1, & x\geqslant 1.\end{cases}$$

求：(1) 系数 A；(2) 概率密度 $\varphi(x)$；(3) $P\{0.3<X<0.7\}$；(4) $Y=2X-1$ 的概率密度.

第三章

多维随机变量及其分布

基本要求

(1) 理解二维随机变量的联合分布函数的概念、性质.

(2) 理解二维离散型和连续型随机变量的定义和概率分布，会利用二维随机变量概率分布计算有关事件的概率.

(3) 理解二维随机变量的边缘分布，了解二维随机变量的条件分布.

(4) 理解随机变量的独立性概念，掌握随机变量独立的条件.

(5) 会求二维随机变量的简单函数的分布.

内容提要

1. 二维随机变量及其分布函数

设 X,Y 为定义在同一个样本空间 S 上的随机变量，则称它们的有序数组 (X,Y) 为二维随机变量.

设 (X,Y) 为二维随机变量，对于任意实数 x,y，称二元函数

$$F(x,y)=P\{X\leqslant x,Y\leqslant y\}$$

为 (X,Y) 的分布函数或 X 和 Y 的联合分布函数.

分布函数具有以下基本性质：

(1) $F(x,y)$ 是关于变量 x 或 y 的不减函数；

(2) $0\leqslant F(x,y)\leqslant 1$，且

$$F(-\infty,y)=0,\ F(x,-\infty)=0,\ F(-\infty,-\infty)=0,\ F(+\infty,+\infty)=1;$$

(3) $F(x,y)$ 关于 x 或 y 右连续；

(4) 对任意点 (x_1,y_1)，(x_2,y_2)，若 $x_1<x_2$，$y_1<y_2$，则

$$P\{x_1<X\leqslant x_2,y_1<Y\leqslant y_2\}=F(x_2,y_2)-F(x_2,y_1)-F(x_1,y_2)+F(x_1,y_1).$$

2. 二维离散型随机变量及其分布律

如果二维随机变量(X,Y)的所有可能取值是有限对或可列无限多对，则称(X,Y)为二维离散型随机变量.

设(X,Y)为二维离散型随机变量，它的所有可能取值为$(x_i,y_j)(i,j=1,2,\cdots)$，将$P\{X=x_i,Y=y_j\}=p_{ij}(i,j=1,2,\cdots)$称为$(X,Y)$的分布律或$X$和$Y$的联合分布律.$(X,Y)$的分布律也可用表格表示，见表 3-1.

表 3-1

$X \backslash Y$	y_1	y_2	$\cdots$	y_j	$\cdots$
x_1	p_{11}	p_{12}	$\cdots$	p_{1j}	$\cdots$
x_2	p_{21}	p_{22}	$\cdots$	p_{2j}	$\cdots$
$\vdots$	$\vdots$	$\vdots$	$\vdots$	$\vdots$	$\vdots$
x_i	p_{i1}	p_{i2}	$\cdots$	p_{ij}	$\cdots$
$\vdots$	$\vdots$	$\vdots$	$\vdots$	$\vdots$	$\vdots$

联合分布律具有下列性质：(1) $p_{ij}\geqslant 0$；(2) $\sum_{i=1}^{\infty}\sum_{j=1}^{\infty}p_{ij}=1$.

3. 二维连续型随机变量及其概率密度函数

如果存在一个非负可积函数$f(x,y)$，使得二维随机变量(X,Y)的分布函数$F(x,y)$对任意实数x,y有$F(x,y)=\int_{-\infty}^{x}\int_{-\infty}^{y}f(x,y)\mathrm{d}x\mathrm{d}y$，则称$(X,Y)$是二维连续型随机变量，称$f(x,y)$为$(X,Y)$的概率密度函数或$X$与$Y$的联合概率密度函数.

密度函数具有下列性质：

(1) 对一切实数x,y，有$f(x,y)\geqslant 0$；

(2) $\int_{-\infty}^{+\infty}\int_{-\infty}^{+\infty}f(x,y)\mathrm{d}x\mathrm{d}y=1$；

(3) 在任意平面域D上，(X,Y)取值的概率

$$P\{(X,Y)\in D\}=\iint_D f(x,y)\mathrm{d}x\mathrm{d}y;$$

(4) 如果$f(x,y)$在(x,y)处连续，则$\dfrac{\partial^2F(x,y)}{\partial x\partial y}=f(x,y)$.

4. 二维随机变量的边缘分布

设(X,Y)为二维随机变量，则关于X和Y的边缘分布函数分别为

$$F_X(x)=P\{X\leqslant x,-\infty<Y<+\infty\}=F(x,+\infty),$$

$$F_Y(y)=P\{-\infty<X<+\infty,Y\leqslant y\}=F(+\infty,y).$$

当(X,Y)为离散型随机变量,则称 $p_{i\cdot}=\sum\limits_{j=1}^{+\infty}p_{ij}(i=1,2,\cdots)$,$p_{\cdot j}=\sum\limits_{i=1}^{+\infty}p_{ij}$ $(j=1,2,\cdots)$ 分别为(X,Y)关于 X 和关于 Y 的边缘分布律.

当(X,Y)为连续型随机变量,则称 $f_X(x)=\int_{-\infty}^{+\infty}f(x,y)\mathrm{d}y$, $f_Y(y)=\int_{-\infty}^{+\infty}f(x,y)\mathrm{d}x$ 分别为(X,Y)关于 X 和关于 Y 的边缘概率密度函数.

5. 二维随机变量的条件分布

(1) 离散型随机变量的条件分布

设(X,Y)为二维离散型随机变量,其联合分布律和边缘分布律分别为

$$P\{X=x_i,Y=y_j\}=p_{ij},\ P\{X=x_i\}=p_{i\cdot},\ P\{Y=y_j\}=p_{\cdot j}(i,j=1,2,\cdots),$$

则当 j 固定,且 $P\{Y=y_j\}=p_{\cdot j}>0$ 时,称

$$P\{X=x_i|Y=y_j\}=\frac{P\{X=x_i,Y=y_j\}}{P\{Y=y_j\}}=\frac{p_{ij}}{p_{\cdot j}}\ (i=1,2,\cdots)$$

为 $Y=y_j$ 条件下随机变量 X 的条件分布律.同理,有

$$P\{Y=y_j|X=x_i\}=\frac{p_{ij}}{p_{i\cdot}}\ (j=1,2,\cdots).$$

(2) 连续型随机变量的条件分布

设(X,Y)为二维连续型随机变量,其联合概率密度函数和边缘概率密度函数分别为 $f(x,y)$,$f_X(x)$,$f_Y(y)$,则当 $f_Y(y)>0$ 时,在条件 $Y=y$ 下,X 的条件概率密度函数为

$$f_{X|Y}(x|y)=\frac{f(x,y)}{f_Y(y)}.$$

同理,有

$$f_{Y|X}(x|y)=\frac{f(x,y)}{f_X(x)}.$$

6. 随机变量的独立性

设 $F(x,y)$及 $F_X(x)$,$F_Y(y)$分别是(X,Y)的联合分布函数及边缘分布函数.如果对任何实数 x,y,有 $F(x,y)=F_X(x)\cdot F_Y(y)$,则称随机变量 X 与 Y 相互独立.

设(X,Y)为二维离散型随机变量,X 与 Y 相互独立的充要条件是

$$P\{X=x_i,Y=y_j\}=P\{X=x_i\}\cdot P\{Y=y_j\}\ (i,j=1,2,\cdots).$$

设(X,Y)为二维连续型随机变量,X 与 Y 相互独立的充要条件是对任何实数 x,y,$f(x,y)=f_X(x)f_Y(y)$几乎处处成立.

7. 常用的二维连续型随机变量

(1) 均匀分布

如果(X,Y)在二维平面上某个区域G上服从均匀分布，则其概率密度为

$$f(x,y)=\begin{cases}\dfrac{1}{G\text{的面积}}, & (x,y)\in G,\\ 0, & \text{其他}.\end{cases}$$

(2) 二维正态分布$(X,Y)\sim N(\mu_1,\mu_2,\sigma_1^2,\sigma_2^2,\rho)$

如果(X,Y)的概率密度为

$$f(x,y)=\frac{1}{2\pi\sigma_1\sigma_2\sqrt{1-\rho^2}}\mathrm{e}^{-\frac{1}{2(1-\rho^2)}\left[\frac{(x-\mu_1)^2}{\sigma_1^2}-2\rho\frac{(x-\mu_1)(y-\mu_2)}{\sigma_1\sigma_2}+\frac{(y-\mu_2)^2}{\sigma_2^2}\right]},$$

则称(X,Y)服从二维正态分布，并记为$(X,Y)\sim N(\mu_1,\mu_2,\sigma_1^2,\sigma_2^2,\rho)$.

如果$(X,Y)\sim N(\mu_1,\mu_2,\sigma_1^2,\sigma_2^2,\rho)$，则$X\sim N(\mu_1,\sigma_1^2)$，$Y\sim N(\mu_2,\sigma_2^2)$.

8. 两维随机变量函数的分布

(1) 二维离散型随机变量函数的分布

设二维离散型随机变量(X,Y)的联合分布律为

$$P\{X=x_i,Y=y_j\}=p_{ij}\ (i,j=1,2,\cdots),$$

则随机变量函数$Z=g(X,Y)$的分布律为

$$P\{Z=g(X,Y)\}=p_{ij}\ (i,j=1,2,\cdots),$$

Z有相同取值时须合并.

(2) 二维随机变量函数的概率密度

设二维连续型随机变量(X,Y)的概率密度为$f(x,y)$，则随机变量函数$Z=g(X,Y)$的分布函数为

$$\begin{aligned}F_Z(z)&=P\{Z\leqslant z\}=P\{g(X,Y)\leqslant z\}\\&=P\{(X,Y)\in D_z\}=\iint_{D_z}f(x,y)\mathrm{d}x\mathrm{d}y.\end{aligned}$$

随机变量函数$Z=g(X,Y)$的概率密度为$f_Z(z)=F'_Z(z)$.

若(X,Y)为连续型随机变量，概率密度函数为$f(x,y)$，则$Z=X+Y$的概率函数为

$$f_Z(z)=\int_{-\infty}^{+\infty}f(x,z-x)\mathrm{d}x=\int_{-\infty}^{+\infty}f(z-y,y)\mathrm{d}y.$$

当X与Y相互独立，且X的概率密度为$f_X(x)$，Y的概率密度为$f_Y(y)$时，随机变量函数$Z=X+Y$的概率密度为

$$f_Z(z)=\int_{-\infty}^{+\infty}f_X(x)f_Y(z-x)\mathrm{d}x,$$

或 $$f_Z(z)=\int_{-\infty}^{+\infty}f_X(z-y)f_Y(y)\mathrm{d}y.$$

以上两个公式也称为卷积公式.

特别有如下的结论：若 $X\sim N(\mu_1,\sigma_1^2)$，$Y\sim N(\mu_2,\sigma_2^2)$，且 X 与 Y 相互独立，则 $X+Y\sim N(\mu_1+\mu_2,\sigma_1^2+\sigma_2^2)$.

典型例题

例 3.1　设一盒内有 2 件次品、3 件正品，进行无放回的抽取. 设 X 为第一次抽取所得次品个数，Y 为第二次抽取所得次品个数.

求：(1) (X,Y)的分布律；(2) 二维随机变量(X,Y)的边缘分布律；(3) X 与 Y 是否相互独立.

解　X 与 Y 都服从 0－1 分布，分别记

$$X=\begin{cases}0,\text{第一次取得正品},\\1,\text{第一次取得次品},\end{cases}\quad Y=\begin{cases}0,\text{第二次取得正品},\\1,\text{第二次取得次品}.\end{cases}$$

(1) 联合分布律为

$$P\{X=0,Y=0\}=\frac{3}{5}\cdot\frac{2}{4}=\frac{3}{10},\ P\{X=0,Y=1\}=\frac{3}{5}\cdot\frac{2}{4}=\frac{3}{10},$$

$$P\{X=1,Y=0\}=\frac{2}{5}\cdot\frac{3}{4}=\frac{3}{10},\ P\{X=1,Y=1\}=\frac{2}{5}\cdot\frac{1}{4}=\frac{1}{10}.$$

联合分布律也可表示为

Y \ X	0	1
0	$\frac{3}{10}$	$\frac{3}{10}$
1	$\frac{3}{10}$	$\frac{1}{10}$

(2) 对上述联合分布律按各列、各行相加，可得关于 X,Y 的边缘分布律分别为

X	0	1
$p_{i\cdot}$	$\frac{3}{5}$	$\frac{2}{5}$

Y	0	1
$p_{\cdot j}$	$\frac{3}{5}$	$\frac{2}{5}$

(3) 在不放回抽样时，因为

$$P\{X=1\}\cdot P\{Y=1\}=\frac{2}{5}\cdot\frac{2}{5}=\frac{4}{25}\neq P\{X=1,Y=1\}=\frac{1}{10},$$

所以 X 与 Y 不相互独立.

例 3.2 设随机变量 X 和 Y 的联合分布律为

X \ Y	1	2	3
0	0.15	0.30	0.35
1	0.05	0.12	0.03

求:(1) 求关于 X 的边缘分布律;(2) 求关于 Y 的边缘分布律;(3) 求 $P\{Y>1\}$.

解 (1) $P\{X=0\}=P\{X=0,Y=1\}+P\{X=0,Y=2\}+P\{X=0,Y=3\}$
$=0.15+0.30+0.35=0.80.$

$P\{X=1\}=P\{X=1,Y=1\}+P\{X=1,Y=2\}+P\{X=1,Y=3\}$
$=0.05+0.12+0.03=0.20.$

从而关于 X 的边缘分布为

X	0	1
$p_{i\cdot}$	0.8	0.2

(2) $P\{Y=1\}=P\{X=0,Y=1\}+P\{X=1,Y=1\}=0.15+0.05=0.20.$

$P\{Y=2\}=P\{X=0,Y=2\}+P\{X=1,Y=2\}=0.30+0.12=0.42.$

$P\{Y=3\}=P\{X=0,Y=3\}+P\{X=1,Y=3\}=0.35+0.03=0.38.$

从而关于 Y 的边缘分布为

Y	1	2	3
$p_{\cdot j}$	0.2	0.42	0.38

(3) $P\{Y>1\}=P\{Y=2\}+P\{Y=3\}=0.42+0.38=0.80.$

例 3.3 如果(X,Y)的分布律为

X \ Y	1	2	3
1	$\frac{1}{6}$	$\frac{1}{9}$	$\frac{1}{18}$
2	$\frac{1}{3}$	a	b

当 a 和 b 取何值时,X 与 Y 相互独立?

解 由$\frac{1}{6}+\frac{1}{9}+\frac{1}{18}+\frac{1}{3}+a+b=1$ 得 $a+b=\frac{1}{3}$.

当 X 与 Y 相互独立时,

$$\frac{1}{9}=P\{X=1,Y=2\}=P\{X=1\}P\{Y=2\}=\left(\frac{1}{6}+\frac{1}{9}+\frac{1}{18}\right)\left(\frac{1}{9}+a\right),$$

解得 $a=\frac{2}{9}$,则

$$b=\frac{1}{3}-a=\frac{1}{9}.$$

例 3.4　设(X,Y)的联合密度函数为

$$f(x,y)=\begin{cases}Cxy, & 0<x<1,0<y<1,\\ 0, & \text{其他}.\end{cases}$$

试求:(1) 常数 C;(2) $f_X(x)$,$f_Y(y)$;(3) X 与 Y 是否相互独立.

解　(1) 因为 $1=\int_{-\infty}^{+\infty}\int_{-\infty}^{+\infty}f(x,y)\mathrm{d}x\mathrm{d}y=\int_0^1\int_0^1 Cxy\mathrm{d}x\mathrm{d}y=\frac{C}{4}$,因此 $C=4$.

(2) 因为 $f_X(x)=\int_{-\infty}^{+\infty}f(x,y)\mathrm{d}y$,当 $0<x<1$ 时,

$$f_X(x)=\int_0^1 4xy\mathrm{d}y=2x,$$

当 x 为其他情况时,　$f_X(x)=0$.

所以

$$f_X(x)=\begin{cases}2x, & 0<x<1,\\ 0, & \text{其他}.\end{cases}$$

同理可得

$$f_Y(y)=\begin{cases}2y, & 0<y<1,\\ 0, & \text{其他}.\end{cases}$$

(3) 由

$$f_X(x)f_Y(y)=\begin{cases}4xy, & 0<x<1,0<y<1,\\ 0, & \text{其他},\end{cases}$$

可得 $f(x,y)=f_X(x)f_Y(y)$,因此,X 与 Y 相互独立.

例 3.5　设二维随机变量(X,Y)的概率密度函数为

$$f(x,y)=\begin{cases}ky(2-x), & 0\leqslant x\leqslant 1,0\leqslant y\leqslant x,\\ 0, & \text{其他}.\end{cases}$$

试求常数 k,并讨论 X 与 Y 是否相互独立.

解　由联合密度的性质知

$$\begin{aligned}1&=\int_{-\infty}^{+\infty}\int_{-\infty}^{+\infty}f(x,y)\mathrm{d}x\mathrm{d}y=\iint\limits_{\substack{0\leqslant x\leqslant 1\\ 0\leqslant y\leqslant x}}ky(2-x)\mathrm{d}x\mathrm{d}y\\ &=k\int_0^1\mathrm{d}x\int_0^x(2-x)y\mathrm{d}y=\frac{5}{24}k,\end{aligned}$$

所以，$k=\dfrac{24}{5}$.

(X,Y)关于 X 的边缘密度为

$$f_X(x)=\int_{-\infty}^{+\infty}f(x,y)\mathrm{d}y=\begin{cases}\int_0^x\dfrac{24}{5}(2-x)y\mathrm{d}y, & 0\leqslant x\leqslant 1,\\ 0, & \text{其他}\end{cases}$$

$$=\begin{cases}\dfrac{12}{5}x^2(2-x), & 0\leqslant x\leqslant 1\\ 0, & \text{其他}.\end{cases}$$

而(X,Y)关于 Y 的边缘密度为

$$f_Y(y)=\int_{-\infty}^{+\infty}f(x,y)\mathrm{d}x=\begin{cases}\int_y^1\dfrac{24}{5}(2-x)y\mathrm{d}x, & 0\leqslant y\leqslant 1,\\ 0, & \text{其他}\end{cases}$$

$$=\begin{cases}\dfrac{12}{5}y(3-4y+y^2), & 0\leqslant y\leqslant 1,\\ 0, & \text{其他}.\end{cases}$$

很明显，当 $0<x<1,0<y<x$ 时，有 $f(x,y)\neq f_X(x)f_Y(y)$，所以 X 与 Y 不相互独立.

例 3.6 设(X,Y)服从区域 $D=\{(x,y):0\leqslant y\leqslant 1-x^2\}$上的均匀分布.

(1) 写出(X,Y)的联合密度函数；

(2) 求 X 和 Y 的边缘密度函数；

(3) 求概率 $P\{Y\geqslant X^2\}$.

解 (1) 由于区域 D 是由曲线 $y=1-x^2$ 和 $y=0$ 所围成的(见图 3-1)，其面积

$$A=\int_{-1}^{1}(1-x^2)\mathrm{d}x=\frac{4}{3}.$$

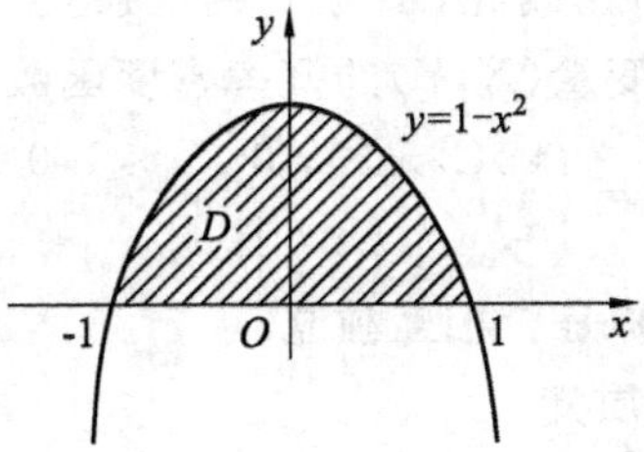

图 3-1

所以(X,Y)的联合密度函数为

$$f(x,y)=\begin{cases}\dfrac{3}{4}, & 0\leqslant y\leqslant 1-x^2,\\ 0, & 其他.\end{cases}$$

(2) X 的边缘密度函数为

$$f_X(x)=\int_{-\infty}^{+\infty}f(x,y)\mathrm{d}y=\begin{cases}\displaystyle\int_0^{1-x^2}\frac{3}{4}\mathrm{d}y, & -1<x<1,\\ 0, & 其他\end{cases}$$

$$=\begin{cases}\dfrac{3}{4}(1-x^2), & -1<x<1,\\ 0, & 其他.\end{cases}$$

而 Y 的边缘密度函数为

$$f_Y(y)=\int_{-\infty}^{+\infty}f(x,y)\mathrm{d}x=\begin{cases}\displaystyle\int_{-\sqrt{1-y}}^{\sqrt{1-y}}\frac{3}{4}\mathrm{d}x, & 0<y<1,\\ 0, & 其他\end{cases}$$

$$=\begin{cases}\dfrac{3}{4}\sqrt{1-y}, & 0<y<1,\\ 0, & 其他.\end{cases}$$

(3) 记 $G=\{(x,y):y\geqslant x^2\}$，则 $G\cap D$ 为图 3-2 阴影部分，从而

$$P\{Y\geqslant X^2\}=P\{(X,Y)\in G\}=\iint_G f(x,y)\mathrm{d}x\mathrm{d}y$$

$$=\iint_{G\cap D}\frac{3}{4}\mathrm{d}x\mathrm{d}y=\int_{-\frac{\sqrt{2}}{2}}^{\frac{\sqrt{2}}{2}}\mathrm{d}x\int_{x^2}^{1-x^2}\frac{3}{4}\mathrm{d}y=\frac{\sqrt{2}}{2}.$$

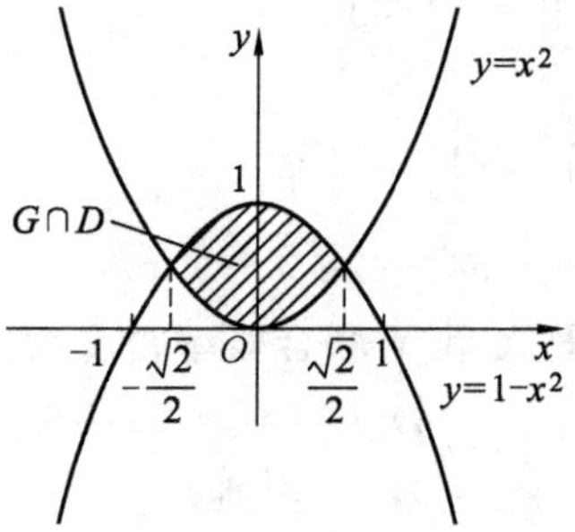

图 3-2

例 3.7 设二维随机变量 (X,Y) 的概率密度为

$$f(x,y)=\begin{cases}A\mathrm{e}^{-Ay}, & 0<x<y,\\ 0, & 其他.\end{cases}$$

(1) 确定常数 A；

(2) 求随机变量 X 的边缘概率密度 $f_X(x)$;

(3) 求概率 $P\{X+Y\leqslant 1\}$.

解 (1) 记 D 为 $f(x,y)$的非零区域,即

$$D=\{(x,y):0<x<y\}.$$

其图形如图 3-3 所示.

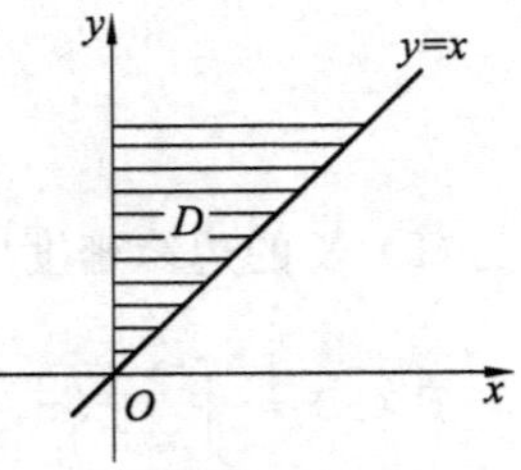

图 3-3

由联合密度的性质得

$$\int_{-\infty}^{+\infty}\int_{-\infty}^{+\infty} f(x,y)\mathrm{d}x\mathrm{d}y = 1.$$

从而有

$$1=\int_{-\infty}^{+\infty}\int_{-\infty}^{+\infty} f(x,y)\mathrm{d}x\mathrm{d}y=\iint\limits_D A\mathrm{e}^{-Ay}\mathrm{d}x\mathrm{d}y$$

$$=\int_{-\infty}^{+\infty}\mathrm{d}x\int_{-\infty}^{+\infty} A\mathrm{e}^{-Ay}\mathrm{d}y=\frac{1}{A}.$$

因此,$A=1$.

(2) X 的边缘密度为

$$f_X(x)=\int_{-\infty}^{+\infty} f(x,y)\mathrm{d}y=\begin{cases}\int_x^{+\infty}\mathrm{e}^{-y}\mathrm{d}y, & x>0,\\ 0, & x\leqslant 0\end{cases}=\begin{cases}\mathrm{e}^{-x}, & x>0,\\ 0, & x\leqslant 0.\end{cases}$$

(3) 设 $G=\{(x,y)\,|\,x+y\leqslant 1\}$,则 $D\cap G$ 区域如图 3-4 所示. 故

$$P\{X+Y\leqslant 1\}=\iint\limits_G f(x,y)\mathrm{d}x\mathrm{d}y$$

$$=\iint\limits_{G\cap D}\mathrm{e}^{-y}\mathrm{d}x\mathrm{d}y$$

$$=\int_0^{\frac{1}{2}}\mathrm{d}x\int_x^{1-x}\mathrm{e}^{-y}\mathrm{d}y$$

$$=1+\mathrm{e}^{-1}-2\mathrm{e}^{-\frac{1}{2}}.$$

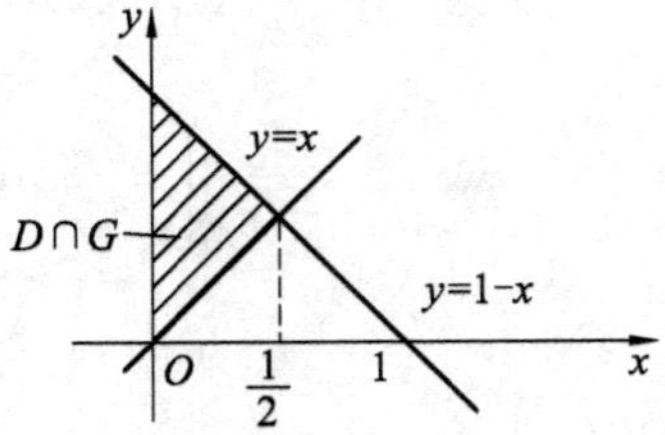

图 3-4

例 3.8 已知随机变量 X 和 Y 联合概率密度为

$$f(x,y)=\begin{cases}4xy, & 0\leqslant x<1, 0\leqslant y<1,\\ 0, & \text{其他}.\end{cases}$$

求条件密度 $f_{X|Y}(x|y)$及 $f_{Y|X}(y|x)$.

解 由于 X 的边缘密度为

$$f_X(x)=\int_{-\infty}^{+\infty} f(x,y)\mathrm{d}y=\begin{cases}\int_0^1 4xy\mathrm{d}y, & 0\leqslant x<1,\\ 0, & \text{其他}\end{cases}=\begin{cases}2x, & 0\leqslant x<1,\\ 0, & \text{其他}.\end{cases}$$

同理可得 $$f_Y(y)=\int_{-\infty}^{+\infty} f(x,y)\mathrm{d}x=\begin{cases}2y, & 0\leqslant y<1,\\ 0, & \text{其他}.\end{cases}$$

故当 $0<y<1$ 时，$f_Y(y)>0$，且

$$f_{X|Y}(x|y)=\frac{f(x,y)}{f_Y(y)}=\begin{cases}\dfrac{4xy}{2y}, & 0\leqslant x<1,\\ 0, & \text{其他}.\end{cases}$$

从而，在 $\{Y=y\}$ 条件下，X 的条件密度为

$$f_{X|Y}(x|y)=\begin{cases}2x, & 0\leqslant x<1, 0<y<1,\\ 0, & \text{其他}.\end{cases}$$

同理可得，在 $\{X=x\}$ 条件下，Y 的条件密度为

$$f_{Y|X}(y|x)=\begin{cases}2y, & 0\leqslant y<1, 0<x<1,\\ 0, & \text{其他}.\end{cases}$$

例 3.9 设 X 和 Y 是两个相互独立的随机变量，X 服从区间 $(0,1)$ 上的均匀分布，Y 服从参数 $\theta=2$ 的指数分布，求 a 的二次方程 $a^2+2Xa+Y=0$ 有实根的概率.

解 由题设知，X 与 Y 的概率密度分别为

$$f_X(x)=\begin{cases}1, & 0<x<1,\\ 0, & \text{其他},\end{cases}\qquad f_Y(y)=\begin{cases}\dfrac{1}{2}\mathrm{e}^{-\frac{y}{2}}, & y>0,\\ 0, & y\leqslant 0.\end{cases}$$

由于 X,Y 相互独立，故 X 与 Y 的联合密度为

$$f(x,y)=f_X(x)f_Y(y)=\begin{cases}\dfrac{1}{2}\mathrm{e}^{-\frac{y}{2}}, & 0<x<1, y>0,\\ 0, & \text{其他}.\end{cases}$$

又因为方程 $a^2+2Xa+Y=0$ 有实根当且仅当 $\Delta=4X^2-4Y\geqslant 0$，故所求概率为

$$\begin{aligned}P\{X^2\geqslant Y\}&=\iint\limits_{x^2\geqslant y} f(x,y)\mathrm{d}x\mathrm{d}y=\iint\limits_{\substack{x^2\geqslant y\\ 0<x<1\\ y>0}}\frac{1}{2}\mathrm{e}^{-\frac{y}{2}}\mathrm{d}x\mathrm{d}y\\ &=\int_0^1\mathrm{d}x\int_0^{x^2}\frac{1}{2}\mathrm{e}^{-\frac{y}{2}}\mathrm{d}y=\int_0^1 1-\mathrm{e}^{-\frac{x^2}{2}}\mathrm{d}x\\ &=1-\int_0^1\mathrm{e}^{-\frac{x^2}{2}}\mathrm{d}x=1-\sqrt{2\pi}[\Phi(1)-\Phi(0)].\end{aligned}$$

而 $\Phi(0)=\dfrac{1}{2}$，$\Phi(1)=0.843$（查正态分布表），故方程 $a^2+2Xa+Y=0$ 有实根的概率为 0.144 8.

例 3.10 设二维随机变量的联合分布律为

X \ Y	-1	1	2
-1	$\frac{5}{20}$	$\frac{2}{20}$	$\frac{6}{20}$
2	$\frac{3}{20}$	$\frac{3}{20}$	$\frac{1}{20}$

求下列分布律：(1) $Z_1=X+Y$；(2) $Z_2=XY$；(3) $Z_3=\frac{X}{Y}$；(4) $Z_4=\max(X,Y)$.

解 由已知得

(X,Y)	$(-1,-1)$	$(-1,1)$	$(-1,2)$	$(2,-1)$	$(2,1)$	$(2,2)$
p_{ij}	$\frac{5}{20}$	$\frac{2}{20}$	$\frac{6}{20}$	$\frac{3}{20}$	$\frac{3}{20}$	$\frac{1}{20}$
$X+Y$	-2	0	1	1	3	4
XY	1	-1	-2	-2	2	4
$\frac{X}{Y}$	1	-1	$-\frac{1}{2}$	-2	2	1
$\max(X,Y)$	-1	1	2	2	2	2

从而得到：

(1) $Z_1=X+Y$ 的分布律为

$Z_1=X+Y$	-2	0	1	3	4
p	$\frac{5}{20}$	$\frac{2}{20}$	$\frac{9}{20}$	$\frac{3}{20}$	$\frac{1}{20}$

(2) $Z_2=XY$ 的分布律为

$Z_2=XY$	-2	-1	1	2	4
p	$\frac{9}{20}$	$\frac{2}{20}$	$\frac{5}{20}$	$\frac{3}{20}$	$\frac{1}{20}$

(3) $Z_3=\frac{X}{Y}$ 的分布律为

$Z_3=\frac{X}{Y}$	-2	-1	$-\frac{1}{2}$	1	2
p	$\frac{3}{20}$	$\frac{2}{20}$	$\frac{6}{20}$	$\frac{6}{20}$	$\frac{3}{20}$

(4) $Z_4=\max(X,Y)$ 分布律为

$Z_4=\max(X,Y)$	-1	1	2
p	$\frac{5}{20}$	$\frac{2}{20}$	$\frac{13}{20}$

例 3.11 设随机变量 X 和 Y 相互独立,有

$$f_X(x)=\begin{cases}1, & 0\leqslant x\leqslant 1,\\ 0, & 其他,\end{cases}\quad f_Y(y)=\begin{cases}2y, & 0\leqslant y\leqslant 1,\\ 0, & 其他.\end{cases}$$

求随机变量 $Z=X+Y$ 的概率密度函数 $f_Z(z)$.

解 由题意得

$$F_Z(z)=P\{X+Y\leqslant z\}=\iint\limits_{x+y\leqslant z}f(x,y)\mathrm{d}x\mathrm{d}y.$$

该积分仅当 $f(x,y)>0$ 时才不为 0,考虑 $f(x,y)>0$ 的区域与 $x+y\leqslant z$ 的取值,分四种情况计算(见图 3-5).

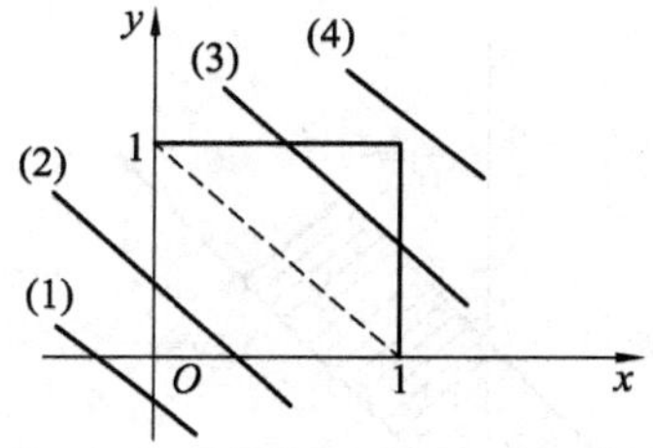

图 3-5

当 $z<0$ 时,$F_Z(z)=0$;

当 $0\leqslant z\leqslant 1$ 时,$F_Z(z)=\int_0^z\mathrm{d}x\int_0^{z-x}2y\mathrm{d}y=\frac{z^3}{3}$;

当 $1<z\leqslant 2$ 时,$F_Z(z)=\int_0^{z-1}\mathrm{d}x\int_0^1 2y\mathrm{d}y+\int_{z-1}^1\mathrm{d}x\int_0^{z-x}2y\mathrm{d}y=z^2-\frac{z^3}{3}-\frac{1}{3}$;

当 $z>2$ 时,$F_Z(z)=1$.

所以

$$F_Z(z)=\begin{cases}0, & z<0,\\ \frac{z^3}{3}, & 0\leqslant z\leqslant 1,\\ z^2-\frac{z^3}{3}-\frac{1}{3}, & 1<z\leqslant 2,\\ 1, & z>2.\end{cases}$$

$$f_Z(z)=\begin{cases}z^2, & 0\leqslant z\leqslant 1,\\ 2z-z^2, & 1<z\leqslant 2,\\ 0, & 其他.\end{cases}$$

例 3.12 设二维随机变量(X,Y)的概率密度函数为

$$f(x,y)=\begin{cases}e^{-(x+y)}, & x>0,y>0,\\ 0, & 其他.\end{cases}$$

求$Z=|X-Y|$的概率密度.

解 显然,当$z\leqslant 0$时,有

$$F_z(z)=P\{Z\leqslant z\}=P\{|X-Y|\leqslant z\}=0;$$

当$z>0$时,有

$$F_z(z)=P\{Z\leqslant z\}=P\{|X-Y|\leqslant z\}=\iint\limits_{|x-y|\leqslant z}f(x,y)\mathrm{d}x\mathrm{d}y$$

$$=\iint\limits_{\substack{|x-y|\leqslant z\\ x>0\\ y>0}}e^{-(x+y)}\mathrm{d}x\mathrm{d}y.$$

此积分的积分区域如图 3-6 所示. 因此,化重积分为累次积分,得

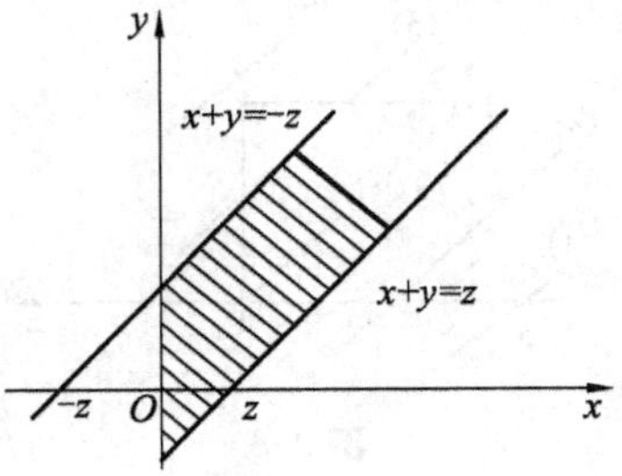

图 3-6

$$F_z(z)=\int_0^z\mathrm{d}x\int_0^{x+z}e^{-(x+y)}\mathrm{d}y+\int_z^{+\infty}\mathrm{d}x\int_{x-z}^{x+z}e^{-(x+y)}\mathrm{d}y$$

$$=\left(1-\frac{3}{2}e^{-z}+\frac{1}{2}e^{-3z}\right)+\frac{1}{2}(e^{-z}-e^{-3z})$$

$$=1-e^{-z}.$$

所以有

$$F_Z(z)=\begin{cases}1-e^{-z}, & z>0,\\ 0, & z\leqslant 0.\end{cases}$$

从而$Z=|X-Y|$的概率密度为

$$f_Z(z)=\frac{\mathrm{d}}{\mathrm{d}z}F_Z(z)=\begin{cases}e^{-z}, & z>0,\\ 0, & z\leqslant 0.\end{cases}$$

考研真题

1. 设二维随机变量(X,Y)服从正态分布$N(1,0,1,1,0)$,则$P\{XY-Y<0\}$ $=$________.

解　由题设知，$X\sim N(1,1)$，$Y\sim N(0,1)$，而且 X，Y 相互独立，从而

$$\begin{aligned}P\{XY-Y<0\}&=P\{(X-1)Y<0\}\\&=P\{X-1>0,Y<0\}+P\{X-1<0,Y>0\}\\&=P\{X>1\}P\{Y<0\}+P\{X<1\}P\{Y>0\}\\&=\frac{1}{2}\times\frac{1}{2}+\frac{1}{2}\times\frac{1}{2}=\frac{1}{2}.\end{aligned}$$

2. 设随机变量 X_1,X_2,X_3,X_4 相互独立，且同分布：$P\{X_i=0\}=0.6$，$P\{X_i=1\}=0.4\ (i=1,2,3,4)$. 求行列式 $X=\begin{vmatrix}X_1 & X_2\\ X_3 & X_4\end{vmatrix}$ 的概率分布.

解　记 $Y_1=X_1X_4$，$Y_2=X_2X_3$，则 $X=Y_1-Y_2$，且随机变量 Y_1 和 Y_2 独立同分布：

$P\{Y_1=1\}=P\{Y_2=1\}=P\{X_2=1,X_3=1\}=0.16$，

$P\{Y_1=0\}=P\{Y_2=0\}=1-0.16=0.84$.

随机变量 $X=Y_1-Y_2$，有 3 个可能值 $-1,0,1$，易见，

$$\begin{aligned}P\{X=-1\}&=P\{Y_1=0,Y_2=1\}=P\{Y_1=0\}P\{Y_2=1\}\\&=0.84\times0.16=0.134\,4,\end{aligned}$$

$$\begin{aligned}P\{X=1\}&=P\{Y_1=1,Y_2=0\}=P\{Y_1=1\}P\{Y_2=0\}\\&=0.16\times0.84=0.134\,4,\end{aligned}$$

$P\{X=0\}=1-P\{X=1\}-P\{X=-1\}=0.731\,2$.

于是，行列式的概率分布律为

X	-1	0	1
p	0.134 4	0.731 2	0.134 4

3. 设二维随机变量 (X,Y) 的概率密度为 $f(x,y)=\begin{cases}e^{-y}, & 0<x<y,\\ 0, & \text{其他}.\end{cases}$

(1) 求随机变量 X 的密度 $f_X(x)$；

(2) 求概率 $P\{X+Y\leqslant1\}$.

解　(1) 当 $x\leqslant0$ 时，

$$f_X(x)=\int_{-\infty}^{+\infty}f(x,y)\mathrm{d}y=\int_{-\infty}^{+\infty}0\mathrm{d}y=0;$$

当 $x>0$ 时，

$$f_X(x)=\int_{-\infty}^{+\infty}f(x,y)\mathrm{d}y=\int_{x}^{+\infty}e^{-y}\mathrm{d}y=e^{-x}.$$

故 $f_X(x)=\begin{cases}0, & x\leqslant0,\\ e^{-x}, & x>0.\end{cases}$

(2) 积分区域如图 3-7 所示.

$$P\{X+Y\leqslant 1\}=\iint\limits_{x+y\leqslant 1} f(x,y)\mathrm{d}x\mathrm{d}y=\int_0^{\frac{1}{2}}\mathrm{d}x\int_x^{1-x}\mathrm{e}^{-y}\mathrm{d}y$$

$$=-\int_0^{\frac{1}{2}}[\mathrm{e}^{-(1-x)}+\mathrm{e}^{-x}]\mathrm{d}x=1+\mathrm{e}^{-1}-2\mathrm{e}^{-\frac{1}{2}}.$$

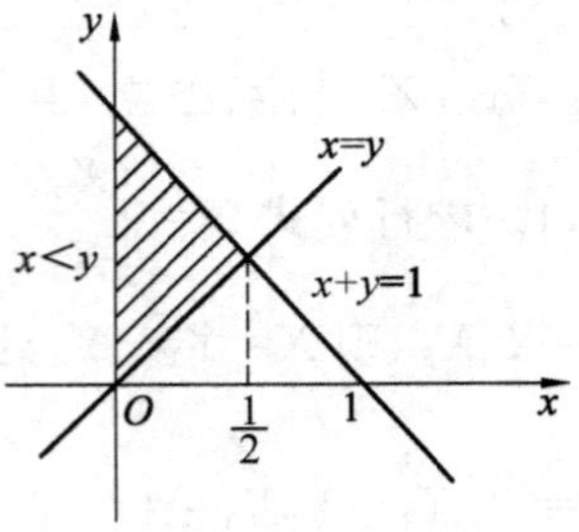

图 3-7

4. 已知随机变量 X_1 和 X_2 的概率分布分别为

X_1	-1	0	1
p	$\frac{1}{4}$	$\frac{1}{2}$	$\frac{1}{4}$

X_2	0	1
p	$\frac{1}{2}$	$\frac{1}{2}$

而且 $P\{X_1X_2=0\}=1$.

(1) 求 X_1 和 X_2 的联合分布；

(2) X_1 和 X_2 是否相互独立？为什么？

解 (1) 由 $P\{X_1X_2=0\}=1$ 知，$P\{X_1X_2\neq 0\}=0$，即

$$P\{X_1=-1,X_2=1\}=P\{X_1=1,X_2=1\}=0.$$

于是 X_1 和 X_2 的联合分布为

X_1 \ X_2	0	1	$p_{i\cdot}$
-1	p_{11}	0	$\frac{1}{4}$
0	p_{21}	p_{22}	$\frac{1}{2}$
1	p_{31}	0	$\frac{1}{4}$
$p_{\cdot j}$	$\frac{1}{2}$	$\frac{1}{2}$	1

从而利用边缘分布律与联合分布律的关系知

$$\frac{1}{4}=P\{X_1=-1,X_2=0\}+P\{X_1=-1,X_2=1\},$$

即 $p_{11}+0=\frac{1}{4}$，从而得 $p_{11}=\frac{1}{4}$.

同理可知，$p_{31}=\frac{1}{4}$，$p_{22}=\frac{1}{2}$，$p_{21}=0$. 故 X_1 和 X_2 的联合分布律为

X_1 \ X_2	0	1	$p_{i\cdot}$
-1	$\frac{1}{4}$	0	$\frac{1}{4}$
0	0	$\frac{1}{2}$	$\frac{1}{2}$
1	$\frac{1}{4}$	0	$\frac{1}{4}$
$p_{\cdot j}$	$\frac{1}{2}$	$\frac{1}{2}$	1

(2) 由以上结果知 $P\{X_1=0,X_2=0\}=0$，而

$$P\{X_1=0\}P\{X_2=0\}=\frac{1}{2}\times\frac{1}{2}=\frac{1}{4}\neq 0,$$

可见，X_1 与 X_2 不相互独立.

5. 设随机变量 X 和 Y 相互独立，下表列出了二维随机变量(X,Y)的联合分布

$$p_{13}=\frac{1}{12},\ p_{22}=\frac{3}{8},\ p_{23}=\frac{1}{4},\ p_{\cdot 2}=\frac{1}{2},\ p_{\cdot 3}=\frac{1}{3}.$$

将算得的数值填入表中的空格内，即得分布律及关于 X 和关于 Y 的边缘分布律中的部分数值，试将其余数值填入表中的空白处：

X \ Y	y_1	y_2	y_3	$p_{i\cdot}$
x_1		$\frac{1}{8}$		
x_2	$\frac{1}{8}$			
$p_{\cdot j}$	$\frac{1}{6}$			1

解　利用

$$p_{i\cdot}=\sum_j p_{ij},\ p_{\cdot j}=\sum_i p_{ij},\sum_i p_{i\cdot}=\sum_j p_{\cdot j}=1$$

与独立性 $p_{ij}=p_{i\cdot}p_{\cdot j}$ 求解空格内的数值. 故

$$p_{11}=\frac{1}{6}-\frac{1}{8}=\frac{1}{24},\ p_{11}=p_{1\cdot}\,p_{\cdot 1}=p_{1\cdot}\times\frac{1}{6},$$

则 $p_{1\cdot}=\frac{1}{4}$. 又由 $p_{1\cdot}+p_{2\cdot}=1$,可得 $p_{2\cdot}=1-\frac{1}{4}=\frac{3}{4}$.

反复运用上述公式,可求得

X \ Y	y_1	y_2	y_3	$p_{i\cdot}$
x_1	$\frac{1}{24}$	$\frac{1}{8}$	$\frac{1}{12}$	$\frac{1}{4}$
x_2	$\frac{1}{8}$	$\frac{3}{8}$	$\frac{1}{4}$	$\frac{3}{4}$
$p_{\cdot j}$	$\frac{1}{6}$	$\frac{1}{2}$	$\frac{1}{3}$	1

6. 设随机变量 X 在区间(0,1)上服从均匀分布,在 $X=x(0<x<1)$ 的条件下,随机变量 Y 在区间$(0,x)$上服从均匀分布,求:

(1) 随机变量 X 和 Y 的联合概率密度;

(2) Y 的概率密度;

(3) 概率 $P\{X+Y>1\}$.

解 (1) X 的概率密度为

$$f_X(x)=\begin{cases}1, & 0<x<1,\\ 0, & 其他.\end{cases}$$

在 $X=x(0<x<1)$ 的条件下,Y 的条件概率密度为

$$f_{Y|X}(y|x)=\begin{cases}\frac{1}{x}, & 0<y<x,\\ 0, & 其他.\end{cases}$$

当 $0<y<x<1$ 时,随机变量 X 和 Y 的联合概率密度为

$$f(x,y)=f_X(x)f_{Y|X}(y|x)=\frac{1}{x}.$$

在其他点(x,y)处,有 $f(x,y)=0$,即

$$f(x,y)=\begin{cases}\frac{1}{x}, & 0<y<x<1,\\ 0, & 其他.\end{cases}$$

(2) 当 $0<y<1$ 时,Y 的概率密度为

$$f_Y(y)=\int_{-\infty}^{+\infty}f(x,y)\mathrm{d}x=\int_y^1\frac{1}{x}\mathrm{d}x=-\ln y.$$

当 $y\leqslant 0$ 或 $y\geqslant 1$ 时,$f_Y(y)=0$. 因此

$$f_Y(y)=\begin{cases}-\ln y, & 0<y<1,\\ 0, & \text{其他}.\end{cases}$$

(3) $P\{X+Y>1\}=\iint\limits_{X+Y>1} f(x,y)\mathrm{d}x\mathrm{d}y=\int_{\frac{1}{2}}^{1}\mathrm{d}x\int_{1-x}^{x}\frac{1}{x}\mathrm{d}y$

$$=\int_{\frac{1}{2}}^{1}\left(2-\frac{1}{x}\right)\mathrm{d}x=1-\ln 2.$$

7. 设二维随机变量(X,Y)的概率密度为

$$f(x,y)=\begin{cases}1, & 0<x<1,0<y<2x,\\ 0, & \text{其他}.\end{cases}$$

(1) 求(X,Y)的边缘概率密度 $f_X(x)$，$f_Y(y)$；

(2) 求 $Z=2X-Y$ 的概率密度 $f_Z(z)$；

(3) 求 $P\left\{Y\leqslant\frac{1}{2}\,\middle|\,X\leqslant\frac{1}{2}\right\}$.

解 (1) $f_X(x)=\int_{-\infty}^{+\infty}f(x,y)\mathrm{d}y=\begin{cases}\int_0^{2x}\mathrm{d}y=2x, & 0<x<1,\\ 0, & \text{其他}.\end{cases}$

$$f_Y(y)=\int_{-\infty}^{+\infty}f(x,y)\mathrm{d}x=\begin{cases}\int_{\frac{y}{2}}^{1}\mathrm{d}x=1-\frac{y}{2}, & 0<y<2,\\ 0, & \text{其他}.\end{cases}$$

(2) $F_Z(z)=P\{Z\leqslant z\}=P\{2X-Y\leqslant Z\}$.

当 $z<0$ 时，$F_Z(z)=0$；

当 $0\leqslant z<2$ 时，$F_Z(z)=z-\frac{1}{4}z^2$；

当 $z\geqslant 2$ 时，$F_Z(z)=1$.

从而概率密度为

$$f_Z(z)=\begin{cases}1-\frac{z}{2}, & 0<z<2,\\ 0, & \text{其他}.\end{cases}$$

(3) $P\left\{Y\leqslant\frac{1}{2}\,\middle|\,X\leqslant\frac{1}{2}\right\}=\dfrac{P\left\{X\leqslant\frac{1}{2},Y\leqslant\frac{1}{2}\right\}}{P\left\{X\leqslant\frac{1}{2}\right\}}=\dfrac{\iint\limits_{x\leqslant\frac{1}{2},y\leqslant\frac{1}{2}}f(x,y)\mathrm{d}x\mathrm{d}y}{\iint\limits_{x\leqslant\frac{1}{2}}f(x,y)\mathrm{d}x\mathrm{d}y}$

$$=\frac{\frac{3}{16}}{\frac{1}{4}}=\frac{3}{4}.$$

8. 设二维随机变量(X,Y)的概率密度为

$$f(x,y)=\begin{cases}2-x-y, & 0<x<1,\ 0<y<1,\\ 0, & 其他.\end{cases}$$

(1) 求 $P\{X>2Y\}$；

(2) 求 $Z=X+Y$ 的概率密度.

解 (1) $P\{X>2Y\}=\iint\limits_{x>2y}f(x,y)\mathrm{d}x\mathrm{d}y=\int_0^1\int_0^{\frac{x}{2}}(2-x-y)\mathrm{d}y\mathrm{d}x$

$$=\int_0^1(x-\frac{5}{8}x^2)\mathrm{d}x=\frac{7}{24}.$$

(2) $F_Z(z)=P\{X+Y\leqslant z\}$

$$=\begin{cases}0, & z<0,\\ \int_0^z\left[\int_0^{z-x}(2-x-y)\mathrm{d}y\right]\mathrm{d}x=z^2-\frac{1}{3}z^3, & 0\leqslant z<1,\\ 1-P\{X+Y>z\}=1-\int_{z-1}^1\int_{z-x}^1(2-x-y\mathrm{d}y)\mathrm{d}x=1-\frac{1}{3}(2-z)^3, & 1\leqslant z<2,\\ 1, & z\geqslant 2.\end{cases}$$

从而 $f_Z(z)=F'_Z(z)=\begin{cases}2z-z^2, & 0\leqslant z<1,\\ (2-z)^2, & 1\leqslant z<2,\\ 0, & 其他.\end{cases}$

9. 设随机变量 X 与 Y 相互独立，X 的概率分布为 $P\{X=i\}=\frac{1}{3}$ $(i=-1,0,1)$，Y 的概率密度为 $f_Y(y)=\begin{cases}1, & 0\leqslant y<1,\\ 0, & 其他,\end{cases}$ 记 $Z=X+Y$.

(1) 求 $P\left\{Z\leqslant\frac{1}{2}\,\middle|\,X=0\right\}$；

(2) 求 Z 的概率密度.

解 (1) $P\left\{Z\leqslant\frac{1}{2}\,\middle|\,X=0\right\}=\dfrac{P\left\{Z\leqslant\frac{1}{2},\ X=0\right\}}{P\{X=0\}}=\dfrac{P\left\{Y\leqslant\frac{1}{2}\right\}P\{X=0\}}{P\{X=0\}}$

$$=\int_0^{\frac{1}{2}}\mathrm{d}y=\frac{1}{2}.$$

(2) 设 Z 的分布函数为 $F(z)$，则其值域非零时 z 的区间为$[-1,2]$.

当 $z<-1$ 时，$F(z)=0$；

当 $z>2$ 时，$F(z)=1$；

当$-1\leqslant z<2$ 时，

$F(z)=P\{Z<z\}=P\{X+Y<z\}$

$$=P\{X+Y<z|X=-1\}P\{X=-1\}+P\{X+Y<z|X=0\}P\{X=0\}+P\{X+Y<z|X=1\}P\{X=1\}$$

$$=\frac{1}{3}[P\{Y<z+1\}+P\{Y<z\}+P\{Y<z-1\}]$$

$$=\frac{1}{3}[F_Y(z+1)+F_Y(z)+F_Y(z-1)].$$

所以 Z 的分布密度函数为

$$f(z)=F'(z)=\frac{1}{3}[f_Y(z+1)+f_Y(z)+f_Y(z-1)]=\begin{cases}\frac{1}{3}, & -1\leqslant z<2,\\ 0, & 其他.\end{cases}$$

10. 袋中有 1 个红色球、2 个黑色球与 3 个白球，现有放回地从袋中取两次，每次取一球，以 X,Y,Z 分别表示两次取球所取得的红球、黑球与白球的个数.

(1) 求 $P\{X=1|Z=0\}$；

(2) 求二维随机变量 (X,Y) 的概率分布.

解 (1) 在没有取白球的情况下取了 1 次红球，利用压缩样本空间，则相当于只有 1 个红球、2 个黑球有放回地摸两次，其中摸了 1 个红球. 所以

$$P\{X=1|Z=0\}=\frac{C_2^1\times 2}{C_3^1\cdot C_3^1}=\frac{4}{9}.$$

(2) X, Y 取值范围为 0,1,2，故

$$P\{X=0,Y=0\}=\frac{C_3^1\cdot C_3^1}{C_6^1\cdot C_6^1}=\frac{1}{4},\ P\{X=1,Y=0\}=\frac{C_2^1\cdot C_3^1}{C_6^1\cdot C_6^1}=\frac{1}{6},$$

$$P\{X=2,Y=0\}=\frac{1}{C_6^1\cdot C_6^1}=\frac{1}{36},\ P\{X=0,Y=1\}=\frac{C_2^1\cdot C_2^1\cdot C_3^1}{C_6^1\cdot C_6^1}=\frac{1}{3},$$

$$P\{X=1,Y=1\}=\frac{C_2^1\cdot C_2^1}{C_6^1\cdot C_6^1}=\frac{1}{9},\ P\{X=2,Y=1\}=0,$$

$$P\{X=0,Y=2\}=\frac{C_2^1\cdot C_2^1}{C_6^1\cdot C_6^1}=\frac{1}{9},\ P\{X=1,Y=2\}=0,$$

$$P\{X=2,Y=2\}=0.$$

二维随机变量 (X,Y) 的概率分布为

Y \ X	0	1	2
0	$\frac{1}{4}$	$\frac{1}{6}$	$\frac{1}{36}$
1	$\frac{1}{3}$	$\frac{1}{9}$	0
2	$\frac{1}{9}$	0	0

11. 设二维随机变量(X,Y)的概率密度为

$$f(x,y)=\begin{cases}2-x-y, & 0<x<1,0<y<1,\\ 0, & \text{其他}.\end{cases}$$

(1) 求$P\{X>2Y\}$；

(2) 求$Z=X+Y$的概率密度.

解 (1) $P\{X>2Y\}=\iint\limits_{x>2y}f(x,y)\mathrm{d}x\mathrm{d}y=\int_0^1\mathrm{d}x\int_0^{\frac{1}{2}x}(2-x-y)\mathrm{d}y=\frac{7}{24}.$

(2) 当$z<0$时，$F_Z(z)=0$；

当$z\geqslant 2$时，$F_Z(z)=1$；

当$0\leqslant z<1$时，

$$F_Z(z)=P\{X+Y\leqslant z\}=\iint\limits_{x+y\leqslant z}f(x,y)\mathrm{d}x\mathrm{d}y=\int_0^z\mathrm{d}x\int_0^{z-x}(2-x-y)\mathrm{d}y$$

$$=\int_0^z(z-x)\left(2-\frac{1}{2}z-\frac{1}{2}x\right)\mathrm{d}x=z^2+\frac{1}{6}z^3.$$

当$1\leqslant z<2$时，

$$F_Z(z)=P\{X+Y\leqslant z\}=\iint\limits_{x+y\leqslant z}f(x,y)\mathrm{d}x\mathrm{d}y$$

$$=\int_0^{z-1}\mathrm{d}x\int_0^1(2-x-y)\mathrm{d}y+\int_{z-1}^1\mathrm{d}x\int_0^{z-x}(2-x-y)\mathrm{d}y$$

$$=\int_0^{z-1}\left(\frac{3}{2}-x\right)\mathrm{d}x+\frac{2}{6}+\frac{9}{6}z-\frac{3}{6}z^2-\frac{1}{6}z^3.$$

所以密度函数为

$$f_Z(z)=\begin{cases}0, & z<0\text{ 或 }z\geqslant 2,\\ 2z+\frac{1}{2}z^2, & 0\leqslant z<1,\\ 4-2z-\frac{1}{2}z^2, & 1\leqslant z<2.\end{cases}$$

12. 设随机变量X与Y相互独立，且均服从区间$[0,3]$上的均匀分布，则$P\{\max(X,Y)\leqslant 1\}=$________.

解 X与Y有相同的概率密度

$$f(x)=\begin{cases}\frac{1}{3}, & 0\leqslant x\leqslant 3,\\ 0, & \text{其他}.\end{cases}$$

于是

$$P\{\max(X,Y)\leqslant 1\}=P\{X\leqslant 1,Y\leqslant 1\}=P\{X\leqslant 1\}P\{Y\leqslant 1\}$$

$$=(P\{X\leqslant 1\})^2=\frac{1}{9}.$$

13. 设二维随机变量(X,Y)的概率分布为

X \ Y	0	1
0	0.4	a
1	b	0.1

已知随机事件$\{X=0\}$与$\{X+Y=1\}$相互独立，则（　　）.

(A) $a=0.2,b=0.3$　　(B) $a=0.4,b=0.1$

(C) $a=0.3,b=0.2$　　(D) $a=0.1,b=0.4$

解　由题设可知 $a+b=0.5$. 由于$\{X=0\}$与$\{X+Y=1\}$相互独立，于是有

$$P\{X=0,X+Y=1\}=P\{X=0\}P\{X+Y=1\},$$

即 $a=(0.4+a)(a+b)$. 由此得出 $a=0.4,b=0.1$. 故选(B).

14. 设二维随机变量(X,Y)的概率密度为 $f(x,y)=\begin{cases}6x, & 0\leqslant x\leqslant y\leqslant 1,\\ 0, & 其他,\end{cases}$ 则 $P\{X+Y\leqslant 1\}=$________.

解

$$P\{X+Y\leqslant 1\}=\iint\limits_{x+y\leqslant 1} f(x,y)\mathrm{d}x\mathrm{d}y=\int_0^{\frac{1}{2}}\mathrm{d}x\int_x^{1-x}6x\mathrm{d}y$$
$$=\int_0^{\frac{1}{2}}6x-12x^2\mathrm{d}x=\frac{1}{4}.$$

15. 设某班车起点站上客人数 X 服从参数为$\lambda(\lambda>0)$的泊松分布，每位乘客在中途下车的概率为 $p(0<p<1)$，且中途下车与否相互独立. Y 为中途下车的人数，求：

(1) 在发车时有 n 个乘客的条件下，中途有 m 人下车的概率；

(2) 二维随机变量(X,Y)的概率分布.

解　(1) $P\{Y=m|X=n\}=C_n^m p^m(1-p)^{n-m},\ 0\leqslant m\leqslant n,\ n=0,1,2,\cdots$.

(2) $P\{X=n,Y=m\}=P\{X=n\}P\{Y=m|X=n\}$

$$=C_n^m p^m(1-p)^{n-m}\frac{\lambda^n e^{-\lambda}}{n!},0\leqslant m\leqslant n,n=0,1,2,\cdots.$$

16. 设 X 和 Y 为二随机变量，且

$$P\{X\geqslant 0,Y\geqslant 0\}=\frac{3}{7},\ P\{X\geqslant 0\}=P\{Y\geqslant 0\}=\frac{4}{7},$$

则 $P\{\max(X,Y)\geqslant 0\}=$________

解　记 $A=\{X<0\},B=\{Y<0\},C=\{\max(X,Y)<0\}$，则

$$P(C)=P(AB)=1-P(\overline{AB})=1-P(\overline{A}\cup\overline{B})$$
$$=1-P(\overline{A})-P(\overline{B})+P(\overline{A}\overline{B})$$
$$=1-\frac{8}{7}+\frac{3}{7}=\frac{2}{7}.$$

所以

$$P\{\max(X,Y)\geqslant 0\}=1-P\{\max(X,Y)\leqslant 0\}=1-P(C)=1-\frac{2}{7}=\frac{5}{7}.$$

17. 设随机变量 X 与 Y 相互独立,其概率密度函数分别为

$$f_X(x)=\begin{cases}1, & 0\leqslant x\leqslant 1,\\ 0, & \text{其他},\end{cases}\quad f_Y(y)=\begin{cases}e^{-y}, & y>0,\\ 0, & y\leqslant 0.\end{cases}$$

求随机变量 $Z=2X+Y$ 的概率密度函数.

解法 1 分布函数法.

因为 X,Y 相互独立,所以(X,Y)的联合概率密度函数为

$$f(x,y)=f_X(x)f_Y(y)=\begin{cases}e^{-y}, & 0\leqslant x\leqslant 1, y>0,\\ 0, & \text{其他}.\end{cases}$$

故 $Z=2X+Y$ 的分布函数为

$$F_z(z)=P\{2X+Y\leqslant z\}=\iint\limits_{2x+y\leqslant z} f(x,y)\mathrm{d}x\mathrm{d}y.$$

记 $f(x,y)\neq 0$ 的区域为

$$D=\{(x,y):0\leqslant x\leqslant 1, y>0\},$$

积分区域为

$$G=\{(x,y):2X+Y\leqslant Z\},$$

于是

$$F_Z(z)=\iint\limits_{D\cap G} e^{-y}\mathrm{d}x\mathrm{d}y.$$

为此,考虑区域 $D\cap G$ 的情形.

(1) 当 $z\leqslant 0$ 时,$D\cap G=\varnothing$(见图 3-8),于是,$F_Z(z)=0$.

(2) 当 $0<z\leqslant 2$ 时,$D\cap G$ 为图 3-9 中的阴影部分,于是

$$\begin{aligned}F_Z(z)&=\iint\limits_{D\cap G} e^{-y}\mathrm{d}x\mathrm{d}y=\int_0^{\frac{z}{2}}\mathrm{d}x\int_0^{z-2x}e^{-y}\mathrm{d}y\\&=\int_0^{\frac{z}{2}}(1-e^{2x-z})\mathrm{d}x\\&=\frac{1}{2}(z-1+e^{-z}).\end{aligned}$$

(3) 当 $z>2$ 时,$D\cap G$ 为图 3-10 中的阴影部分,于是

$$\begin{aligned}F_Z(z)&=\iint\limits_{D\cap G} e^{-y}\mathrm{d}x\mathrm{d}y=\int_0^{1}\mathrm{d}x\int_0^{z-2x}e^{-y}\mathrm{d}y\\&=1-\frac{1}{2}e^{-z}(e^2-1).\end{aligned}$$

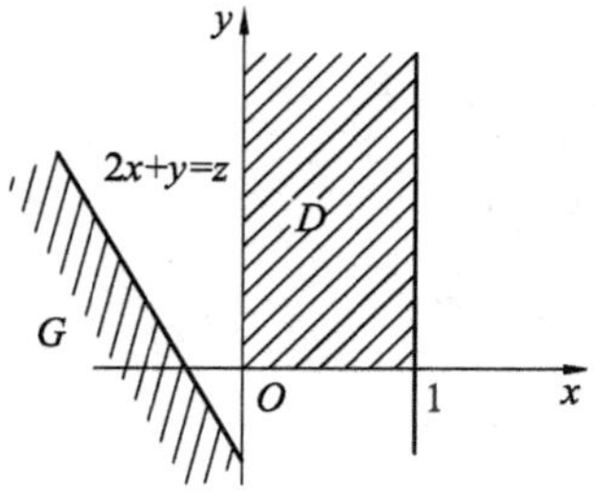

图 3-8

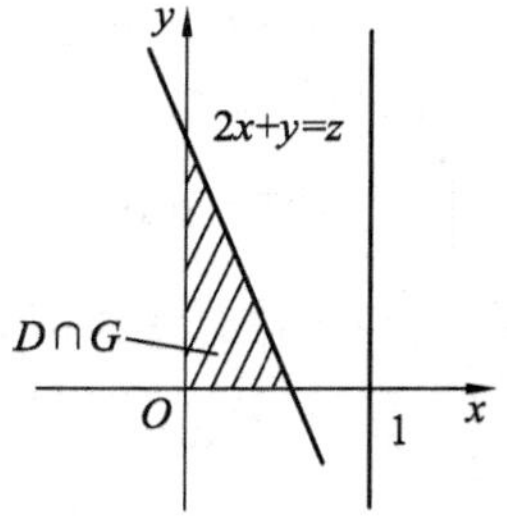

图 3-9

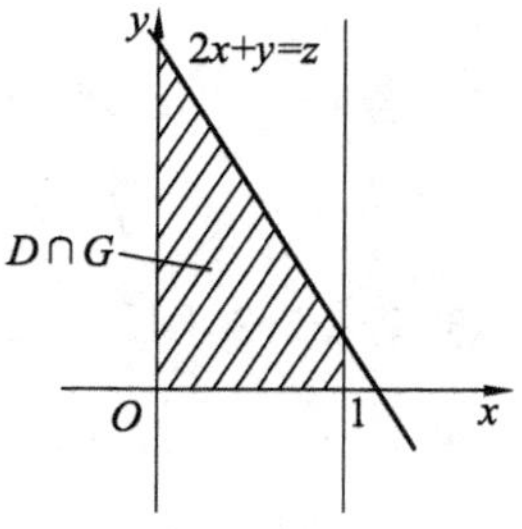

图 3-10

所以，随机变量 $Z=2X+Y$ 的概率密度为

$$f_Z(z)=F_Z'(z)=\begin{cases}0, & z\leqslant 0,\\ \dfrac{1}{2}(1-\mathrm{e}^{-z}), & 0<z\leqslant 2,\\ \dfrac{1}{2}(\mathrm{e}^2-1)\mathrm{e}^{-z}, & z>2.\end{cases}$$

解法 2　卷积公式法.

若记 $W=2X$，为求 W 的密度函数，先考虑 W 的分布函数

$$\begin{aligned}F_W(w)&=P\{W\leqslant w\}=P\{2X\leqslant w\}\\ &=P\left\{X\leqslant\frac{w}{2}\right\}=\int_{-\infty}^{\frac{w}{2}}f_X(x)\mathrm{d}x\\ &=\begin{cases}0, & w\leqslant 0,\\ \dfrac{w}{2}, & 0<w\leqslant 2,\\ 1, & w>2.\end{cases}\end{aligned}$$

故 W 的概率密度为

$$f_W(w)=\begin{cases}\dfrac{1}{2}, & 0<w\leqslant 2,\\ 0, & \text{其他}.\end{cases}$$

因为 X,Y 相互独立，所以 W 与 Y 也相互独立，从而 $Z=2X+Y=W+Y$ 的概率密度可按卷积公式计算，即

$$f_Z(z)=\int_{-\infty}^{+\infty}f_W(w)f_Y(z-w)\mathrm{d}w.$$

为使被积函数非零，则必须满足条件

$$\begin{cases}0<w\leqslant 2,\\ z-w>0,\end{cases}\text{即}\begin{cases}0<w\leqslant 2,\\ w<z.\end{cases}$$

下面，分情况讨论：

① 若 $z\leqslant 0$，则 $\{0<w\leqslant 2\}\cap\{w<z\}=\varnothing$，故

$$f_z(z)=0;$$

② 若 $0<z\leqslant 2$,则$\{0<w\leqslant 2\}\cap\{w<z\}=\{0<w<z\}$,故

$$f_z(z)=\int_0^z \frac{1}{2}e^{-(z-w)}dw=\frac{1}{2}(1-e^{-z});$$

③ 若 $z>2$,则$\{0<w\leqslant 2\}\cap\{w<z\}=\{0<w<2\}$,故

$$f_z(z)=\int_0^2 \frac{1}{2}e^{-(z-w)}dw=\frac{1}{2}(e^2-1)e^{-z}.$$

综上所述,

$$f_z(z)=\begin{cases}0, & z\leqslant 0,\\ \dfrac{1}{2}(1-e^{-z}), & 0<z\leqslant 2,\\ \dfrac{1}{2}(e^2-1)e^{-z}, & z>2.\end{cases}$$

注 这类问题的求解,主要工作量是求分段函数的积分和确定积分上、下限,希望读者仔细体会此题求解的方法,以达到举一反三的效果.第一种分布函数的方法是通常的方法,第二种卷积公式法仅适用随机变量和的情形.其实,对两随机变量和的线性组合,也有如下推广的卷积公式:设(X,Y)的联合概率密度为 $f(x,y)$,则 $Z=aX+bY(a\neq 0,b\neq 0)$的概率密度为

$$f_z(z)=\int_{-\infty}^{+\infty}\frac{1}{b}f\left(x,\frac{z-ax}{b}\right)dx=\int_{-\infty}^{+\infty}\frac{1}{a}f\left(\frac{z-by}{a},y\right)dy.$$

用此公式可验证本题的结论.

自测题

一、填空题

1. 设离散型随机变量 X 的分布律为 $P\{X=x_k\}=p_k(k=1,2,\cdots)$,则 $\sum\limits_{k=1}^{+\infty}x_kp_k=$________

2. 设二维随机变量(X,Y)的概率密度为

$$f(x,y)=\begin{cases}ce^{-2(x+y)}, & 0<x<+\infty,0<y<+\infty,\\ 0, & \text{其他},\end{cases}$$

则常数 $c=$________

3. 设二维随机变量(X,Y)的概率密度为

$$f(x,y)=\begin{cases}6x, & 0\leqslant x\leqslant y\leqslant 1,\\ 0, & \text{其他},\end{cases}$$

则 $P\{X+Y\leqslant 1\}=$________.

4. 设(X,Y)的分布律为

X \ Y	0	1
0	0.1	b
1	a	0.4

已知 $P\{X=1|Y=1\}=\frac{2}{3}$,则 $a=$________, $b=$________.

5. 已知随机变量 X 与 Y 相互独立,且 $X\sim N(-3,1)$,$Y\sim N(2,4)$,设 $Z=X+Y$,则 $Z\sim$________.

二、选择题

1. 设随机变量(X,Y)的密度函数为 $f(x,y)=\begin{cases}1, & 0<x<1,0<y<1,\\ 0, & \text{其他},\end{cases}$ 则概率 $P\{X<0.5, Y<0.6\}$为(　　).

(A) 0.5　　(B) 0.3　　(C) $\frac{7}{8}$　　(D) 0.4

2. 设随机变量 X 与 Y 相互独立,分别服从参数为 3 与参数为 2 的泊松分布,则 $P\{X+Y=0\}=$(　　).

(A) e^{-5}　　(B) e^{-3}　　(C) e^{-2}　　(D) e^{-1}

3. 设随机变量 X 与 Y 相互独立,其概率分布为

X	0	1
p	$\frac{1}{3}$	$\frac{2}{3}$

Y	0	1
p	$\frac{1}{3}$	$\frac{2}{3}$

则下列式子正确的是(　　).

(A) $X=Y$　　(B) $P\{X=Y\}=1$

(C) $P\{X=Y\}=\frac{5}{9}$　　(D) $P\{X=Y\}=0$

4. 二维随机变量(X,Y)的分布律为

X \ Y	0	1
0	0.4	a
1	b	0.1

已知随机事件$\{X=0\}$与$\{X+Y=1\}$相互独立,则下列结论正确的是(　　).

(A) $a=0.2,b=0.3$　　(B) $a=0.4,b=0.1$

(C) $a=0.3, b=0.2$　　　　(D) $a=0.1, b=0.4$

5. 设随机变量 X 与 Y 相互独立，$X\sim N(0,1)$，$Y\sim N(1,1)$，则下列结论正确的是(　　).

(A) $P\{X+Y\leqslant 0\}=\frac{1}{2}$　　　　(B) $P\{X+Y\leqslant 1\}=\frac{1}{2}$

(C) $P\{X-Y\leqslant 0\}=\frac{1}{2}$　　　　(D) $P\{X-Y\leqslant 1\}=\frac{1}{2}$

三、解答题

1. 设随机向量(X, Y)的联合概率分布律为

X \ Y	0	1	2
1	0.06	0.09	0.15
2	0.14	0.21	α

(1) 求常数 α；(2) 求 $P\{X=Y\}$，$P\{Y<X\}$.

2. 二维随机变量(X, Y)的概率密度为

$$f(x, y)=\begin{cases}8xy, & 0<x<y<1,\\ 0, & \text{其他},\end{cases}$$

求 X 和 Y 的边缘概率密度，并判断 X 与 Y 的相互独立性.

3. 设(X,Y)的分布律为

X \ Y	0	1
0	0.3	0.4
1	0.2	0.1

求在 $Y=1$ 的条件下，X 的条件分布律.

4. 已知随机变量 X、Y 相互独立，且边缘分布律分别为

X	1	2
$p_{i\cdot}$	0.2	0.8

Y	-1	0	1
$p_{\cdot j}$	0.3	0.6	0.1

求：(1) (X,Y)的分布律；(2) $Z=XY$ 的分布律.

5. 已知(X, Y)的分布律为

$X \backslash Y$	0	1	2
1	0.15	0.20	0.15
0	0.10	0.25	0.15

求下列随机变量的分布律：(1) $Z=X+Y$；(2) $Z=\max(X, Y)$.

第四章

随机变量的数字特征

基本要求

（1）理解数学期望、方差的定义及其性质，熟悉几种常用分布的数学期望、方差.

（2）熟练掌握随机变量及其函数的数学期望和方差的运算.

（3）理解协方差、相关系数的定义，掌握协方差、相关系数的性质和运算.

（4）理解切比雪夫不等式.

（5）了解各种矩的定义.

内容提要

1. 随机变量的数学期望

设离散型随机变量 X 的分布律为 $P\{X=x_k\}=p_k, k=1,2,\cdots$，如果级数 $\sum\limits_{k=1}^{+\infty} x_k p_k$ 绝对收敛，则称级数的和为随机变量 X 的数学期望，记为 $E(X)$，即 $E(X)=\sum\limits_{k=1}^{\infty} x_k p_k$.

设连续型随机变量 X 的密度函数为 $f(x)$，如果广义积分 $\int_{-\infty}^{+\infty} xf(x)\mathrm{d}x$ 绝对收敛，则称此积分值为随机变量 X 的数学期望，记为 $E(X)$，即 $E(X)=\int_{-\infty}^{+\infty} xf(x)\mathrm{d}x$.

数学期望反映的是随机变量取值的平均值. 对于离散型变量，若可能值个数无限，则要求级数绝对收敛；对于连续型变量，则要求定义中的积分绝对收敛；否则认为数学期望不存在.

2. 随机变量函数的数学期望

设 $y=g(x)$ 为连续函数，而 X 是任一随机变量，则随机变量 $Y=g(X)$ 的数学期望可以通过随机变量 X 的概率分布直接求出，而不必先求出 Y 的概率分布再求其数学期望：

$$E(Y)=E[g(X)]=\begin{cases}\sum_k g(x_k)P\{X=x_k\} & (\text{离散型}),\\ \int_{-\infty}^{+\infty} g(x)f(x)\mathrm{d}x & (\text{连续型}).\end{cases}$$

对于二元函数 $Z=g(X,Y)$，有类似的公式：

$$E(Z)=E[g(X,Y)]=\begin{cases}\sum_i\sum_j g(x_i,y_j)\ P\{X=x_i,\ Y=y_j\} & (\text{离散型}),\\ \int_{-\infty}^{+\infty}\int_{-\infty}^{+\infty} g(x,y)f(x,y)\mathrm{d}x\mathrm{d}y & (\text{连续型}).\end{cases}$$

若 (X,Y) 是连续型随机变量，则

$$E(X)=\int_{-\infty}^{+\infty}\int_{-\infty}^{+\infty} xf(x,y)\mathrm{d}x\mathrm{d}y=\int_{-\infty}^{+\infty} xf_X(x)\mathrm{d}x,$$

$$E(Y)=\int_{-\infty}^{+\infty}\int_{-\infty}^{+\infty} yf(x,y)\mathrm{d}x\mathrm{d}y=\int_{-\infty}^{+\infty} yf_Y(y)\mathrm{d}y.$$

3. 数学期望的性质

数学期望有如下性质：

(1) 设 C 是常数，则 $E(C)=C$.

(2) 设 C 是常数，则 $E(CX)=CE(X)$.

(3) 若 X,Y 是随机变量，则 $E(X+Y)=E(X)+E(Y)$.

对任意 n 个随机变量 $X_1,X_2,\cdots,X_n$，有

$$E(X_1+X_2+\cdots+X_n)=E(X_1)+E(X_2)+\cdots+E(X_n).$$

(4)若 X,Y 相互独立，则 $E(XY)=E(X)E(Y)$.

对任意 n 个相互独立的随机变量 $X_1,X_2,\cdots,X_n$，有

$$E(X_1X_2\cdots X_n)=E(X_1)E(X_2)\cdots E(X_n).$$

4. 随机变量的方差

设 X 是一个随机变量，若 $E\{[X-E(X)]^2\}$ 存在，则 $E\{[X-E(X)]^2\}$ 称为 X 的方差，记为 $D(X)=\mathrm{var}(X)=E\{[X-E(X)]^2\}$.

$\sqrt{D(X)}=\sigma(X)$ 称为 X 的标准差或均方差.

计算方差的常用公式为

$$D(X)=E(X^2)-[E(X)]^2.$$

方差具有如下性质：

(1) 设 C 是常数，则 $D(C)=0$.

(2) 设 C 是常数，则 $D(CX)=C^2D(X)$.

(3) $D(X+Y)=D(X)+D(Y)+2E\{[X-E(X)][Y-E(Y)]\}$.

(4) 若 X,Y 相互独立，则 $D(X+Y)=D(X)+D(Y)$.

对任意 n 个相互独立的随机变量 $X_1,X_2,\cdots,X_n$，有

$$D(X_1+X_2+\cdots+X_n)=D(X_1)+D(X_2)+\cdots+D(X_n).$$

(5) $D(X)=0$ 的充要条件是：存在常数 C，使得 $P\{X=C\}=1$，其中 $C=E(X)$.

5. 几种常见分布的数学期望与方差

(1) $X\sim(0-1)$. $E(X)=p,D(X)=p(1-p)$.

(2) $X\sim B(n,p)$. $E(X)=np,D(X)=np(1-p)$.

(3) $X\sim\pi(\lambda)$. $E(X)=\lambda,D(X)=\lambda$.

(4) $X\sim U(a,b)$. $E(X)=\frac{a+b}{2},D(X)=\frac{(b-a)^2}{12}$.

(5) $X\sim E(\theta)$. $E(X)=\theta,D(X)=\theta^2$.

(6) $X\sim N(\mu,\sigma^2)$. $E(X)=\mu,D(X)=\sigma^2$.

6. 切比雪夫不等式

设随机变量 X 的数学期望 $E(X)$ 和方差 $D(X)$ 都存在，则对于任意 $\varepsilon>0$，有

$$P\{|X-E(X)|\geqslant\varepsilon\}\leqslant\frac{D(X)}{\varepsilon^2} \text{ 或 } P\{|X-E(X)|<\varepsilon\}\geqslant1-\frac{D(X)}{\varepsilon^2}.$$

切比雪夫不等式给出了在随机变量的分布未知，而只知道 $E(X)$ 和 $D(X)$ 的情况下估计概率 $P\{|X-E(X)|\geqslant\varepsilon\}$ 或 $P\{|X-E(X)|<\varepsilon\}$ 的界限的方法.

7. 协方差与相关系数

随机变量 (X,Y) 的协方差为

$$\mathrm{Cov}(X,Y)=E\{[X-E(X)][Y-E(Y)]\}.$$

随机变量 (X,Y) 的相关系数为

$$\rho_{XY}=\frac{\mathrm{Cov}(X,Y)}{\sqrt{D(X)}\sqrt{D(Y)}}.$$

协方差有如下性质：

(1) $\mathrm{Cov}(X,Y)=E(XY)-E(X)E(Y)=\rho_{XY}\cdot\sqrt{D(X)}\sqrt{D(Y)}$.

(2) $\mathrm{Cov}(X,Y)=\mathrm{Cov}(Y,X)$.

(3) $\mathrm{Cov}(X,X)=E(X^2)-[E(X)]^2=D(X)$.

(4) $D(X\pm Y)=D(X)+D(Y)\pm2\mathrm{Cov}(X,Y)$.

(5) $\mathrm{Cov}(aX,bY)=ab\mathrm{Cov}(X,Y)$，$ab$ 是常数.

(6) $\mathrm{Cov}(X_1+X_2,Y)=\mathrm{Cov}(X_1,Y)+\mathrm{Cov}(X_2,Y)$.

当 X 和 Y 相互独立时的相关性质如下：

(1) $\mathrm{Cov}(X,Y)=0$.

(2) $\rho_{XY}=0$.

(3) $D(X\pm Y)=D(X)+D(Y)$.

相关系数具有如下性质：

(1) $|\rho_{XY}|\leqslant 1$.

(2) $|\rho_{XY}|=1\Leftrightarrow$存在常数 a,b 且 $a\neq 0$，使得 $P\{Y=aX+b\}=1$，即 X 与 Y 依概率 1 线性相关.

(3) 若 X,Y 独立，则 $\rho_{XY}=0$，即 X,Y 不相关；反之，不一定成立.

当 $\rho_{XY}=0$ 时，称 X 与 Y 不相关.

8. 矩

设 X 是随机变量，则 $E(X^k)$，$k=1,2,\cdots$ 称为 X 的 k 阶原点矩.

设 X 是随机变量，则 $E\{[X-E(X)]^k\}$，$k=2,3,\cdots$ 称为 X 的 k 阶中心矩.

设(X,Y)是二维随机变量，则 $E(X^kY^l)$，$k,l=1,2,\cdots$ 称为 X,Y 的 $k+l$ 阶混合原点矩.

设(X,Y)是二维随机变量，则 $E\{[X-E(X)]^k\cdot[Y-E(Y)]^l\}$，$k,l=1,2,\cdots$ 称为X,Y 的 $k+l$ 阶混合中心矩.

显然，X 的数学期望 $E(X)$ 是 X 的一阶原点矩，方差 $D(X)$ 是 X 的二阶中心矩，协方差 $\mathrm{Cov}(X,Y)$ 是(X,Y)的 $1+1$ 阶混合中心矩.

典型例题

例 4.1 设排球队 A 和 B 比赛，若有一队胜三场，则比赛结束，假定 A 获胜的概率为 $p=\dfrac{1}{2}$，求比赛场数 X 的数学期望.

解 X 的可能取值为 3,4,5,

$$X\sim B(n,p),P\{X=k\}=\mathrm{C}_n^k\,p^k(1-p)^{n-k}.$$

$X=3$，表示 A 或 B 全胜，$P\{X=3\}=\mathrm{C}_3^3\,p^3+\mathrm{C}_3^0(1-p)^3=\dfrac{1}{4}$.

$X=4$，表示 A 在第四场取胜或 B 在第四场取胜，

$P\{X=4\}=p\cdot\mathrm{C}_3^2\,p^2(1-p)+(1-p)\cdot\mathrm{C}_3^2(1-p)^2p=\dfrac{3}{8}$.

$X=5$，表示 A 在第五场取胜或 B 在第五场取胜，

$P\{X=5\}=p\cdot\mathrm{C}_4^2\,p^2(1-p)^2+(1-p)\cdot\mathrm{C}_4^2(1-p)^2p^2=\dfrac{3}{8}$.

从而，X 的分布律为

X	3	4	5
p	$\frac{1}{4}$	$\frac{3}{8}$	$\frac{3}{8}$

从而

$$E(X)=3\times\frac{1}{4}+4\times\frac{3}{8}+5\times\frac{3}{8}=\frac{33}{8}.$$

例 4.2 设随机变量 X 的分布律

X	-1	0	$\frac{1}{2}$	1	2
p	$\frac{1}{3}$	$\frac{1}{6}$	$\frac{1}{6}$	$\frac{1}{12}$	$\frac{1}{4}$

求 $E(X),E(-X+1),E(X^2)$.

解 由随机变量 X 的分布得

X	-1	0	$\frac{1}{2}$	1	2
$-X+1$	2	1	$\frac{1}{2}$	0	-1
X^2	1	0	$\frac{1}{4}$	1	4
p	$\frac{1}{3}$	$\frac{1}{6}$	$\frac{1}{6}$	$\frac{1}{12}$	$\frac{1}{4}$

故

$$E(X)=-1\times\frac{1}{3}+0\times\frac{1}{6}+\frac{1}{2}\times\frac{1}{6}+1\times\frac{1}{12}+2\times\frac{1}{4}=\frac{1}{3}.$$

$$E(-X+1)=2\times\frac{1}{3}+1\times\frac{1}{6}+\frac{1}{2}\times\frac{1}{6}+0\times\frac{1}{12}-1\times\frac{1}{4}=\frac{2}{3}.$$

$$E(X^2)=1\times\left(\frac{1}{3}+\frac{1}{12}\right)+0\times\frac{1}{6}+\frac{1}{4}\times\frac{1}{6}+4\times\frac{1}{4}=\frac{35}{24}.$$

例 4.3 设随机变量 X 的概率密度为

$$f(x)=\begin{cases}e^{-x}, & x>0,\\ 0, & \text{其他}.\end{cases}$$

求：(1) $Y=2X$ 的数学期望；(2) $Y=e^{-2X}$ 的数学期望.

解法 1 (1) $E(X)=\int_{-\infty}^{+\infty}xf(x)\mathrm{d}x=\int_{0}^{+\infty}xe^{-x}\mathrm{d}x=-(x+1)e^{-x}\Big|_{0}^{+\infty}=1$,

所以，$E(Y)=E(2X)=2E(X)=2$.

(2) $E(Y)=E(e^{-2X})=\int_{-\infty}^{+\infty}e^{-2x}f(x)dx$

$$=\int_{0}^{+\infty}e^{-2x}\cdot e^{-x}dx=\int_{0}^{+\infty}e^{-3x}dx$$

$$=-\frac{1}{3}e^{-3x}\Big|_{0}^{+\infty}=\frac{1}{3}.$$

解法 2　(1) 设 $Y=2X$ 的分布函数为

$$F_Y(y)=P\{Y\leqslant y\}=P\{2X\leqslant y\}$$

$$=P\left\{X\leqslant\frac{y}{2}\right\}=\int_{-\infty}^{\frac{y}{2}}f(x)dx$$

$$=\begin{cases}\int_{0}^{\frac{y}{2}}e^{-x}dx=1-e^{-\frac{y}{2}}, & y>0,\\ 0, & \text{其他},\end{cases}$$

则 Y 的概率密度为

$$f_Y(y)=\begin{cases}\frac{1}{2}e^{-\frac{y}{2}}, & y>0,\\ 0, & \text{其他}.\end{cases}$$

所以，$E(Y)=\int_{-\infty}^{+\infty}yf(y)dy=\int_{0}^{+\infty}y\cdot\frac{e^{-\frac{y}{2}}}{2}dy=2.$

(2) 设 $Y=e^{-2X}$ 的分布函数为

$$F_Y(y)=P\{Y\leqslant y\}=P\{e^{-2X}\leqslant y\}.$$

当 $y\leqslant 0$ 时，$F_Y(y)=0$；

当 $0<y<1$ 时，

$$F_Y(y)=P\{-2X\leqslant\ln y\}=P\left\{X\geqslant-\frac{\ln y}{2}\right\}=\int_{-\frac{\ln y}{2}}^{+\infty}e^{-x}dx=\sqrt{y};$$

当 $y\geqslant 1$ 时，$F_Y(y)=1$.

所以 $Y=e^{-2X}$ 的概率密度为

$$f(y)=F_Y{}'(y)=\begin{cases}\frac{1}{2\sqrt{y}}, & 0<y<1,\\ 0, & \text{其他}.\end{cases}$$

故 $E(Y)=\int_{-\infty}^{+\infty}yf(y)dy=\int_{0}^{1}y\cdot\frac{1}{2\sqrt{y}}dy=\int_{0}^{1}\frac{\sqrt{y}}{2}dy=\frac{1}{3}.$

例 4.4　设随机变量 X 的概率密度为

$$f(x)=\begin{cases}ax, & 0<x<2,\\ cx+b, & 2\leqslant x\leqslant 4,\\ 0, & \text{其他}.\end{cases}$$

已知 $E(X)=2,P\{1<X<3\}=\frac{3}{4}$. 求:(1)常数 a,b,c;(2)$E(e^X)$.

解 (1) 由概率密度的性质,有

$$1=\int_{-\infty}^{+\infty}f(x)\mathrm{d}x=\int_0^2 ax\,\mathrm{d}x+\int_2^4(cx+b)\mathrm{d}x=2a+6c+2b.$$

又因为

$$2=E(X)=\int_{-\infty}^{+\infty}xf(x)\mathrm{d}x=\int_0^2 x\cdot ax\,\mathrm{d}x+\int_2^4 x(cx+b)\mathrm{d}x$$

$$=\frac{3}{8}a+\frac{56}{3}c+6b,$$

$$\frac{3}{4}=P\{1<X<3\}=\int_1^3 f(x)\mathrm{d}x=\int_1^2 ax\,\mathrm{d}x+\int_2^3(cx+b)\mathrm{d}x$$

$$=\frac{3}{2}a+\frac{5}{2}c+b,$$

解方程

$$\begin{cases}2a+6c+2b=1,\\ \frac{8}{3}a+\frac{56}{3}c+6b=2,\\ \frac{3}{2}a+\frac{5}{2}c+b=\frac{3}{4},\end{cases}$$

得 $a=\frac{1}{4},b=1,c=-\frac{1}{4}$.

(2) $$E(e^X)=\int_{-\infty}^{+\infty}e^x f(x)\mathrm{d}x=\int_0^2 e^x\,\frac{x}{4}\mathrm{d}x+\int_2^4 e^x\left(1-\frac{x}{4}\right)\mathrm{d}x$$

$$=\frac{1}{4}e^4-\frac{1}{2}e^2+\frac{1}{4}.$$

例 4.5 设随机变量 ξ 的分布函数为

$$F(x)=\begin{cases}0, & x<-1,\\ a+b\arcsin x, & -1\leqslant x<1,\\ 1, & x\geqslant 1.\end{cases}$$

试确定常数 a,b,并求 $E(\xi)$ 与 $D(\xi)$.

解 由分布函数连续性得

$$\lim_{x\to -1^+}F(x)=\lim_{x\to -1^+}(a+b\arcsin x)=a+b\arcsin(-1)=0,$$

$$\lim_{x\to 1^-}F(x)=\lim_{x\to 1^-}(a+b\arcsin x)=a+b\arcsin 1=1,$$

解得 $a=\frac{1}{2},b=\frac{1}{\pi}$. 所以

$$F(x)=\begin{cases}0, & x<-1,\\ \dfrac{1}{2}+\dfrac{1}{\pi}\arcsin x, & -1\leqslant x<1,\\ 1, & x\geqslant 1.\end{cases}$$

从而密度函数

$$f(x)=F'(x)=\begin{cases}0, & x<-1,\\ \dfrac{1}{\pi\sqrt{1-x^2}}, & -1\leqslant x<1,\\ 0, & x\geqslant 1,\end{cases}$$

即

$$f(x)=\begin{cases}\dfrac{1}{\pi\sqrt{1-x^2}}, & -1\leqslant x<1,\\ 0, & 其他.\end{cases}$$

又 $f(x)=\dfrac{x}{\sqrt{1-x^2}}$为奇函数,所以

$$E(\xi)=\int_{-\infty}^{+\infty}xf(x)\mathrm{d}x=\frac{1}{\pi}\int_{-1}^{1}\frac{x}{\sqrt{1-x^2}}\mathrm{d}x=0,$$

$$E(\xi^2)=\int_{-\infty}^{+\infty}x^2f(x)\mathrm{d}x=\frac{1}{\pi}\int_{-1}^{1}\frac{x^2}{\sqrt{1-x^2}}\mathrm{d}x=\frac{2}{\pi}\int_{0}^{1}\frac{x^2}{\sqrt{1-x^2}}\mathrm{d}x.$$

令 $x=\sin\theta$,x 从 0 变化到 1,相当于 θ 从 0 变化到$\frac{\pi}{2}$,那么,

$$\begin{aligned}E(\xi^2)&=\int_{-\infty}^{+\infty}x^2f(x)\mathrm{d}x=\frac{2}{\pi}\int_{0}^{1}\frac{x^2}{\sqrt{1-x^2}}\mathrm{d}x\\ &=\frac{2}{\pi}\int_{0}^{\frac{\pi}{2}}\frac{\sin^2\theta}{\cos\theta}\cdot\cos\theta\mathrm{d}\theta=\frac{2}{\pi}\int_{0}^{\frac{\pi}{2}}\sin^2\theta\mathrm{d}\theta\\ &=\frac{2}{\pi}\int_{0}^{\frac{\pi}{2}}\frac{1-\cos 2\theta}{2}\mathrm{d}\theta\\ &=\frac{2}{\pi}\left(\frac{1}{2}\theta-\frac{1}{4}\sin 2\theta\right)\bigg|_{0}^{\frac{\pi}{2}}=\frac{1}{2}\end{aligned}$$

所以,$D(\xi)=E(\xi^2)-E^2(\xi)=\dfrac{1}{2}$.

例 4.6 设随机变量 X 服从参数为 n,p 的二项分布,且 $E(X)=2.4$,$D(X)=1.44$,求参数 n,p.

解 由假设有

$$\begin{cases}E(X)=np=2.4,\\ D(X)=np(1-p)=1.44,\end{cases}$$

由此推出

$$1-p=\frac{1.44}{2.4}=0.6,$$

$$p=0.4, n=6.$$

例 4.7 设随机变量 X 与 Y 相互独立，$D(X)=1$，$D(Y)=4$. 求 $D(X+2Y)$，$D(2X-Y)$.

解 因为随机变量 X 与 Y 相互独立，故

$$D(X+2Y)=D(X)+4D(Y)=1+4\times4=17,$$

$$D(2X-Y)=4D(X)+D(Y)=4\times1+4=8.$$

例 4.8 设连续型随机变量 X 的概率密度为 $f(x)=\begin{cases}a+bx^2, & 0\leqslant x\leqslant 1,\\ 0, & \text{其他}.\end{cases}$ 已知数学期望 $E(X)=\frac{3}{5}$，求常数 a 与 b 的值，并求方差 $D(X)$.

解 由

$$\begin{cases}\int_{-\infty}^{+\infty}f(x)\mathrm{d}x=\int_0^1(a+bx^2)\mathrm{d}x=a+\frac{b}{3}=1,\\ E(X)=\int_{-\infty}^{+\infty}xf(x)\mathrm{d}x=\int_0^1 x(a+bx^2)\mathrm{d}x=\frac{a}{2}+\frac{b}{4}=\frac{3}{5},\end{cases}$$

得

$$a=\frac{3}{5}, \ b=\frac{6}{5}.$$

$$E(X^2)=\int_0^1 x^2\left(\frac{3}{5}+\frac{6}{5}x^2\right)dx=\frac{11}{25},$$

$$D(X)=E(X^2)-E^2(X)=\frac{11}{25}-\left(\frac{3}{5}\right)^2=\frac{2}{25}.$$

例 4.9 设 X_1,X_2,X_3 相互独立，其中 $X_1\sim U(0,6)$，$X_2\sim N(0,2^2)$，$X_3\sim\pi(3)$，$Y=X_1-2X_2+3X_3$，求 $D(Y)$.

解 因为 $X_1\sim U(0,6)$，$X_2\sim N(0,2^2)$，$X_3\sim\pi(3)$，所以

$$D(X_1)=3, \ D(X_2)=4, \ D(X_3)=3.$$

由 X_1,X_2,X_3 相互独立，有

$$D(Y)=D(X_1)+4D(X_2)+9D(X_3)$$
$$=3+4\times4+9\times3=46.$$

例 4.10 已知 $U\sim U[-3,3]$，$X=\begin{cases}-1, & U\leqslant -1,\\ 1, & U>-1,\end{cases}$ $Y=\begin{cases}-1, & U\leqslant 1,\\ 1, & U>1,\end{cases}$ 求 $D(X+Y)$.

解 (X,Y) 有四种可能值：$(-1,-1)$，$(-1,1)$，$(1,-1)$，$(1,1)$.

$P\{X=-1,Y=-1\}=P\{U\leqslant -1,U\leqslant 1\}=\frac{2}{6}=\frac{1}{3}.$

$P\{X=-1,Y=1\}=P\{U\leqslant -1,U>1\}=0.$

$P\{X=1,Y=-1\}=P\{U>-1,U\leqslant 1\}=\frac{2}{6}=\frac{1}{3}.$

$P\{X=1,Y=1\}=P\{U>-1,U>1\}=\frac{2}{6}=\frac{1}{3}.$

$$(X,Y)\sim\begin{bmatrix}(-1,-1) & (-1,1) & (1,-1) & (1,1)\\ \frac{1}{3} & 0 & \frac{1}{3} & \frac{1}{3}\end{bmatrix}$$

$$\Rightarrow X+Y\sim\begin{pmatrix}-2 & 0 & 2\\ \frac{1}{3} & \frac{1}{3} & \frac{1}{3}\end{pmatrix}$$

$$\Rightarrow (X+Y)^2\sim\begin{pmatrix}0 & 4\\ \frac{1}{3} & \frac{2}{3}\end{pmatrix}$$

$$\Rightarrow D(X+Y)=E(X+Y)^2-[E(X+Y)]^2=4\times\frac{2}{3}-0=\frac{8}{3}.$$

例 4.11　设 X,Y 为相互独立的随机变量，其概率密度为

$$f_X(x)=\begin{cases}\frac{3}{2}-x, & 0<x<1,\\ 0, & \text{其他},\end{cases}\qquad f_Y(y)=\begin{cases}2y, & 0<y<1,\\ 0, & \text{其他}.\end{cases}$$

求 $E(4XY)$ 和 $D(2X\pm 3Y)$.

解　因为

$$E(X)=\int_{-\infty}^{+\infty}xf_X(x)\mathrm{d}x=\int_0^1 x\left(\frac{3}{2}-x\right)\mathrm{d}x=\frac{5}{12},$$

$$E(X^2)=\int_{-\infty}^{+\infty}x^2f_X(x)\mathrm{d}x=\int_0^1 x^2\left(\frac{3}{2}-x\right)\mathrm{d}x=\frac{1}{4},$$

故

$$D(X)=E(X^2)-E^2(X)=\frac{1}{4}-\left(\frac{5}{12}\right)^2=\frac{11}{144}.$$

而

$$E(Y)=\int_{-\infty}^{+\infty}yf_Y(y)\mathrm{d}y=\int_0^1 y\cdot 2y\mathrm{d}y=\frac{2}{3},$$

$$E(Y^2)=\int_{-\infty}^{+\infty}y^2f_Y(y)\mathrm{d}y=\int_0^1 y^2\cdot 2y\mathrm{d}y=\frac{1}{2},$$

故

$$D(Y)=E(Y^2)-E^2(Y)=\frac{1}{2}-\left(\frac{2}{3}\right)^2=\frac{1}{18},$$

$$E(4XY)=4E(X)E(Y)=4\times\frac{5}{12}\times\frac{2}{3}=\frac{10}{9},$$

$$D(2X\pm 3Y)=D(2X)+D(3Y)=4D(X)+9D(Y)=4\times\frac{11}{144}+9\times\frac{1}{18}=\frac{29}{36}.$$

例 4.12 随机变量(X,Y)满足$E(X)=2,E(Y)=3,D(X)=1,D(Y)=4,E(XY)=7$. 设$U=X-Y,V=2X+Y$,试求$\mathrm{Cov}(U,V)$.

解法 1 由协方差的性质可得

$$\begin{aligned}\mathrm{Cov}(U,V)&=\mathrm{Cov}(X-Y,2X+Y)\\&=2\mathrm{Cov}(X,X)-2\mathrm{Cov}(Y,X)+\mathrm{Cov}(X,Y)-\mathrm{Cov}(Y,Y)\\&=2D(X)-\mathrm{Cov}(X,Y)-D(Y)\\&=2\times1-(7-2\times3)-4=-3.\end{aligned}$$

解法 2 由数学期望的性质可得

$$\begin{aligned}E(UV)&=E[(X-Y)(2X+Y)]=2E(X^2)-E(XY)-E(Y^2)\\&=2\{D(X)+[E(X)]^2\}-E(XY)-\{D(Y)+[E(Y)]^2\}\\&=2(1+4)-7-(4+9)=-10.\end{aligned}$$

$$\mathrm{Cov}(U,V)=E(UV)-E(U)E(V)=-10-(-1)\times7=-3.$$

例 4.13 设离散随机变量(X,Y)的联合分布律为

(X,Y)	$(1,0)$	$(1,1)$	$(2,0)$	$(2,1)$
p	0.4	0.2	a	b

若$E(XY)=0.8$,则$\mathrm{Cov}(X,Y)=$________.

解 首先,将X和Y的边缘密度分布求出,即

X \ Y	0	1	$p_{i\cdot}$
1	0.4	0.2	0.6
2	a	b	$a+b$
$p_{\cdot j}$	$0.4+a$	$0.2+b$	1

因而可以建立以下方程组,即

$$\begin{cases}0.6+a+b=1,\\E(XY)=0\times1\times0.4+1\times1\times0.2+0\times2\times a+1\times2\times b=0.8\end{cases}\Rightarrow\begin{cases}a=0.1,\\b=0.3.\end{cases}$$

因此可得

$$\mathrm{Cov}(X,Y)=E(XY)-E(X)E(Y)$$

$$=0.8-[0.6+2\times(a+b)](0.2+b)=0.1.$$

例 4.14 设随机变量 (X,Y) 的概率密度为

$$f(x,y)=\begin{cases}2,\ 0\leqslant x\leqslant 1,\ 0<y\leqslant x,\\ 0,\ \text{其他}.\end{cases}$$

求：(1) $E(X)$，$E(Y)$；(2) $D(X)$，$D(Y)$；(3) $\mathrm{Cov}(X,Y)$，ρ_{XY}.

解 (1) $E(X)=\int_{-\infty}^{+\infty}\int_{-\infty}^{+\infty}xf(x,y)\mathrm{d}x\mathrm{d}y=\int_0^1\mathrm{d}x\int_0^x 2x\mathrm{d}y=\int_0^1 2x^2\mathrm{d}x=\frac{2}{3}.$

$E(Y)=\int_{-\infty}^{+\infty}\int_{-\infty}^{+\infty}yf(x,y)\mathrm{d}x\mathrm{d}y=\int_0^1\mathrm{d}x\int_0^x 2y\mathrm{d}y=\int_0^1 x^2\mathrm{d}x=\frac{1}{3}.$

(2) $E(X^2)=\int_{-\infty}^{+\infty}\int_{-\infty}^{+\infty}x^2f(x,y)\mathrm{d}x\mathrm{d}y=\int_0^1\mathrm{d}x\int_0^x 2x^2\mathrm{d}y=\int_0^1 2x^3\mathrm{d}x=\frac{1}{2},$

故

$$D(X)=E(X^2)-E^2(X)=\frac{1}{2}-\left(\frac{2}{3}\right)^2=\frac{1}{18}.$$

$E(Y^2)=\int_{-\infty}^{+\infty}\int_{-\infty}^{+\infty}y^2f(x,y)\mathrm{d}x\mathrm{d}y=\int_0^1\mathrm{d}x\int_0^x 2y^2\mathrm{d}y=\int_0^1 \frac{2}{3}x^3\mathrm{d}x=\frac{1}{6},$

故

$$D(Y)=E(Y^2)-E^2(Y)=\frac{1}{6}-\left(\frac{1}{3}\right)^2=\frac{1}{18}.$$

(3) $E(XY)=\int_{-\infty}^{+\infty}\int_{-\infty}^{+\infty}xyf(x,y)\mathrm{d}x\mathrm{d}y=\int_0^1\mathrm{d}x\int_0^x 2xy\mathrm{d}y=\int_0^1 x^3\mathrm{d}x=\frac{1}{4},$

故

$$\mathrm{Cov}(X,Y)=E(XY)-E(X)E(Y)=\frac{1}{4}-\frac{2}{3}\times\frac{1}{3}=\frac{1}{36},$$

$$\rho_{XY}=\frac{\mathrm{Cov}(X,Y)}{\sqrt{D(X)}\sqrt{D(Y)}}=\frac{\frac{1}{36}}{\sqrt{\frac{1}{18}}\sqrt{\frac{1}{18}}}=\frac{1}{2}.$$

例 4.15 已知随机变量 (X,Y) 的分布律为

X \ Y	-1	0	1
-1	0.125	0.125	0.125
0	0.125	0	0.125
1	0.125	0.125	0.125

试验证 X 和 Y 不相关，但 X 和 Y 不相互独立.

解 $E(X)=-1\times3\times0.125+0\times2\times0.125+1\times3\times0.125=0,$

$E(X^2)=1\times3\times0.125+0\times2\times0.125+1\times3\times0.125=0.75,$

$D(X)=E(X^2)-[E(X)]^2=0.75, E(Y)=0, E(Y^2)=0.75, D(Y)=0.75$,

而
$$E(XY)=0.125-0.125-0.125+0.125=0,$$
所以
$$\mathrm{Cov}(X,Y)=E(XY)-E(X)E(Y)=0,$$
故 $\rho_{XY}=0$,即 X 和 Y 不相关.

任取表中的 p_{ij},如 $p_{11}=0.125$,而 $p_{1\cdot}=\frac{3}{8}, p_{\cdot 1}=\frac{3}{8}, p_{11}\neq p_{1\cdot}\times p_{\cdot 1}$,所以 X 和 Y 不相互独立.

考研真题

1. 已知离散型随机变量 X 服从参数为 2 的泊松分布,即
$$P\{X=k\}=\frac{2^k e^{-2}}{k!}(k=0,1,2,\cdots),$$
则随机变量 $Z=3X-2$ 的数学期望 $E(Z)=$________.

解 服从参数为 2 的泊松分布的随机变量 X 的数学期望为 $E(X)=\lambda$. 故由已知有 $E(X)=2$,从而
$$E(Z)=3E(X)-2=3\cdot 2-2=4.$$

2. 设随机变量 X 的概率密度为
$$f(x)=\begin{cases}\frac{1}{2}\cos\frac{x}{2}, & 0\leqslant x\leqslant \pi,\\ 0, & \text{其他}.\end{cases}$$
对 X 独立地重复观察 4 次,用 Y 表示观察值大于 $\frac{\pi}{3}$ 的次数,求 Y^2 的数学期望.

解 由于
$$P\left\{X>\frac{\pi}{3}\right\}=\int_{\frac{\pi}{3}}^{\pi}\frac{1}{2}\cos\frac{x}{2}dx=\frac{1}{2},$$
依题意,Y 服从二项分布 $B\left(4,\frac{1}{2}\right)$,则有
$$E(Y)=4\times\frac{1}{2}=2,\ D(Y)=4\times\frac{1}{2}\times\left(1-\frac{1}{2}\right)=1,$$
$$E(Y^2)=D(Y)+E(Y^2)=1+2^2=5.$$

3. 设随机变量 X 和 Y 同分布,X 的概率密度为
$$f(x)=\begin{cases}\frac{3}{8}x^2, & 0<x<2,\\ 0, & \text{其他}.\end{cases}$$
(1) 已知事件 $A=\{X>\alpha\}$ 和 $B=\{Y>\alpha\}$ 独立,且 $P(A\cup B)=\frac{3}{4}$,求常数 α.

(2) 求$\frac{1}{X^2}$的数学期望.

解　(1) 由 X 和 Y 同分布,事件 A,B 独立,有
$P(A)=P(B)$, $P(AB)=P(A)P(B)$.

$P(A\cup B)=P(A)+P(B)-P(AB)=2P(A)-[P(A)]^2=\frac{3}{4}$.

故 $P(A)=\frac{1}{2}$.

又由已知

$$\frac{1}{2}=P(A)=P\{X>\alpha\}=\int_{\alpha}^{+\infty}f(x)\mathrm{d}x$$

$$=\frac{3}{8}\int_{\alpha}^{2}x^2\mathrm{d}x=\frac{x^3}{8}\Big|_{\alpha}^{2}=\frac{1}{8}(8-\alpha^3),$$

得 $\alpha=\sqrt[3]{4}$.

(2) $E\left(\frac{1}{X^2}\right)=\int_{-\infty}^{+\infty}\frac{1}{x^2}f(x)\mathrm{d}x=\frac{3}{8}\int_{0}^{2}\frac{1}{x^2}x^2\mathrm{d}x=\frac{3x}{8}\Big|_{0}^{2}=\frac{3}{4}$.

4. 已知离散型随机变量 X 服从参数为 λ 的泊松分布,且已知

$$E[(X-1)(X-2)]=1,$$

则 $\lambda=$________

解　因为 X 服从泊松分布 $P(\lambda)$,故 $D(X)=\lambda,E(X)=\lambda$,则

$$E(X^2)=D(X)+[E(X)]^2=\lambda+\lambda^2.$$

由题设 $E[(X-1)(X-2)]=1$,有

$$1=E(X^2-3X+2)=E(X^2)-3E(X)+2=\lambda+\lambda^2-3\lambda+2,$$

即 $\lambda^2-2\lambda+1=0$,解得 $\lambda=1$.

5. 设随机变量 X 的分布函数为 $F(x)=0.3\Phi(x)+0.7\Phi\left(\frac{x-1}{2}\right)$,其中 $\Phi(x)$ 为标准正态分布函数,则 $E(X)=($　　$)$.

(A) 0　　(B) 0.3　　(C) 0.7　　(D) 1

解　因为

$$F(x)=0.3\Phi(x)+0.7\Phi\left(\frac{x-1}{2}\right),$$

所以

$$F'(x)=0.3\Phi'(x)+\frac{0.7}{2}\Phi'\left(\frac{x-1}{2}\right),$$

从而 $E(X)=\int_{-\infty}^{+\infty}xF'(x)\mathrm{d}x=\int_{-\infty}^{+\infty}x\left[0.3\Phi'(x)+0.35\Phi'\left(\frac{x-1}{2}\right)\right]\mathrm{d}x$

$$=0.3\int_{-\infty}^{+\infty}x\Phi'(x)\mathrm{d}x+0.35\int_{-\infty}^{+\infty}x\Phi'\left(\frac{x-1}{2}\right)\mathrm{d}x.$$

而 $\int_{-\infty}^{+\infty} x\Phi'(x)\mathrm{d}x = 0$,

$$\int_{-\infty}^{+\infty} x\Phi'\left(\frac{x-1}{2}\right)\mathrm{d}x \xlongequal{令\frac{x-1}{2}=u} 2\int_{-\infty}^{+\infty}(2u+1)\Phi'(u)\mathrm{d}u = 2,$$

所以 $E(X)=0+0.35\times 2=0.7$. 故选(C)

6. 设随机变量 X 服从参数为 1 的泊松分布，则 $P\{X=E(X^2)\}=$ ________.

解 因为 X 服从参数为 1 的泊松分布，所以

$$E(X)=D(X)=1.$$

从而由 $D(X)=E(X^2)-E(X)$ 得，$E(X^2)=2$.

故 $P\{X=E(X^2)\}=P\{X=2\}=\frac{1}{2\mathrm{e}}$.

7. 设一部机器在一天内发生故障的概率为 0.2，机器发生故障时全天就停止工作，若一周 5 个工作日内无故障，可获利润 10 万元，发生 1 次故障仍可获利润 5 万元，发生 2 次故障可获利润 0 万元，发生 3 次或 3 次以上故障就要亏损 2 万元，求一周内期望利润是多少？

解 X 表示一周 5 个工作日内发生的故障天数，则 $X\sim B(5,0.2)$.

$P\{X=0\}=0.8^5=0.328$;

$P\{X=1\}=C_5^1\,0.2\cdot 0.8^4=0.410$;

$P\{X=2\}=C_5^2\,0.2^2\cdot 0.8^3=0.205$;

$P\{X\geqslant 3\}=1-P\{X=0\}-P\{X=1\}-P\{X=2\}=0.057$.

若 Y 表示所获利润，则

$$Y=g(X)=\begin{cases}10, & X=0,\\ 5, & X=1,\\ 0, & X=2,\\ -2, & X\geqslant 3.\end{cases}$$

$$E(Y)=E[g(X)]=\sum_k g(x_k)p_k$$

$$=10\times 0.328+5\times 0.410+0\times 0.205-2\times 0.057=5.216 \text{ 万元}.$$

8. 假设有 10 只同种电子元器件，其中有 2 只废品，从这批元件中任取 1 只，若是废品，则扔掉重新任取 1 只；若仍是废品，则扔掉再任取 1 只. 试求在取到正品前，已取出的废品数的数学分布、数学期望和方差.

解 (1) X 表示取到正品前已取出的废品数，则 X 的可能取值为 0,1,2. A_i 表示第 i 次取得正品($i=1,2,3$)，从而

$P\{X=0\}=P(A_1)=\frac{8}{10}=0.8$;

$P\{X=1\}=P(\overline{A}_1A_2)=\frac{2}{10}\cdot\frac{8}{9}=\frac{8}{45}$;

$$P\{X=2\}=P(\overline{A}_1\overline{A}_2A_3)=P(\overline{A}_1)\cdot P(\overline{A}_2|\overline{A}_1)\cdot P(A_3|\overline{A}_1\cdot\overline{A}_2)$$
$$=\frac{2}{10}\cdot\frac{1}{9}\cdot\frac{8}{8}=\frac{1}{45}.$$

故 X 的分布律为

X	0	1	2
p	0.8	$\frac{8}{45}$	$\frac{1}{45}$

(2) $E(X)=0\cdot 0.8+1\cdot\frac{8}{45}+2\cdot\frac{1}{45}=\frac{2}{9}$.

(3) $E(X^2)=0^2\cdot 0.8+1^2\cdot\frac{8}{45}+2^2\cdot\frac{1}{45}=\frac{4}{15}$,

$$D(X)=E(X^2)-[E(X)]^2=\frac{88}{405}.$$

9. 设随机变量 $X_{ij}(i,j=1,2,\cdots,n,n\geqslant 2)$ 独立同分布，$E(X_{ij})=2$，则行列式

$$Y=\begin{vmatrix} X_{11} & X_{12} & \cdots & X_{1n} \\ X_{21} & X_{22} & \cdots & X_{2n} \\ \vdots & \vdots & & \vdots \\ X_{n1} & X_{n2} & \cdots & X_{nn} \end{vmatrix}$$

的数学期望 $E(Y)=$________.

解　因为

$$Y=\sum_{P_1P_2\cdots P_n}(-1)^{\tau(P_1P_2\cdots P_n)}X_{1P_1}X_{2P_2}\cdots X_{nP_n},$$

其中 $P_1P_2\cdots P_n$ 为 $1,2,\cdots,n$ 的全排列，$\tau(P_1P_2\cdots P_n)$ 是排列 $P_1P_2\cdots P_n$ 的逆系数，又随机变量 $X_{ij}(i,j=1,2,\cdots,n,n\geqslant 2)$ 独立同分布，故

$$E\{(-1)^{\tau(P_1P_2\cdots P_n)}X_{1P_1}X_{2P_2}\cdots X_{nP_n}\}=(-1)^{\tau(P_1P_2\cdots P_n)}E(X_{1P_1})E(X_{2P_2})\cdots E(X_{nP_n})$$
$$=(-1)^{\tau(P_1P_2\cdots P_n)}2^n.$$

又和式 $\sum\limits_{P_1P_2\cdots P_n}$ 中，各项符号 $(-1)^{\tau(P_1P_2\cdots P_n)}$ 正、负各一半，故

$$E(Y)=\sum_{P_1P_2\cdots P_n}(-1)^{\tau(P_1P_2\cdots P_n)}E(X_{1P_1}X_{2P_2}\cdots X_{nP_n})=0.$$

10. 设 X,Y 是两个相互独立且服从正态分布 $N\left(0,\frac{1}{2}\right)$ 的随机变量，则随机变量 $|X-Y|$ 的数学期望 $E(|X-Y|)=$________.

解 记 $Z=X-Y$，则

$$E(Z)=0,\ D(Z)=D(X-Y)=D(X)+D(Y)=1.$$

因为相互独立服从正态分布的随机变量的线性组合仍服从正态分布，故 $Z\sim N(0,1)$.

从而

$$E(|Z|)=E(|X-Y|)=\int_{-\infty}^{+\infty}|z|f_Z(z)\mathrm{d}z$$

$$=\frac{2}{\sqrt{2\pi}}\int_0^{+\infty}z\mathrm{e}^{-\frac{z^2}{2}}\mathrm{d}z=-\frac{2}{\sqrt{2\pi}}\mathrm{e}^{-\frac{z^2}{2}}\Big|_0^{+\infty}=\sqrt{\frac{2}{\pi}}.$$

11. 设二维随机变量 (X,Y) 在平面区域 $D:0<x<1,|y|<x$ 内服从均匀分布，求关于 X 的边缘概率密度函数及随机变量 $Z=2X+1$ 的方差 $D(Z)$.

解 由已知 (X,Y) 的联合密度函数为

$$f(x,y)=\begin{cases}1,\ 0<x<1,|y|<x,\\0,\ 其他.\end{cases}$$

X 的边缘概率密度函数是

$$f_X(x)=\int_{-\infty}^{+\infty}f(x,y)\mathrm{d}y=\begin{cases}\int_{-x}^{x}\mathrm{d}y=2x,\ 0<x<1,\\0,\qquad 其他.\end{cases}$$

从而

$$E(X)=\int_{-\infty}^{+\infty}xf_X(x)\mathrm{d}x=\int_0^1 2x^2\mathrm{d}x=\frac{2}{3},$$

$$E(X^2)=\int_{-\infty}^{+\infty}x^2f_X(x)\mathrm{d}x=\int_0^1 2x^3\mathrm{d}x=\frac{1}{2},$$

$$D(X)=E(X^2)-[E(X)]^2=\frac{1}{2}-\frac{4}{9}=\frac{1}{18},$$

$$D(Z)=D(2X+1)=4D(X)=4\times\frac{1}{18}=\frac{2}{9}.$$

12. 设随机变量 X 和 Y 的联合分布在以点 $(0,1),(1,0),(1,1)$ 为顶点的三角形区域（见图 4-1）上服从均匀分布，试求随机变量 $U=X+Y$ 的方差.

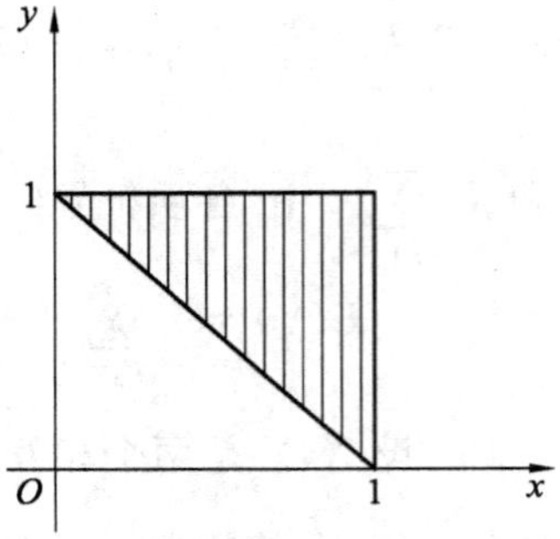

图 4-1

解 随机变量 X 和 Y 的联合密度函数为

$$f(x,y)=\begin{cases}2,\ 0\leqslant x\leqslant 1,0\leqslant y\leqslant 1,x+y\geqslant 1,\\0,\ 其他.\end{cases}$$

随机变量 X 的边缘概率密度函数为

$$f_X(x)=\int_{-\infty}^{+\infty}f(x,y)\mathrm{d}y=\int_{1-x}^{1}2\mathrm{d}y$$

$$=2x\ (0\leqslant x\leqslant 1).$$

随机变量 Y 的边缘概率密度函数为

$$f_Y(y)=\int_{-\infty}^{+\infty}f(x,y)\mathrm{d}x=\int_{1-y}^{1}2\mathrm{d}x$$
$$=2y\ (0\leqslant y\leqslant 1).$$

所以
$$E(X)=\int_{-\infty}^{+\infty}xf_X(x)\mathrm{d}x=\int_0^1 x\cdot 2x\mathrm{d}x=\frac{2}{3},$$
$$E(X^2)=\int_{-\infty}^{+\infty}x^2 f_X(x)\mathrm{d}x=\int_0^1 x^2\cdot 2x\mathrm{d}x=\frac{1}{2},$$
$$D(X)=E(X^2)-E^2(X)=\frac{1}{2}-\left(\frac{2}{3}\right)^2=\frac{1}{18}.$$

同理
$$E(Y)=\frac{2}{3},\ E(Y^2)=\frac{1}{2},\ D(Y)=\frac{1}{18}.$$

又因为

$$E(XY)=\int_{-\infty}^{+\infty}\int_{-\infty}^{+\infty}xyf(x,y)\mathrm{d}x\mathrm{d}y=\int_0^1\int_{1-x}^{1}2xy\,\mathrm{d}y\mathrm{d}x$$
$$=\int_0^1 x\cdot(2x-x^2)\mathrm{d}x=\int_0^1(2x^2-x^3)\mathrm{d}x$$
$$=\left(\frac{2}{3}x^3-\frac{1}{4}x^4\right)\Big|_0^1=\frac{5}{12},$$

所以　$\mathrm{Cov}(X,Y)=E(XY)-E(X)E(Y)=\frac{5}{12}-\frac{2}{3}\cdot\frac{2}{3}=-\frac{1}{36},$

$$D(U)=D(X+Y)=D(X)+D(Y)+2\mathrm{Cov}(X,Y)$$
$$=\frac{1}{18}+\frac{1}{18}-2\times\frac{1}{36}=\frac{1}{18}.$$

13. 设随机变量 $X\sim U(-1,2)$，$Y=\begin{cases}1, & X>0,\\ 0, & X=0,\\ -1, & X<0,\end{cases}$ 求 $D(Y)$.

解　因为 $X\sim U(-1,2)$，所以

$$f(x)=\begin{cases}\frac{1}{3}, & -1<x<2,\\ 0, & \text{其他}.\end{cases}$$

又
$$E(Y)=1\times P\{X>0\}+0\times P\{X=0\}+(-1)\times P\{X<0\}$$
$$=1\times\frac{2-0}{3}+(-1)\times\frac{0-(-1)}{3}=\frac{2}{3}-\frac{1}{3}=\frac{1}{3},$$
$$E(Y^2)=1\times[P\{X>0\}+P\{X<0\}]+0\times P\{X=0\}$$
$$=\frac{2}{3}+\frac{1}{3}=1$$

故 $$D(Y)=E(Y^2)-E^2(Y)=1-\frac{1}{9}=\frac{8}{9}.$$

14. 将一枚硬币重复掷 n 次，以 X 和 Y 分别表示正面向上和反面向上的次数，则 X 和 Y 的相关系数为(　　).

(A) -1　　(B) 0　　(C) $\frac{1}{2}$　　(D) 1

解　$\mathrm{Cov}(X,Y)=\mathrm{Cov}(X,n-X)=-D(X)$，$D(Y)=D(n-X)=D(X)$，由相关系数的定义可知 $\rho_{XY}=\frac{\mathrm{Cov}(X,Y)}{\sqrt{D(X)}\sqrt{D(Y)}}=-1$. 故选(A).

15. 设随机变量 $X\sim N(0,1)$，$Y\sim N(1,4)$，且相关系数 $\rho_{XY}=1$，则(　　).

(A) $P\{Y=-2X-1\}=1$　　(B) $P\{Y=2X-1\}=1$

(C) $P\{Y=-2X+1\}=1$　　(D) $P\{Y=2X+1\}=1$

解　采用排除法. 设 $Y=aX+b$. 由 $\rho_{XY}=1$，知 X,Y 正相关，得 $a>0$. 排除(A)和(C). 由 $X\sim N(0,1)$，$Y\sim N(1,4)$，得

$$E(X)=0,\ E(Y)=1,\ E(aX+b)=aE(X)+b,$$

即有 $1=a\times 0+b$，$b=1$，从而排除(B). 故选(D).

16. 已知随机变量 X 与 Y 分别服从正态分布 $N(1,3^2)$ 和 $N(0,4^2)$，且 X 与 Y 的相关系数 $\rho_{XY}=-\frac{1}{2}$，设 $Z=\frac{X}{3}+\frac{Y}{2}$，求：

(1) Z 的数学期望 $E(Z)$ 和方差 $D(Z)$；

(2) X 与 Z 的相关系数 ρ_{XZ}；

解　(1) 由数学期望和方差的运算性质，有

$$E(Z)=E\left(\frac{1}{3}X+\frac{1}{2}Y\right)=\frac{1}{3}E(X)+\frac{1}{2}E(Y)=\frac{1}{3}\times 1+\frac{1}{2}\times 0=\frac{1}{3},$$

$$D(Z)=D\left(\frac{1}{3}X+\frac{1}{2}Y\right)=\frac{D(X)}{3^2}+\frac{D(Y)}{2^2}+2\mathrm{Cov}\left(\frac{1}{3}X,\frac{1}{2}Y\right)$$

$$=1+4+2\times\frac{1}{6}\sqrt{D(X)}\times\sqrt{D(Y)}\times\rho_{XY}=3.$$

(2) 因为

$$\mathrm{Cov}(X,Z)=\mathrm{Cov}\left(X,\frac{X}{3}+\frac{Y}{2}\right)=\frac{1}{3}\mathrm{Cov}(X,X)+\frac{1}{2}\mathrm{Cov}(X,Y)$$

$$=\frac{1}{3}D(X)+\frac{1}{2}\rho_{XY}\sqrt{D(X)}\sqrt{D(Y)}$$

$$=\frac{1}{3}\times 3^2+\frac{1}{2}\times\left(-\frac{1}{2}\right)\times 3\times 4=0,$$

所以 $$\rho_{XZ}=\frac{\mathrm{Cov}(X,Z)}{\sqrt{DX}\sqrt{DZ}}=0.$$

17. 设随机变量 $X_1,X_2,\cdots,X_n(n>1)$,独立同分布,且其方差为 $\sigma^2>0$,令 $Y=\frac{1}{n}\sum_{i=1}^{n}X_i$,则(　　).

(A) $\mathrm{Cov}(X_1,Y)=\frac{\sigma^2}{n}$　　　　(B) $\mathrm{Cov}(X_1,Y)=\sigma^2$

(C) $D(X_1+Y)=\frac{n+2}{n}\sigma^2$　　　　(D) $D(X_1-Y)=\frac{n+1}{n}\sigma^2$

解　由于随机变量 $X_1,X_2,\cdots,X_n(n>1)$相互独立且同分布,于是可得

$$\begin{aligned}\mathrm{Cov}(X_1,Y)&=\mathrm{Cov}\left(X_1,\frac{1}{n}\sum_{i=1}^{n}X_i\right)=\frac{1}{n}\mathrm{Cov}\left(X_1,\sum_{i=1}^{n}X_i\right)\\&=\frac{1}{n}\sum_{i=1}^{n}\mathrm{Cov}(X_1,X_i)=\frac{1}{n}\mathrm{Cov}(X_1,X_1)\\&=\frac{1}{n}D(X_1)=\frac{1}{n}\sigma^2.\end{aligned}$$

故选(A).

18. 设随机变量 X 和 Y 的数学期望分别为 -2 和 2,方差分别为 1 和 4,而相关系数为 -0.5,则根据切比雪夫不等式,$P\{|X+Y|\geqslant 6\}\leqslant$________.

解　$$\begin{aligned}P\{|X+Y|\geqslant 6\}&\leqslant\frac{D(X+Y)}{6^2}=\frac{D(X)+D(Y)+2\mathrm{Cov}(X,Y)}{36}\\&=\frac{5+2\rho_{XY}\sqrt{D(X)}\sqrt{D(Y)}}{36}\\&=\frac{5+2\times(-0.5)\times\sqrt{1}\times\sqrt{4}}{36}=\frac{1}{12}.\end{aligned}$$

19. 设随机变量 X,Y 不相关,且 $E(X)=2,E(Y)=1,D(X)=3$,则 $E[X(X+Y-2)]=$(　　).

(A) -3　　　(B) 3　　　(C) -5　　　(D) 5

解　$$\begin{aligned}E[X(X+Y-2)]&=E(X^2+XY-2X)=E(X^2)+E(XY)-2E(X)\\&=D(X)+E^2(X)+E(X)E(Y)-2E(X)\\&=3+2^2+2\times1-2\times2=5.\end{aligned}$$

故选(D).

20. 设 $X_1,X_2,\cdots,X_n(n>2)$为来自总体 $N(0,\sigma^2)$的简单随机样本,其样本均值为 $\overline{X}$,记 $Y_i=X_i-\overline{X}(i=1,2,\cdots,n)$.

(1) 求 Y_i 的方差 $D(Y_i)(i=1,2,\cdots,n)$;

(2) 求 Y_1 与 Y_n 的协方差 $\mathrm{Cov}(Y_1,Y_n)$.

解　(1) 由题意知

$$E(\overline{X})=0,\ D(\overline{X})=\frac{\sigma^2}{n},\ E(Y_i)=0(i=1,2,\cdots,n),$$

$$D(Y_i)=D(X_i-\overline{X})=D\left(X_i-\frac{1}{n}\sum_{i=1}^{n}X_i\right)=D\left[\left(1-\frac{1}{n}\right)X_i-\frac{1}{n}\sum_{k\neq i}X_k\right)\right]$$

$$=\left(1-\frac{1}{n}\right)^2 D(X_i)+\frac{1}{n^2}\sum_{k\neq i}D(X_k)=\frac{n-1}{n}\sigma^2(i=1,2,\cdots,n).$$

(2) $\mathrm{Cov}(Y_1,Y_n)=E\{[Y_1-E(Y_1)][Y_n-E(Y_n)]\}=E(Y_1Y_n)$

$$=E[(X_1-\overline{X})(X_n-\overline{X})]$$

$$=E(X_1X_n)-E(X_1\overline{X})-E(X_n\overline{X})+E(\overline{X}^2)$$

$$=E(X_1)E(X_n)-E\left(X_1\cdot\frac{1}{n}\sum_{i=1}^{n}X_i\right)-$$

$$E\left(X_n\cdot\frac{1}{n}\sum_{i=1}^{n}X_i\right)+D(\overline{X})$$

$$=E(X_1)E(X_n)-\frac{1}{n}\left[E(X_1^2)+\sum_{k\neq 1}E(X_1X_k)\right]-$$

$$\frac{1}{n}\left[E(X_n^2)+\sum_{k\neq n}E(X_nX_k)\right]+D(\overline{X})$$

$$=-\frac{1}{n}\left\{D(X_1)+\sum_{k\neq 1}[E(X_1)E(X_k)]\right\}-$$

$$\frac{1}{n}\left\{D(X_n)+\sum_{k\neq n}[E(X_n)E(X_k)]\right\}+D(\overline{X})$$

$$=-\frac{\sigma^2}{n}-\frac{\sigma^2}{n}+\frac{\sigma^2}{n}=-\frac{\sigma^2}{n}.$$

21. 设二维随机变量(X,Y)在矩形$G=\{(x,y)\mid 0\leqslant x\leqslant 2,0\leqslant y\leqslant 1\}$上服从均匀分布,记$U=\begin{cases}0, & X\leqslant Y,\\ 1, & X>Y,\end{cases}$ $V=\begin{cases}0, & X\leqslant 2Y,\\ 1, & X>2Y.\end{cases}$

(1) 求U和V的联合分布;

(2) 求U和V的相关系数ρ.

解 (1) 由已知有,二维随机变量(X,Y)的联合密度

$$f(x,y)=\begin{cases}\frac{1}{2}, & 0\leqslant x\leqslant 2,0\leqslant y\leqslant 1,\\ 0, & \text{其他},\end{cases}$$

故 $$P\{U=0,V=0\}=P\{X\leqslant Y,X\leqslant 2Y\}=P\{X\leqslant Y\}$$

$$=\int_0^1\mathrm{d}y\int_0^y\frac{1}{2}\mathrm{d}x$$

$$=\frac{1}{2}\int_0^1 y\mathrm{d}y=\frac{1}{4},$$

$$P\{U=1,V=0\}=P\{X>Y,X\leqslant 2Y\}=P\{Y<X\leqslant 2Y\}$$
$$=\int_0^1 \mathrm{d}x\int_{\frac{x}{2}}^{x}\frac{1}{2}\mathrm{d}y+\int_1^2 \mathrm{d}x\int_{\frac{x}{2}}^{1}\frac{1}{2}\mathrm{d}y$$
$$=\frac{1}{8}+\frac{1}{2}\int_1^2\left(1-\frac{x}{2}\right)\mathrm{d}x$$
$$=\frac{1}{8}+\frac{1}{8}=\frac{1}{4},$$
$$P\{U=0,V=1\}=P\{X\leqslant Y,X>2Y\}=P\{\varnothing\}=0,$$
$$P\{U=1,V=1\}=P\{X>Y,X>2Y\}=P\{X>2Y\}$$
$$=\int_0^2 \mathrm{d}x\int_0^{\frac{x}{2}}\frac{1}{2}\mathrm{d}y=\frac{1}{2}\int_0^2\frac{x}{2}\mathrm{d}x=\frac{1}{8}x^2\Big|_0^2=\frac{1}{2}.$$

故 U 和 V 的联合分布为

U \ V	0	1
0	$\frac{1}{4}$	0
1	$\frac{1}{4}$	$\frac{1}{2}$

(2) 由 U 和 V 的联合分布得 U,V 的边缘分布：

$$P\{U=0\}=\frac{1}{4},\ P\{U=1\}=\frac{3}{4}$$
$$P\{V=0\}=\frac{1}{2},\ P\{V=1\}=\frac{1}{2},$$

从而

$$E(U)=\frac{3}{4},\ D(U)=E(U^2)-[E(U)]^2=\frac{3}{16},$$
$$E(V)=\frac{1}{2},\ D(V)=E(V^2)-[E(V)]^2=\frac{1}{4}.$$

又

$$E(UV)=0\times0\times\frac{1}{4}+0\times1\times0+1\times0\times\frac{1}{4}+1\times1\times\frac{1}{2}=\frac{1}{2},$$
$$\mathrm{Cov}(U,V)=E(UV)-E(U)E(V)=\frac{1}{2}-\frac{3}{8}=\frac{1}{8},$$

故 $\rho=\dfrac{\mathrm{Cov}(U,V)}{\sqrt{D(U)}\sqrt{D(V)}}=\dfrac{\frac{1}{8}}{\sqrt{\frac{3}{16}}\cdot\sqrt{\frac{1}{4}}}=\dfrac{1}{\sqrt{3}}.$

22. 设随机变量 X 的概率密度为 $f(x)=\frac{1}{2}\mathrm{e}^{-|x|}(-\infty<x<+\infty)$. (1) 求 $E(X)$ 和 $D(X)$;(2) 求 X 与 $|X|$ 的协方差,并讨论 X 与 $|X|$ 是否相关;(3) X 与 $|X|$ 是否相互独立? 为什么?

解 (1) $E(X)=\int_{-\infty}^{+\infty}xf(x)\mathrm{d}x=0$,

$E(X^2)=\int_{-\infty}^{+\infty}x^2f(x)\mathrm{d}x=\int_0^{+\infty}x^2\mathrm{e}^{-x}\mathrm{d}x=2$,

$D(X)=E(X^2)-[E(X)]^2=2$.

(2) $\mathrm{Cov}(X,|X|)=E(X|X|)-E(X)E(|X|)$

$$=E(X|X|)=\int_{-\infty}^{+\infty}x\mid x\mid f(x)\mathrm{d}x=0.$$

因为 $\rho_{X|X|}=\frac{\mathrm{Cov}(X,|X|)}{\sqrt{D(X)}\sqrt{D(|X|)}}=0$,所以 X 与 $|X|$ 不相关.

(3) 对给定的 $0<a<+\infty$,显然事件 $\{|X|<a\}$ 包含在事件 $\{X<a\}$ 中,且

$$P\{|X|<a\}>0,\ P\{X<a\}<1.$$

于是

$$P\{X<a,|X|<a\}=P\{|X|<a\},$$

$$P\{X<a\}P\{|X|<a\}<P\{|X|<a\},$$

所以 $P\{X<a,|X|<a\}\neq P\{X<a\}P\{|X|<a\}$,则 X 与 $|X|$ 不相互独立.

23. 设随机变量 X 的分布为 $P\{X=1\}=P\{X=2\}=\frac{1}{2}$,在给定 $X=i$ 的条件下,随机变量 Y 服从均匀分布 $U(0,i)$,$i=1,2$.

(1) 求 Y 的分布函数;

(2) 求期望 $E(Y)$.

解 (1) 分布函数

$$\begin{aligned}F(y)=P\{Y\leqslant y\}&=P\{Y\leqslant y,X=1\}+P\{Y\leqslant y,X=2\}\\&=P\{Y\leqslant y|X=1\}P\{X=1\}+P\{Y\leqslant y|X=2\}P\{X=2\}\\&=\frac{1}{2}(P\{Y\leqslant y|X=1\}+P\{Y\leqslant y|X=2\}).\end{aligned}$$

当 $y<0$ 时,$F(y)=0$;

当 $0\leqslant y<1$ 时,$F(y)=\frac{1}{2}y+\frac{1}{2}\frac{y}{2}=\frac{3}{4}y$;

当 $1\leqslant y<2$ 时,$F(y)=\frac{1}{2}+\frac{1}{2}\frac{y}{2}=\frac{1}{4}y+\frac{1}{2}$;

当 $y\geqslant 2$ 时,$F(y)=1$.

所以分布函数为

$$F(y)=\begin{cases}0, & y<0,\\ \frac{3}{4}y, & 0\leqslant y<1,\\ \frac{1}{2}+\frac{y}{4}, & 1\leqslant y<2,\\ 1, & y\geqslant 2.\end{cases}$$

(2) 概率密度函数为

$$f(y)=F'(y)=\begin{cases}\frac{3}{4}, & 0<y<1,\\ \frac{1}{4}, & 1<y<2,\\ 0, & \text{其他},\end{cases}$$

因此，$E(Y)=\int_0^1 \frac{3}{4}y\mathrm{d}y+\int_1^2 \frac{y}{4}\mathrm{d}y=\frac{3}{4}$.

24. 设随机变量 X,Y 的概率分布相同，X 的概率分布为 $P\{X=0\}=\frac{1}{3}$，$P\{X=1\}=\frac{2}{3}$，且 X,Y 的相关系数 $\rho_{XY}=\frac{1}{2}$.

(1) 求二维随机变量 (X,Y) 的联合概率分布；

(2) 求 $P\{X+Y\leqslant 1\}$.

解 (1) 由于 X,Y 的概率分布相同，故

$$P\{X=0\}=\frac{1}{3},\ P\{X=1\}=\frac{2}{3},$$

$$P\{Y=0\}=\frac{1}{3},\ P\{Y=1\}=\frac{2}{3}.$$

显然 $E(X)=E(Y)=\frac{2}{3}$，$D(X)=D(Y)=\frac{2}{9}$，所以相关系数

$$\rho_{XY}=\frac{1}{2}=\frac{\mathrm{Cov}(X,Y)}{\sqrt{D(X)}\sqrt{D(Y)}}=\frac{E(XY)-E(X)E(Y)}{\sqrt{D(X)}\sqrt{D(Y)}}=\frac{E(XY)-\frac{4}{9}}{\frac{2}{9}},$$

所以 $E(XY)=\frac{5}{9}$. 又

$$E(XY)=1\times 1\times P\{X=1,Y=1\},$$

所以 $P\{X=1,Y=1\}=\frac{5}{9}$，从而得到 (X,Y) 的联合概率分布

$$P\{X=1,Y=1\}=\frac{5}{9},P\{X=0,Y=1\}=\frac{1}{9},$$

$$P\{X=1,Y=0\}=\frac{1}{9},P\{X=0,Y=0\}=\frac{2}{9}.$$

(2) $P\{X+Y\leqslant1\}=1-P\{X+Y>1\}=1-P\{X=1,Y=1\}=\frac{4}{9}$.

25. 设随机变量 X 的概率密度为

$$f(x)=\begin{cases}2^{-x}\ln 2, & x>0,\\ 0, & x\leqslant0.\end{cases}$$

对 X 进行独立重复的观测,直到两个大于 3 的观测值出现停止. 记 Y 为观测次数.

(1) 求 Y 的概率分布;

(2) 求 $E(Y)$.

解 (1) 记 p 为观测值大于 3 的概率,则

$$p=P\{X>3\}=\int_3^{+\infty}2^{-x}\ln 2\mathrm{d}x=\frac{1}{8},$$

从而

$$P\{Y=n\}=\mathrm{C}_{n-1}^1\,p(1-p)^{n-2}p=(n-1)\left(\frac{1}{8}\right)^2\left(\frac{7}{8}\right)^{n-2},\ n=2,3,\cdots$$

为 Y 的概率分布.

(2)
$$E(Y)=\sum_{n=2}^{\infty}n\cdot P\{Y=n\}=\sum_{n=2}^{\infty}n\cdot(n-1)\left(\frac{1}{8}\right)^2\left(\frac{7}{8}\right)^{n-2}$$
$$=\sum_{n=2}^{\infty}n\cdot(n-1)\left[\left(\frac{7}{8}\right)^{n-2}-2\left(\frac{7}{8}\right)^{n-1}+\left(\frac{7}{8}\right)^{n}\right].$$

记 $S_1(x)=\sum\limits_{n=2}^{\infty}n\cdot(n-1)x^{n-2}(-1<x<1)$,则

$$S_1(x)=\sum_{n=2}^{\infty}n\cdot(n-1)x^{n-2}=\left(\sum_{n=2}^{\infty}n\cdot x^{n-1}\right)'=\left(\sum_{n=2}^{\infty}x^n\right)''=\frac{2}{(1-x)^3},$$

$$S_2(x)=\sum_{n=2}^{\infty}n\cdot(n-1)x^{n-1}=x\sum_{n=2}^{\infty}n\cdot(n-1)x^{n-2}=xS_1(x)=\frac{2x}{(1-x)^3},$$

$$S_3(x)=\sum_{n=2}^{\infty}n\cdot(n-1)x^{n}=x^2\sum_{n=2}^{\infty}n\cdot(n-1)x^{n-2}=x^2S_1(x)=\frac{2x^2}{(1-x)^3},$$

所以

$$S(x)=S_1(x)-2S_2(x)+S_3(x)=\frac{2-4x+2x^2}{(1-x)^3}=\frac{2}{1-x},$$

从而 $E(Y)=S\left(\frac{7}{8}\right)=16$.

自 测 题

一、填空题

1. 盒中有 4 个球，其中有 2 个白球、2 个黑球. 从中任取两个球，记白球数为 X，则 $E(X)=$________，$D(X)=$________.

2. 已知变量 $X\sim N(1,4)$，$Y\sim N(-2,9)$，且 X,Y 相互独立，设 $Z=X-2Y$，则 $E(Z)=$________，$D(Z)=$________.

3. 已知 $E(X)=1.5$，$E(X^2)=6$，则 $E(2X)=$________，$D(2X)=$________.

4. 设随机变量 X 服从参数为 λ 的泊松分布，且 $P\{X=1\}=P\{X=2\}$，则有 $D(X)=$________.

5. 设 $D(X)=25$，$D(Y)=36$，$\rho_{XY}=0.4$，则 $D(X+Y)=$________，$D(X-Y)=$________.

6. 设随机变量 X 只取两个值 a,b，$a<b$，且 $E(X)=1.4$，$D(X)=0.24$，$P\{X=a\}-P\{X=b\}=0.2$，则 $a=$________，$b=$________.

二、选择题

1. 已知 $E(X)=-1$，$D(X)=3$，则 $E[3(X^2-2)]=$(　　).

(A) 9　　(B) 6　　(C) 30　　(D) 36

2. 已知随机变量 X 服从二项分布，且 $E(X)=2$，$D(X)=1.2$，则二项分布的参数 n,p 的值为(　　).

(A) $n=4,p=0.5$　　(B) $n=10,p=0.2$

(C) $n=5,p=0.4$　　(D) $n=20,p=0.1$

3. 设随机变量 $X\sim N(1,4)$，$Y=2X+1$，则 $Y\sim$(　　).

(A) $N(0,1)$　　(B) $N(3,4)$

(C) $N(2,4)$　　(D) $N(3,16)$

4. 设随机变量 Y 是随机变量 X 的线性函数 $Y=5X+6$，且 $D(X)=3$，则 $\mathrm{Cov}(X,Y)=$(　　).

(A) 15　　(B) 75　　(C) 21　　(D) 81

5. 设 X 与 Y 相互独立，$E(X)=E(Y)=0$，$D(X)=D(Y)=1$，则 $E(X+Y+1)^2=$(　　).

(A) 2　　(B) 3　　(C) $\frac{1}{3}$　　(D) 1

三、解答题

1. 设随机变量 X 的分布律为

X	-2	0	3
p	0.1	0.2	0.7

求 $E(X)$,$E(X^2)$及 $D(X)$.

2. 设随机变量 X 的概率密度为

$$f(x)=\begin{cases}2(1-x), & 0<x<1,\\ 0, & \text{其他}.\end{cases}$$

求 $E(X)$和 $D(X)$.

3. 设随机变量 X 的概率密度为

$$f(x)=\begin{cases}ax+b, & 1<x<2,\\ 0, & \text{其他}.\end{cases}$$

已知 $E(X)=\dfrac{19}{12}$,求 $D(X)$.

4. 设随机变量 X,Y 相互独立,且 $E(X)=E(Y)=3$,$D(X)=12$,$D(Y)=16$,求 $E(3X-2Y)$,$D(3X-2Y)$.

5. 设随机变量 X 和 Y 的联合概率密度为

Y \ X	-1	0	1
0	0.07	0.18	0.15
1	0.08	0.32	0.20

求 $E(X)$,$E(Y)$,$\mathrm{Cov}(X,Y)$.

6. 设随机变量(X,Y)的概率密度为

$$f(x,y)=\begin{cases}\dfrac{1}{3}(x+y), & 0\leqslant x\leqslant 2,\ 0\leqslant y\leqslant 1\\ 0, & \text{其他}.\end{cases}$$

求数学期望 $E(X)$及 $E(Y)$,协方差 $\mathrm{Cov}(X,Y)$.

7. 设二维随机变量(X,Y)的概率密度为

$$f(x,y)=\begin{cases}\dfrac{1}{\pi}, & x^2+y^2\leqslant 1,\\ 0, & \text{其他}.\end{cases}$$

试验证 X 和 Y 是不相关的,X 和 Y 不是相互独立的.

第五章

大数定律及中心极限定理

基本要求

(1) 理解切比雪夫大数定律特殊情况、伯努利大数定理和辛钦大数定理.

(2) 理解独立同分布的中心极限定理和棣莫弗-拉普拉斯中心极限定理.

内容提要

1. 切比雪夫不等式

(1) 设随机变量 X 数学的期望 $E(X)=\mu$，方差 $D(X)=\sigma^2$，则对任 $\varepsilon>0$，总有

$$P\{|X-\mu|\geqslant\varepsilon\}\leqslant\frac{\sigma^2}{\varepsilon^2} \text{ 或 } P\{|X-\mu|<\varepsilon\}\geqslant1-\frac{\sigma^2}{\varepsilon^2}.$$

(2) 意义：切比雪夫不等式的重要意义在于，不管 X 服从什么分布，只要知道它的期望 μ 和方差 σ^2，就能给出概率值的界限.

2. 依概率收敛的定义及性质

定义　设 $X_1,X_2,\cdots,X_n,\cdots$ 是一个随机变量序列，a 是一个常数. 若对任意 $\varepsilon>0$，有

$$\lim_{n\to\infty}P\{|X_n-a|<\varepsilon\}=1,$$

则称随机变量序列 $X_1,X_2,\cdots,X_n,\cdots$ 依概率收敛于 a，记作 $X_n\xrightarrow{P}a$.

性质　如果随机变量序列 $X_n\xrightarrow{P}a$，$Y_n\xrightarrow{P}b$，函数 $g(x,y)$ 在点 (a,b) 连续，则 $g(X_n,Y_n)\xrightarrow{P}g(a,b)$.

3. 大数定律

(1) 切比雪夫大数定律的特殊情况

设随机变量 $X_1,X_2,\cdots,X_n,\cdots$ 相互独立，服从相同的分布，具有数学期望

$E(X_n)=\mu$ 和方差 $D(X_n)=\sigma^2(n=1,2,\cdots)$，则对于任意 $\varepsilon>0$，有

$$\lim_{n\to\infty}\left\{\left|\frac{1}{n}\sum_{k=1}^{n}X_k-\mu\right|<\varepsilon\right\}=1,$$

即随机变量序列 $\overline{X}_n=\frac{1}{n}\sum_{k=1}^{n}X_k\xrightarrow{P}\mu$.

(2) 伯努利大数定理

设 n_A 是 n 次独立重复试验中事件 A 发生的次数，p 是事件 A 在每次试验中发生的概率，则对于任意 $\varepsilon>0$，有

$$\lim_{n\to\infty}P\left\{\left|\frac{n_A}{n}-p\right|<\varepsilon\right\}=1.$$

注 伯努利大数定理说明，当试验次数 n 很大时，事件 A 发生的频率与概率有较大差别的可能性很小，即

$$\lim_{n\to\infty}P\left\{\left|\frac{n_A}{n}-p\right|\geqslant\varepsilon\right\}=0.$$

这就以严格的数学形式描述了频率的稳定性.

(3) 辛钦大数定理

设随机变量 $X_1,X_2,\cdots,X_n,\cdots$ 相互独立，服从同一分布，具有数学期望 $E(X_n)=\mu(n=1,2,\cdots)$，则对任 $\varepsilon>0$ 总有

$$\lim_{n\to\infty}P\left\{\left|\frac{1}{n}\sum_{k=1}^{n}X_k-\mu\right|<\varepsilon\right\}=1.$$

注 辛钦大数定理表明，对于独立同分布随机变量序列，只要数学期望 μ 存在，则当 n 充分大时，n 个随机变量的算术平均值 $\overline{X}$ 近似地等于各随机变量共同的数学期望 μ.

4. 中心极限定理

(1) 独立同分布的中心极限定理(也称为列维-林德伯格(Levy-Lindberg)中心极限定理)

设随机变量 $X_1,X_2,\cdots,X_n,\cdots$ 相互独立，服从同一分布，具有数学期望和方差 $E(X_n)=\mu,D(X_n)=\sigma^2\neq0(n=1,2,\cdots)$，则对于任意实数 x，有

$$\lim_{n\to\infty}P\left\{\frac{\sum_{k=1}^{n}X_k-n\mu}{\sqrt{n}\sigma}\leqslant x\right\}=\Phi(x),$$

其中 $\Phi(x)$ 是标准正态分布的分布函数.

注 由中心极限定理可知，当 n 充分大时，$\sum_{i=1}^{n}X_i=X_1+X_2+\cdots+X_n$ 近似地服从正态分布 $N(n\mu,n\sigma^2)$，即对任意 $a<b$，当 n 充分大时，有

$$P\left\{a<\sum_{i=1}^{n}X_i<b\right\}=P\left\{\frac{a-n\mu}{\sqrt{n}\sigma}<\frac{\sum_{i=1}^{n}X_i-n\mu}{\sqrt{n}\sigma}<\frac{b-n\mu}{\sqrt{n}\sigma}\right\}$$
$$\approx\Phi\left(\frac{b-n\mu}{\sqrt{n}\sigma}\right)-\Phi\left(\frac{a-n\mu}{\sqrt{n}\sigma}\right).$$

(2) 棣莫弗-拉普拉斯中心极限定理

设随机变量 X_n 服从参数为 n 和 p 的二项分布，即 $X_n\sim B(n,p)$ $(n=1,2,\cdots)$，则对于任意实数 x，有

$$\lim_{n\to\infty}P\left\{\frac{X_n-np}{\sqrt{np(1-p)}}\leqslant x\right\}=\Phi(x),$$

即当 n 充分大时，X_n 近似服从 $N(np,np(1-p))$.

注　二项分布是在实践中最常用的分布之一. 棣莫弗-拉普拉斯中心极限定理的实际意义是：对二项分布，经标准化后，当 n 很大时，它就近似服从标准正态分布 $N(0,1)$.

典型例题

例 5.1　据以往经验，某种电器元件的寿命服从均值为 100 小时的指数分布. 现随机取 16 只，设它们的寿命是相互独立的，求这 16 只元件的寿命的总和大于 1 920 小时的概率.

解　设第 i 只电器元件的寿命为 $X_i(0,1,\cdots,16)$，且

$$E(X_i)=100,\ D(X_i)=100^2=10\ 000,$$

则 $Y=\sum_{i=1}^{16}X_i$ 是这 16 只元件的寿命总和. 因此，

$$E(Y)=100\times16=1\ 600,\ D(Y)=160\ 000,$$

所求概率为

$$P\{Y>1\ 920\}=P\left\{\sum_{i=1}^{16}X_i>1\ 920\right\}=P\left\{\frac{\sum_{i=1}^{16}X_i-1\ 600}{400}>\frac{1\ 920-1\ 600}{400}\right\}$$
$$\approx1-\Phi\left(\frac{1\ 920-1\ 600}{400}\right)=1-\Phi(0.8)=0.211\ 9.$$

例 5.2　假设一条生产线生产的产品合格率是 0.8. 要使一批产品的合格率达到在 76%与 84%之间的概率不小于 90%，问这批产品至少要生产多少件？

解　令 $X_i=\begin{cases}1, & \text{第 } i \text{ 个产品是合格品},\\ 0, & \text{其他},\end{cases}$ 而至少要生产 n 件，则 $i=1,2,\cdots n$，且 $X_1,X_2,\cdots,X_n$ 独立同分布，$p=P\{X_i=1\}=0.8$. 现要求 n，使得

$$P\left\{0.76 \leqslant \frac{\sum_{i=1}^{n} X_i}{n} \leqslant 0.84\right\} \geqslant 0.9,$$

即 $$P\left\{\frac{0.76n-0.8n}{\sqrt{n\times 0.8\times 0.2}} \leqslant \frac{\sum_{i=1}^{n} X_i - 0.8n}{\sqrt{n\times 0.8\times 0.2}} \leqslant \frac{0.84n-0.8n}{\sqrt{n\times 0.8\times 0.2}}\right\} \geqslant 0.9$$

由中心极限定理得

$$\Phi\left(\frac{0.84n-0.8n}{\sqrt{0.16n}}\right)-\Phi\left(\frac{0.76n-0.8n}{\sqrt{0.16n}}\right)\geqslant 0.9,$$

整理得 $\Phi\left(\frac{\sqrt{n}}{10}\right)\geqslant 0.95$，查表$\frac{\sqrt{n}}{10}\geqslant 1.64$，$n\geqslant 268.96$，故取 $n=269$.

例 5.3 某车间有同型号机床 200 部，每部开动的概率为 0.7. 假定各机床开关是相互独立的，开动时每部要消耗电能 15 个单位，问电厂最少要供应该车间多少单位电能，才能以 95%的概率保证不致因供电不足而影响生产？

解 设随机变量 X 表示 200 部机床中同时开动的机床数目，则

$X\sim B(200,0.7)$，

$np=200\times 0.7=140$，$np(1-p)=200\times 0.7\times(1-0.7)=42$.

X 近似服从正态分布 $N(140,42)$，令 m 满足概率等式

$$P\{X\leqslant m\}=0.95.$$

又 $$P\{X\leqslant m\}=P\left\{\frac{X-140}{\sqrt{42}}\leqslant\frac{m-140}{\sqrt{42}}\right\},$$

$$\approx\Phi\left(\frac{m-140}{\sqrt{42}}\right),$$

则 $$\Phi\left(\frac{m-140}{\sqrt{42}}\right)=0.95,$$

所以$\frac{m-140}{\sqrt{42}}=1.64$，即 $m\approx 151$.

计算得知，电厂最少要供应该车间 151 单位电能.

例 5.4 电话交换台有 10 条外线、若干台分机，在一段时间内，每台分机使用外线的概率为 10%，问最多可装多少台分机才能以 90%的把握使外线畅通？

解 设最多可装 n 台分机，记 X 为 n 台分机中同时使用外线的数目，则 $X\sim B(n,0.1)$. 一般 n 不会太小，可以认为 X 近似服从正态分布 $N(0.1n, 0.09n)$. n 应满足概率等式

$$P\{X\leqslant 10\}=0.90,$$

即
$$P\{X\leqslant 10\}=P\left\{\frac{X-0.1n}{0.3\sqrt{n}}\leqslant\frac{10-0.1n}{0.3\sqrt{n}}\right\}$$
$$\approx\Phi\left(\frac{10-0.1n}{0.3\sqrt{n}}\right)=0.90$$

解以 n 为未知量的方程
$$\frac{10-0.1n}{0.3\sqrt{n}}=1.28,$$
得到 $n\approx 68$.

例 5.5　已知在某十字路口，一周事故发生数的数学期望为 2.2，标准差为 1.4.

(1) 以 $\overline{X}$ 表示一年(以 52 周计)此十字路口事故发生数的算术平均，使用中心极限定理求 $\overline{X}$ 的近似分布，并求 $P\{\overline{X}<2\}$；

(2) 求一年事故发生数小于 100 的概率.

解　(1) 设 X_i 表示第 i 周路口事故发生数. 根据题意，
$$E(X_i)=2.2,\quad \sqrt{D(X_i)}=1.4,$$
则有
$$E(\overline{X})=E\left(\frac{1}{n}\sum_{i=1}^{52}X_i\right)=2.2,\ D(\overline{X})=D\left(\frac{1}{n}\sum_{i=1}^{52}X_i\right)=\frac{1.4^2}{52}.$$

故使用中心极限定理，求得 $\overline{X}$ 的近似服从 $N\sim\left(2.2,\frac{1.4^2}{52}\right)$的正态分布. 所以，
$$P\{\overline{X}<2\}=P\left\{\frac{\overline{X}-2.2}{\frac{1.4}{\sqrt{52}}}<\frac{2-2.2}{\frac{1.4}{\sqrt{52}}}\right\}=\Phi(-1.03)$$
$$=1-\Phi(1.03)=0.151\,5.$$

(2) 由于
$$P\{52\overline{X}<100\}=P\left\{\overline{X}<\frac{100}{52}\right\}=P\left\{\frac{\overline{X}-2.2}{\frac{1.4}{\sqrt{52}}}<\frac{\frac{100}{52}-2.2}{\frac{1.4}{\sqrt{52}}}\right\}$$
$$=\Phi(-1.426\,4)=1-\Phi(1.426\,4)\approx 0.077\,0.$$

所以一年事故发生数小于 100 的概率为 0.077 0.

例 5.6　现有一大批种子，其中良种占 1/6，现从中任取 6 000 粒种子，试分别用切比雪夫不等式和中心极限定理计算这 6 000 粒种子中良种所占的比例与 $\frac{1}{6}$之差的绝对值不超过 0.01 的概率.

解 设随机变量 X 表示所取 6 000 粒种子中良种的粒数，由题意可知，$X \sim B\left(6\ 000, \frac{1}{6}\right)$. 于是

$$E(X) = np = 6\ 000 \times \frac{1}{6} = 1\ 000,$$

$$D(X) = np(1-p) = 6\ 000 \times \frac{1}{6} \times \frac{5}{6} = \frac{5}{6} \times 1\ 000.$$

(1) 要估计的概率为

$$P\left\{\left|\frac{X}{6\ 000} - \frac{1}{6}\right| < \frac{1}{100}\right\} = P\{|X - 1\ 000| < 60\},$$

相当于在切比雪夫不等式中取 $\varepsilon = 60$. 于是由切比雪夫不等式可得

$$\begin{aligned} P\left\{\left|\frac{X}{6\ 000} - \frac{1}{6}\right| < \frac{1}{1\ 000}\right\} &= P\{|X - 1\ 000| < 60\} \geqslant 1 - \frac{D(X)}{60^2} \\ &= 1 - \frac{5}{6} \times 1\ 000 \times \frac{1}{3\ 600} \\ &= 0.768\ 5. \end{aligned}$$

(2) 由棣莫弗-拉普拉斯中心极限定理，二项分布 $B\left(6\ 000, \frac{1}{6}\right)$ 可用正态分布 $N\left(1\ 000, \frac{5}{6} \times 1\ 000\right)$ 近似，于是所求概率为

$$\begin{aligned} P\left\{\left|\frac{X}{6\ 000} - \frac{1}{6}\right| < \frac{1}{1\ 000}\right\} &= P\{|X - 1\ 000| < 60\} \\ &= P\left\{\left|\frac{X - 1\ 000}{\sqrt{\frac{5}{6} \times 1\ 000}}\right| < \frac{60}{\sqrt{\frac{5}{6} \times 1\ 000}}\right\} \\ &\approx 2\Phi(2.078\ 5) - 1 = 2 \times 0.981\ 24 - 1 \approx 0.962\ 5. \end{aligned}$$

注 从本例可以看出：由切比雪夫不等式只能得出要求的概率不小于 0.768 5，而由中心极限定理可得到要求的概率近似等于 0.962 5. 从而可知，由切比雪夫不等式得到的下界是十分粗糙的，但由于它的要求较低，只需知道 X 的期望与方差，因而在理论上也有许多应用.

例 5.7 某药厂断言，该厂生产的某种药品对于医治一种疑难的血液病的治愈率为 0.8. 医院检验员任意抽查 100 个服用此药品的病人，如果其中多于 75 人治愈，就接受这一断言，否则就拒绝这一断言.

(1) 若实际上此药品对这种疾病的治愈率是 0.8，问接受这一断言的概率是多少？

(2) 若实际上此药品对这种疾病的治愈率是 0.7，问接受这一断言的概率是多少？

解　设 $X_i=\begin{cases}1,\text{第 } i \text{ 人治愈},\\0,\text{其他},\end{cases}$ 其中 $i=1,2,\cdots,100$. 令 $X=\sum\limits_{i=1}^{100}X_i$.

(1) $X\sim B(100,0.8)$.

$$P\left\{\sum_{i=1}^{100}X_i>75\right\}=1-P\{X\leqslant 75\}\approx 1-\Phi\left(\frac{75-100\times 0.8}{\sqrt{100\times 0.8\times 0.2}}\right)$$
$$=1-\Phi(-1.25)=\Phi(1.25)=0.894\ 4.$$

(2) $X\sim B(100,0.7)$.

$$P\left\{\sum_{i=1}^{100}X_i>75\right\}=1-P\{X\leqslant 75\}\approx 1-\Phi\left(\frac{75-100\times 0.7}{\sqrt{100\times 0.7\times 0.3}}\right)$$
$$=1-\Phi\left(\frac{5}{\sqrt{21}}\right)=1-\Phi(1.09)=0.137\ 9.$$

例 5.8　对于 1 名学生而言,来参加家长会的家长人数是一个随机变量,设 1 名学生无家长、1 名家长、2 名家长来参加会议的概率分别为 0.05,0.8,0.15. 若学校共有 400 名学生,设各学生参加会议的家长数相互独立,且服从同一分布.

(1) 求参加会议的家长数 X 超过 450 的概率;

(2) 求有 1 名家长来参加会议的学生数不多于 340 的概率.

解　(1) 以 $X_i(i=1,2,\cdots,400)$ 记第 i 个学生来参加会议的家长数,则 X_i 的分布律为

X_i	0	1	2
p	0.05	0.8	0.15

易知 $E(X_i)=1.1, D(X_i)=0.19, i=1,2,\cdots,400$.

而 $X=\sum\limits_{i=1}^{400}X_i$,由中心极限定理得

$$\frac{\sum\limits_{i=1}^{400}X_i-400\times 1.1}{\sqrt{400\times 0.19}}=\frac{X-400\times 1.1}{\sqrt{400\times 0.19}}$$

近似服从 $N(0,1)$. 于是

$$P\{X>450\}=1-P\{X\leqslant 450\}\approx 1-\Phi\left(\frac{450-400\times 1.1}{\sqrt{4.00\times 0.19}}\right)$$
$$\approx 1-\Phi(1.147)=0.135\ 7.$$

(2) 以 Y 记有 1 名家长来参加会议的学生数,则 $Y\sim B(400,0.8)$. 由中心极限定理得

$$P\{Y \leqslant 340\}=\Phi\left(\frac{340-400\times 0.8}{\sqrt{400\times 0.8\times 0.2}}\right)=\Phi(2.5)=0.9938.$$

例 5.9 在一保险公司里有 10 000 人参加保险，每人每年付 12 元保险费，在一年内一个人死亡的概率为 0.006，死亡者家属可向保险公司领得 1 000 元赔偿费. 求：

(1) 保险公司没有利润的概率为多大？

(2) 保险公司一年的利润不少于 60 000 元的概率为多大？

解 设 X 为在一年中参加保险者的死亡人数，则 $X\sim B(10\,000,0.006)$.

(1) 公司没有利润当且仅当"$1\,000X\geqslant 10\,000\times 12$"，"$X\geqslant 120$".

于是所求概率为

$$\begin{aligned}P\{X\geqslant 120\}&=1-P\{X<120\}\\&=1-P\left\{\frac{X-10\,000\times 0.006}{\sqrt{10\,000\times 0.006\times 0.994}}<\frac{120-10\,000\times 0.006}{\sqrt{10\,000\times 0.006\times 0.994}}\right\}\\&\approx 1-\Phi\left(\frac{120-10\,000\times 0.006}{\sqrt{10\,000\times 0.006\times 0.994}}\right)\\&=1-\Phi\left(\frac{60}{\sqrt{59.64}}\right)\approx 0.\end{aligned}$$

(2) 因为"公司利润$\geqslant 60\,000$"当且仅当"$0\leqslant X\leqslant 60$"，于是所求概率为

$$\begin{aligned}P\{0\leqslant X\leqslant 60\}&\approx\Phi\left(\frac{60-10\,000\times 0.006}{\sqrt{10\,000\times 0.006\times 0.994}}\right)-\Phi\left(\frac{0-10\,000\times 0.006}{\sqrt{10\,000\times 0.006\times 0.994}}\right)\\&=\Phi(0)-\Phi\left(-\frac{60}{\sqrt{59.64}}\right)\approx 0.5.\end{aligned}$$

例 5.10 抽样检查产品质量时，如果发现次品多于 10 个，则拒绝接受这批产品，设某批产品的次品率为 10%，问：至少应抽多少个产品检查才能保证拒绝接受该产品的概率达到 0.9？

解 设 n 为至少应抽的产品数，X 为其中的次品数，对$(i=1,2,\cdots,n)$，故由棣莫弗-拉普拉斯定理有

$$\begin{aligned}P\{10<X\leqslant n\}&=P\left\{\frac{10-n\times 0.1}{\sqrt{n\times 0.1\times 0.9}}<\frac{X-n\times 0.1}{\sqrt{n\times 0.1\times 0.9}}\leqslant\frac{n-n\times 0.1}{\sqrt{n\times 0.1\times 0.9}}\right\}\\&=\Phi(3\sqrt{n})-\Phi\left(\frac{10-0.1\times n}{0.3\sqrt{n}}\right).\end{aligned}$$

当 n 充分大时，$\Phi(3\sqrt{n})\approx 1$.

由题意知 $1-\Phi\left(\frac{10-0.1\times n}{0.3\sqrt{n}}\right)=0.9$，即

$$\Phi\left(\frac{10-0.1\times n}{0.3\sqrt{n}}\right)=0.1.$$

查表得$\frac{10-0.1\times n}{0.3\sqrt{n}}=-1.28$,即 $n=147$.

注　本题是一道典型的用棣莫弗-拉普拉斯定理近似计算的题目.从解题过程中可以发现,二项分布 $X\sim B(n,p)$其实可看成是一些独立同分布的 0-1 分布的和,即 $X=\sum_{i=1}^{n}X_i$,其中 $P(X_i=1)=p,P(X_i=0)=1-p$.

例 5.11　分别用切比雪夫不等式与棣莫弗-拉普拉斯定理确定:当掷一枚硬币时,需要掷多少次才能保证出现正面的概率在 0.4 和 0.6 之间的概率不少于 0.9?

解　设需要抛掷的次数为 n,μ_n 表示正面出现的次数,则 μ_n 服从二项分布即 $\mu_n\sim B(n,0.5)$,$E(X)=0.5n$,$D(X)=n\times0.5\times0.5=0.25n$.

(1) 用切比雪夫不等式估计.

$$P\left\{0.4<\frac{\mu_n}{n}<0.6\right\}=P\left\{0.4-0.5<\frac{\mu_n}{n}-0.5<0.6-0.5\right\}=P\{|\mu_n-0.5n|<0.1n\}$$

$$\geqslant1-\frac{D(\mu_n)}{(0.1n)^2}=1-\frac{0.25n}{0.01n^2}=1-\frac{25}{n}.$$

要使

$$P\left\{0.4<\frac{\mu_n}{n}<0.6\right\}=1-\frac{25}{n}\geqslant0.9,$$

则 $n\geqslant250$,即需要抛掷的次数为 250.

(2) 用棣莫弗-拉普拉斯定理估计.

当 n 充分大时,μ_n 服从正态分布即 $\mu_n\sim N(0.5n,0.25n)$,从而有

$$P\left\{0.4<\frac{\mu_n}{n}<0.6\right\}=P\{0.4n<\mu_n<0.6n\}$$

$$=P\left\{\frac{0.4n-0.5n}{\sqrt{0.25n}}<\frac{\mu_n-0.5n}{\sqrt{0.25n}}<\frac{0.6n-0.5n}{\sqrt{0.25n}}\right\}$$

$$=\Phi\left(\frac{0.6n-0.5n}{\sqrt{0.25n}}\right)-\Phi\left(\frac{0.4n-0.5n}{\sqrt{0.25n}}\right)$$

$$=\Phi(0.2\sqrt{n})-\Phi(-0.2\sqrt{n})$$

$$=2\Phi(0.2\sqrt{n})-1.$$

要使

$$P\left\{0.4<\frac{\mu_n}{n}<0.6\right\}=2\Phi(0.2\sqrt{n})-1\geqslant0.9,$$

则 $\Phi(0.2\sqrt{n})\geqslant 0.95$.

查表得，$\Phi(1.6449)=0.95$，即 $0.2\sqrt{n}\geqslant 1.6449$. 解得

$$n\geqslant\left(\frac{1.6449}{0.2}\right)^2=67.6424.$$

而大于 67.642 4 的最小整数是 68，即只要抛掷 68 次就可以了.

例 5.12 设供电网中有 10 000 盏灯，夜晚每一盏灯开着的概率都是 0.7，假设各灯开、关时间彼此无关，计算同时开着的灯数在 6 800 与 7 200 之间的概率.（$\Phi(4.36)=0.999993$）

解 假设 X 表示 10 000 盏灯中开着的灯数，所以 $X\sim B(10000,0.7)$.

由棣莫弗-拉普拉斯定理得

$$\lim_{n\to\infty}P\left\{\frac{X-7000}{\sqrt{10000\times0.3\times0.7}}\leqslant x\right\}=\Phi(x),$$

所以

$$\begin{aligned}&P\{6800\leqslant X\leqslant 7200\}\\&=P\left\{\frac{6800-7000}{\sqrt{10000\times0.3\times0.7}}\leqslant\frac{X-7000}{\sqrt{10000\times0.3\times0.7}}\leqslant\frac{7200-7000}{\sqrt{10000\times0.3\times0.7}}\right\}\\&=\Phi(4.36)-\Phi(-4.36)=2\Phi(4.36)-1\\&=2\times0.999993-1=0.999.\end{aligned}$$

考研真题

1. 设 $X_1,X_2,\cdots,X_n,\cdots$ 为相互独立且同分布的随机变量序列，并均服从参数为 $\lambda(\lambda>1)$ 的指数分布，记 $\Phi(x)$ 为标准正态分布函数，则（　　）. $\left(注:\theta=\frac{1}{\lambda}\right)$

(A) $\lim\limits_{n\to\infty}P\left\{\frac{\sum\limits_{i=1}^{n}X_i-n\lambda}{\lambda\sqrt{n}}\leqslant x\right\}=\Phi(x)$

(B) $\lim\limits_{n\to\infty}P\left\{\frac{\sum\limits_{i=1}^{n}X_i-n\lambda}{\sqrt{n\lambda}}\leqslant x\right\}=\Phi(x)$

(C) $\lim\limits_{n\to\infty}P\left\{\frac{\lambda\sum\limits_{i=1}^{n}X_i-n}{\sqrt{n}}\leqslant x\right\}=\Phi(x)$

(D) $\lim\limits_{n\to\infty}P\left\{\frac{\sum\limits_{i=1}^{n}X_i-\lambda}{\sqrt{n\lambda}}\leqslant x\right\}=\Phi(x)$

解　由指数分布的性质可知，

$$E(X_i)=\frac{1}{\lambda},\ D(X_i)=\frac{1}{\lambda^2},$$

所以

$$E\left(\sum_{i=1}^{n}X_i\right)=\frac{n}{\lambda},\ D\left(\sum_{i=1}^{n}X_i\right)=\frac{n}{\lambda^2}.$$

由正态分布的标准形式可得到(C)选项.

2. 某保险公司多年的统计资料表明：在索赔户中被盗户占20%，以 X 表示在随机抽查的100个索赔户中，因被盗向保险公司索赔的户数.

(1) 写出 X 的概率分布；

(2) 利用棣莫弗-拉普拉斯定理，求被盗索赔户不少于14户，且不多于30户的概率的近似值.

[附表]　设 $\Phi(x)$ 是标准正态分布函数

x	0	0.5	1.0	1.5	2.0	2.5
$\Phi(x)$	0.500	0.692	0.841	0.933	0.977	0.994

解　(1)有 $X\sim B(100,0.2)$，于是

$$P\{X=k\}=C_{100}^{k}0.2^{k}0.8^{100-k}(k=0,1,\cdots,100).$$

(2) 由题意得 $E(X)=np=20,D(X)=np(1-p)=16$，由中心极限定理，有

$$P\{14\leqslant X\leqslant 30\}=P\left\{\frac{14-20}{\sqrt{16}}\leqslant\frac{X-20}{\sqrt{16}}\leqslant\frac{30-20}{\sqrt{16}}\right\}=P\left\{-1.5\leqslant\frac{X-20}{4}\leqslant 2.5\right\}$$

$$\approx\Phi(2.5)-\Phi(-1.5)=\Phi(2.5)+\Phi(1.5)-1$$

$$\approx 0.994+0.933-1=0.927.$$

3. 设随机变量 $X_1,X_2,\cdots,X_n$ 相互独立，$S_n=X_1+X_2+\cdots+X_n$，则根据列维-林德伯格(Levy-Lindberg)中心极限定理，当 n 充分大时，S_n 近似服从正态分布，只要 $X_1,X_2,\cdots,X_n$(　　).

(A) 有相同的数学期望　　(B) 有相同的方差

(C) 服从同统一指数分布　　(D) 服从同一离散分布

解　列维-林德伯格中心极限定理的前提如下.

随机变量序列 $\{X_n\}$ 满足：

(1) 相互独立同分布；

(2) 数学期望和方差都存在.

故选(C).

4. 设总体 X 服从参数 λ 为2的指数分布，$X_1,X_2,\cdots,X_n$ 为来自总体 X 的简

单随机样本，则当 $n\to\infty$ 时，$Y_n=\frac{1}{n}\sum_{i=1}^{n}X_i^2$ 依概率收敛于________．（注：$\lambda=\frac{1}{\theta}$）

解 设 $Z_i=X_i^2(i=1,2,\cdots,n)$，则 $Z_1,Z_2,\cdots,Z_n$ 相互独立，由于 $X_i\sim E(2)$ $(i=1,2,\cdots,n)$，所以

$$E(Z_i)=E(X_i^2)=D(X_i)+E^2(X_i)=\frac{1}{2^2}+\left(\frac{1}{2}\right)^2=\frac{1}{2}\ (i=1,2,\cdots,n),$$

依据切比雪夫大数定律知，随机变量序列 $\{X_i^2\}$ $(i=1,2,\cdots,n)$ 服从大数定律，故

$$Y_n=\frac{1}{n}\sum_{i=1}^{n}X_i^2\xrightarrow{P}\frac{1}{n}\sum_{i=1}^{n}E(X_i^2)=\frac{1}{n}\left(n\cdot\frac{1}{2}\right)=\frac{1}{2}(n\to+\infty).$$

注 本题考查大数定律：一组相互独立且具有有限期望与方差的随机变量 $X_1,X_2,\cdots,X_n$，当方差一致有界时，其算术平均值依概率收敛于其数学期望的算术平均值：

$$Y_n=\frac{1}{n}\sum_{i=1}^{n}X_i\xrightarrow{P}\frac{1}{n}\sum_{i=1}^{n}E(X_i)\ (n\to+\infty).$$

5．分别用切比雪夫不等式和中心极限定理估计，当掷一枚均匀硬币时，需掷多少次，才能保证使得出现正面的频率在 0.45 和 0.55 之间的概率不小于 90%．

解 设至少掷 n 次，正面出现的次数 $X\sim B\left(n,\frac{1}{2}\right)$，$E(X)=\frac{n}{2}$，$D(X)=\frac{n}{4}$，正面出现的概率为 $\frac{X}{n}$，$E\left(\frac{X}{n}\right)=\frac{1}{2}$，$D\left(\frac{X}{n}\right)=\frac{1}{4n}$，根据切比雪夫不等式有

$$P\left\{0.45\leqslant\frac{X}{n}\leqslant0.55\right\}=P\left\{\left|\frac{X}{n}-\frac{1}{2}\right|\leqslant0.05\right\}$$

$$\geqslant1-\frac{\frac{1}{4n}}{0.05^2}=1-\frac{100}{n}\geqslant0.9$$

解得 $n\geqslant1\ 000$．

根据中心极限定理，有

$$P\left\{0.45\leqslant\frac{X}{n}\leqslant0.55\right\}=P\left\{\frac{0.45-0.5}{\sqrt{\frac{1}{4n}}}\leqslant\frac{\frac{X}{n}-0.5}{\sqrt{\frac{1}{4n}}}\leqslant\frac{0.55-0.5}{\sqrt{\frac{1}{4n}}}\right\}$$

$$=P\left\{-0.1\sqrt{n}\leqslant\frac{\frac{X}{n}-0.5}{\sqrt{\frac{1}{4n}}}\leqslant0.1\sqrt{n}\right\}$$

$$=2\Phi(0.1\sqrt{n})-1\geqslant 0.9$$

从而 $\Phi(0.1\sqrt{n})\geqslant 0.95$，解得 $n\geqslant 273$.

可见，中心极限定理的精度比切比雪夫不等式高得多.

6. 一生产线生产的产品成箱包装，每箱的重量是随机的. 假设每箱平均重 50 千克，标准差 5 千克. 若用最大载重量为 5 吨的汽车承运，试利用中心极限定理说明每辆车最多可以装多少箱，才能保障不超载的概率大于 0.977. ($\Phi(2)=0.977$，其中 $\Phi(x)$ 是标准正态分布的分布函数)

解　设 $X_i(i=1,2,\cdots,n)$ 是装运的第 i 箱的重量(单位：千克)，n 是所求箱数.

依题意可以把 $X_i(i=1,2,\cdots,n)$ 看作独立同分布的随机变量，而 n 箱的总重量为

$$T_n=X_1+X_2+\cdots+X_n.$$

因为，$E(X_i)=50$，$\sqrt{D(X_i)}=5(i=1,2,\cdots,n)$，所以

$$E(T_n)=E(X_1+X_2+\cdots+X_n)=\sum_{i=1}^{n}E(X_i)=50n,$$

$$\sqrt{D(T_n)}=\sqrt{D(X_1+X_2+\cdots+X_n)}=\sqrt{\sum_{i=1}^{n}D(X_i)}=5\sqrt{n}.$$

根据列维-林德伯格中心极限定理，T_n 近似服从正态分布 $N(50n,25n)$. 箱数 n 决定于条件

$$P(T_n\leqslant 5\,000)=P\left(\frac{T_n-50n}{5\sqrt{n}}\leqslant\frac{5\,000-50n}{5\sqrt{n}}\right)=\Phi\left(\frac{1\,000-10n}{\sqrt{n}}\right)>0.977=\Phi(2)$$

由此可见

$$\frac{1\,000-10n}{\sqrt{n}}>2\ \frac{1\,000-10n}{\sqrt{n}}>2.$$

从而 $n<98.019\,9$，即最多可以装 98 箱.

7. 设 $X_1,X_2,\cdots,X_n$ 是来自总体 X 的简单随机样本，已知 $E(X^k)=a_k(k=1,2,3,4)$. 证明：当 n 充分大时，随机变量 $Z_n=\frac{1}{n}\sum_{i=1}^{n}X_i^2$ 近似服从正态分布，并指出其分布参数.

解　记 $Y_i=X_i^2(i=1,2,\cdots)$，可知：$Y_1,Y_2,\cdots,Y_n$ 是来自总体 X^2 的简单随机样本，且

$E(Y_i)=E(X_i^2)=E(X^2)=a_2$，

$D(Y_i)=E(Y_i^2)-[E(Y_i)]^2=E(X_i^4)-[E(X_i^2)]^2=a_4-a_2^2(i=1,2,\cdots)$.

由独立同分布的中心极限定理有

$$\lim_{n\to\infty}P\left\{\frac{\sum_{i=1}^{n}X_i^2-E\left(\sum_{i=1}^{n}X_i^2\right)}{\sqrt{D\left(\sum_{i=1}^{n}X_i^2\right)}}\leqslant x\right\}=\lim_{n\to\infty}P\left\{\frac{\sum_{i=1}^{n}Y_i-E\left(\sum_{i=1}^{n}Y_i\right)}{\sqrt{D\left(\sum_{i=1}^{n}Y_i\right)}}\leqslant x\right\}$$

$$=\int_{-\infty}^{x}\frac{1}{\sqrt{2\pi}}\mathrm{e}^{-\frac{t^2}{2}}\mathrm{d}t=\Phi(x),$$

即

$$\lim_{n\to\infty}P\left\{\frac{\frac{1}{n}\left[\sum_{i=1}^{n}X_i^2-E\left(\sum_{i=1}^{n}X_i^2\right)\right]}{\sqrt{\frac{1}{n^2}D\left(\sum_{i=1}^{n}X_i^2\right)}}\leqslant x\right\}=\lim_{n\to\infty}P\left\{\frac{Z_n-a_2}{\sqrt{\frac{1}{n}(a_4-a_2^2)}}\leqslant x\right\}$$

$$=\int_{-\infty}^{x}\frac{1}{\sqrt{2\pi}}\mathrm{e}^{-\frac{t^2}{2}}\mathrm{d}t=\Phi(x).$$

从而

$$P\left\{\frac{Z_n-a_2}{\sqrt{\frac{1}{n}(a_4-a_2^2)}}\leqslant x\right\}\approx\Phi(x).$$

且 $E(Z_n)=a_2$， $D(Z_n)=\frac{a_4-a_2^2}{n}$.

自 测 题

一、填空题

1. 设 $X_1,X_2,\cdots,X_n,\cdots$是独立同分布的随机变量序列，且均值为$\mu$，方差为$\sigma^2$，那么当$n$充分大时，近似有 $\overline{X}\sim$________或 $\sqrt{n}\frac{\overline{X}-\mu}{\sigma}\sim$________.

2. 设 $X_1,X_2,\cdots,X_n,\cdots$是独立同分布的随机变量序列，且 $E(X_i)=\mu$，$D(X_i)=\sigma^2(i=1,2,\cdots)$，那么 $\frac{1}{n}\sum_{i=1}^{n}X_i^2$ 依概率收敛于________.

二、解答题

1. 甲乙两电影院在竞争 1 000 名观众，假设每位观众在选择时是随机的，且彼此相互独立，问甲至少应设多少个座位，才能使观众因无座位而离去的概率小于 1%.

2. 当辐射的强度超过每小时 0.5 毫伦琴(mR)时，辐射会对人的健康造成伤害. 设每台彩电工作时的平均辐射强度是 0.036(mR/h)，方差是 0.008 1. 每台彩电工作时的辐射量是相互独立的随机变量且可认为它们是同分布. 现有 25 台彩电同时工作，试问这 25 台彩电的辐射量可以对人的健康造成伤害的概率. (利用中心极限定理，$\Phi(0.89)=0.8133$)

第六章

样本及抽样分布

基本要求

(1) 了解总体的定义.

(2) 理解简单随机抽样、简单随机样本及其性质.

(3) 理解统计量的定义,掌握常用统计量,其中样本方差定义为 $S^2=\frac{1}{n-1}\sum_{i=1}^{n}(X_i-\overline{X})^2$.

(4) 理解 χ^2 分布、t 分布、F 分布的定义,了解其性质及其概率密度的图形,掌握上 α 分位点.

(5) 熟练掌握正态总体的样本均值与样本方差的相关定理.

内容提要

1. 总体与样本

研究对象的全体称为总体;构成总体的每个元素称为个体;总体中个体的数量称为总体容量.

从总体中抽取的一部分个体,称为总体的一个样本;样本中个体的数量称为样本的容量.

从分布函数为 $F(x)$ 的随机变量 X 中随机抽取相互独立的 n 个随机变量,具有与总体相同的分布,则 $(X_1,X_2,\cdots,X_n)$ 称为从总体 X 得到的容量为 n 的随机样本.一次具体的抽取记录 $(x_1,x_2,\cdots,x_n)$ 是随机变量 $(X_1,X_2,\cdots,X_n)$ 的一个观察值.

2. 统计量的定义及常用的统计量

设 $X_1,X_2,\cdots,X_n$ 是总体 X 的一个样本,则不含任何未知参数的样本的函数 $g(X_1,X_2,\cdots,X_n)$ 称为统计量.统计量也是一个随机变量.

常见的统计量有：

(1) 样本均值 $\overline{X}=\frac{1}{n}\sum_{i=1}^{n}X_i$；

(2) 样本方差 $S^2=\frac{1}{n-1}\sum_{i=1}^{n}(X_i-\overline{X})^2=\frac{1}{n-1}\left(\sum_{i=1}^{n}X_i^2-n\overline{X}^2\right)$；

(3) 样本标准差 $S=\sqrt{S^2}$；

(4) 样本 k 阶原点矩 $A_k=\frac{1}{n}\sum_{i=1}^{n}X_i^k, k=1,2,\cdots$；

(5) 样本 k 阶中心矩 $B_k=\frac{1}{n}\sum_{i=1}^{n}(X_i-\overline{X})^k, k=2,3,\cdots$

3．一些常用统计量的分布

(1) χ^2 分布

设 $X\sim N(0,1)$，$(X_1,X_2,\cdots,X_n)$是 X 的一个简单随机样本，则统计量 $\chi^2=\sum_{i=1}^{n}X_i^2$ 服从自由度为 n 的 χ^2 分布，记作 $\chi^2\sim\chi^2(n)$.

χ^2 分布的概率密度为

$$f(y)=\begin{cases}\dfrac{1}{2^{\frac{n}{2}}\Gamma\left(\dfrac{n}{2}\right)}y^{\frac{n}{2}-1}\mathrm{e}^{-\frac{y}{2}}, & y\geqslant 0,\\ 0, & y<0.\end{cases}$$

设随机变量 $\chi^2\sim\chi^2(n)$，则 $E(\chi^2)=n$，$D(\chi^2)=2n$.

设随机变量 χ_n^2服从自由度为 n 的 χ^2 分布，$P\{\chi_n^2\geqslant\chi_\alpha^2(n)\}=\alpha$，则 $\chi_\alpha^2(n)$称作自由度为 n 的 χ^2 分布的上 α 分位点(见图 6-1).

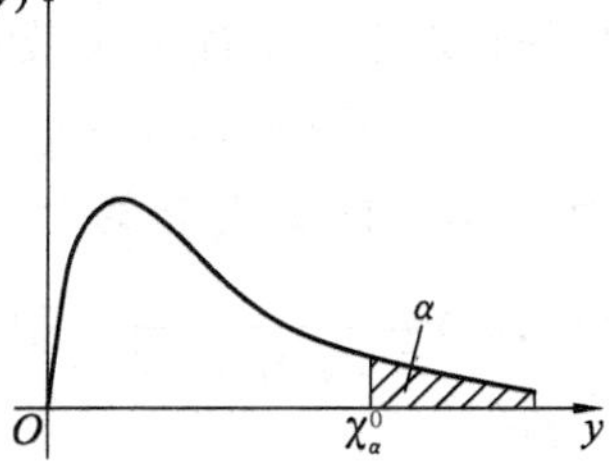

图 6-1

(2) t 分布

设 $X\sim N(0,1)$，$Y\sim\chi^2(n)$，且 X,Y 相互独立，则随机变量 $t=\frac{X}{\sqrt{Y/n}}$服从自由度为 n 的 t 分布，记作 $t\sim t(n)$. t 分布又称为学生氏分布.

t 分布的概率密度为

$$f(t)=\frac{\Gamma\left(\frac{n+1}{2}\right)}{\sqrt{n\pi}\,\Gamma\left(\frac{n}{2}\right)}\left(1+\frac{t^2}{n}\right)^{-\frac{n+1}{2}}\quad(-\infty<t<+\infty).$$

设 t 表示服从自由度为 n 的 t 分布的随机变量，而实数 $t_\alpha(n)$ 满足 $P\{t\geqslant t_\alpha(n)\}=\alpha$，则 $t_\alpha(n)$ 称作自由度为 n 的 t 分布的上 α 分位点.

$$t_{1-\alpha}(n)=-t_\alpha(n)\ (\text{见图 6-2}).$$

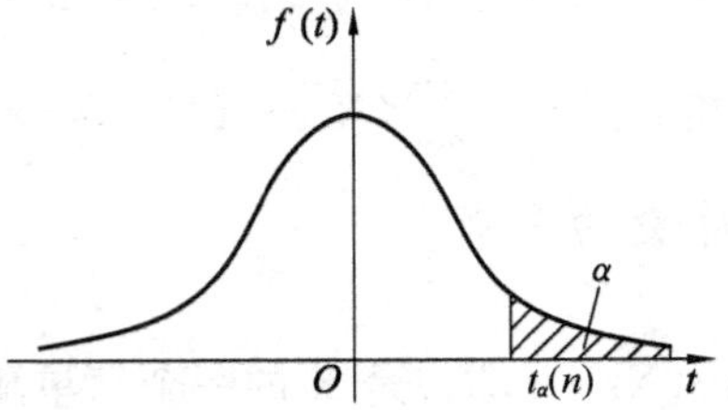

图 6-2

(3) F 分布

设 $X\sim\chi^2(n_1)$，$Y\sim\chi^2(n_2)$，且 X,Y 相互独立，则随机变量 $F=\dfrac{X/n_1}{Y/n_2}$ 服从自由度为 (n_1,n_2) 的 F 分布，记作 $F\sim F(n_1,n_2)$.

F 分布的概率密度函数为

$$f(y)=\begin{cases}\dfrac{\Gamma\left(\frac{n_1+n_2}{2}\right)}{\Gamma\left(\frac{n_1}{2}\right)\Gamma\left(\frac{n_2}{2}\right)}\left(\dfrac{n_1}{n_2}\right)^{\frac{n_1}{2}}y^{\frac{n_1}{2}-1}\left(1+\dfrac{n_1}{n_2}y\right)^{-\frac{n_1+n_2}{2}}, & y\geqslant 0,\\ 0, & y<0.\end{cases}$$

自由度为 (n_1,n_2) 的 F 分布水平 α 上侧分位数 $F_\alpha(n_1,n_2)$ 满足

$$P\{F\geqslant F_\alpha(n_1,n_2)\}=\alpha,$$

则 $F_\alpha(n_1,n_2)$ 称作自由度为 (n_1,n_2) 的 F 分布的上 α 分位点，且满足

$$F_{1-\alpha}(n_1,n_2)=\frac{1}{F_\alpha(n_2,n_1)}\ (\text{见图 6-3}).$$

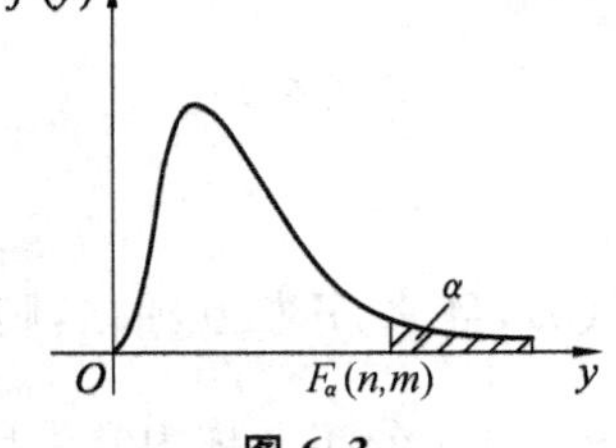

图 6-3

4. 正态总体统计量的分布

定理 1　设 $X\sim N(\mu,\sigma^2)$，$X_1,X_2,\cdots,X_n$ 是 X 的一个样本，则样本均值 $\overline{X}$ 服从正态分布，有 $\overline{X}\sim N\left(\mu,\frac{\sigma^2}{n}\right)$ 或 $Z=\frac{\overline{X}-\mu}{\sqrt{\sigma^2/n}}\sim N(0,1)$.

定理 2　设 $X\sim N(\mu,\sigma^2)$，$X_1,X_2,\cdots,X_n$ 是 X 的一个样本，则

(1) $\frac{(n-1)S^2}{\sigma^2}\sim\chi^2(n-1)$；

(2) $\overline{X}$ 与 S^2 相互独立.

定理 3　设 $X\sim N(\mu,\sigma^2)$，$X_1,X_2,\cdots,X_n$ 是 X 的一个样本，则统计量

$$\frac{\overline{X}-\mu}{S/\sqrt{n}}\sim t(n-1).$$

定理 4　设 $X\sim N(\mu_1,\sigma_1^2)$，$Y\sim N(\mu_2,\sigma_2^2)$，$X_1,X_2,\cdots,X_{n_1}$ 是 X 的一个样本，$Y_1,Y_2,\cdots,Y_{n_2}$ 是 Y 的一个样本，两者相互独立，则

(1) 统计量 $\frac{(\overline{X}-\overline{Y})-(\mu_1-\mu_2)}{\sqrt{\sigma_1^2/n_1+\sigma_2^2/n_2}}\sim N(0,1)$；

(2) 当 $\sigma_1=\sigma_2$ 时，统计量

$$\frac{(\overline{X}-\overline{Y})-(\mu_1-\mu_2)}{\sqrt{1/n_1+2/n_2}\cdot S_w}\sim t(n_1+n_2-2),$$

其中

$$S_w=\frac{(n_1-1)S_1^2+(n_2-1)S_2^2}{n_1+n_2-2};$$

(3) 统计量 $\frac{S_1^2/\sigma_1^2}{S_2^2/\sigma_2^2}\sim F(n_1-1,n_2-1)$；

(4) 统计量 $\frac{\sum\limits_{i=1}^{n_1}(x_i-\mu_1)^2/\sigma_1^2}{\sum\limits_{j=1}^{n_2}(y_j-\mu_2)^2/\sigma_2^2}\cdot\frac{n_2}{n_1}\sim F(n_1,n_2)$.

典型例题

例 6.1　设 $X_i\sim N(\mu_i,\sigma^2)(i=1,2,\cdots 5)$. (1) $\mu_1,\mu_2,\cdots,\mu_5$ 不全等；(2) $\mu_1=\mu_2=\cdots=\mu_5$. 问：$X_1,X_2,\cdots,X_5$ 是否为简单随机样本？

解　(1) 由于 $X_i\sim N(\mu_i,\sigma^2)(i=1,2,\cdots 5)$，且 $\mu_1,\mu_2,\cdots,\mu_5$ 不全等，所以 $X_1,X_2,\cdots,X_5$ 不是同分布，因此 $X_1,X_2,\cdots,X_5$ 不是简单随机样本.

(2) 由于 $\mu_1=\mu_2=\cdots=\mu_5$，那么 $X_1,X_2,\cdots,X_5$ 服从相同的分布，但不知道 $X_1,X_2,\cdots,X_5$ 是否相互独立，因此 $X_1,X_2,\cdots,X_5$ 不一定是简单随机样本.

例 6.2　设总体 X 服从两点分布 $B(1,p)$，其中 p 是未知参数，$(X_1,X_2,$

$\cdots, X_n$)是来自 X 的简单随机样本.

(1) 写出$(X_1, X_2, \cdots, X_n)$的联合分布律;

(2) 指出 $X_1+X_2, \max\limits_{1 \leqslant i \leqslant 5} X_i$, X_5+2p, $(X_5-X_1)^2$ 中哪些是统计量,哪些不是统计量?

解 (1) X 的分布律为 $P\{X=x\}=p^x(1-p)^{1-x}, x=0,1$,故$(X_1, X_2, \cdots, X_n)$的联合分布律为

$$\prod_{i=1}^{5} P\{X_i = x_i\} = \prod_{i=1}^{5} p^{x_i}(1-p)^{1-x_i} = p^{\sum\limits_{i=1}^{5} x_i}(1-p)^{5-\sum\limits_{i=1}^{5} x_i}.$$

(2) $X_1+X_2, \max\limits_{1 \leqslant i \leqslant 5} X_i$, $(X_5-X_1)^2$ 都是统计量,X_5+2p 不是统计量.

例 6.3 设总体服从参数为 λ 的指数分布,概率密度函数为

$$f(x)=\begin{cases}\lambda e^{-\lambda x}, & x>0, \\ 0, & x \leqslant 0.\end{cases}$$

求 $E(\overline{X}), D(\overline{X})$和 $E(S^2)$. $\left(注:\theta=\dfrac{1}{\lambda}\right)$

解 由于 $E(X_i)=\dfrac{1}{\lambda}, D(X_i)=\dfrac{1}{\lambda^2}(i=1,2,\cdots,n)$,所以

$$E(\overline{X}) = E\left(\frac{1}{n}\sum_{i=1}^{n} X_i\right)=\frac{1}{n}\sum_{i=1}^{n} E(X_i) = \frac{1}{\lambda};$$

$$D(\overline{X}) = D\left(\frac{1}{n}\sum_{i=1}^{n} X_i\right)=\frac{1}{n^2}\sum_{i=1}^{n} D(X_i) = \frac{1}{n\lambda^2};$$

$$E(S^2) = E\left[\frac{1}{n-1}\sum_{i=1}^{n}(X_i-\overline{X})^2\right]=\frac{1}{n-1}\sum_{i=1}^{n} D(X_i)$$
$$= \frac{n}{n-1}\cdot\frac{1}{n\lambda^2} = \frac{1}{(n-1)\lambda^2}.$$

例 6.4 设$(X_1, \cdots, X_9)$是来自总体 $X \sim N(0, 2^2)$的简单随机样本,求系数 a, b, c,使 $X=a(X_1+X_2)^2+b(X_3+X_4+X_5)^2+c(X_6+X_7+X_8+X_9)^2$ 服从 χ^2 分布,并求其自由度.

解 由已知 $X_1, \cdots, X_9$ 独立同分布且均服从 $N(0, 2^2)$,故

$X_1+X_2 \sim N(0,8)$, $X_3+X_4+X_5 \sim N(0,12)$, $X_6+X_7+X_8+X_9 \sim N(0,16)$,从而

$$\frac{X_1+X_2}{\sqrt{8}} \sim N(0,1), \quad \frac{X_3+X_4+X_5}{\sqrt{12}} \sim N(0,1), \quad \frac{X_6+X_7+X_8+X_9}{\sqrt{16}} \sim N(0,1).$$

进而 $$\left(\frac{X_1+X_2}{\sqrt{8}}\right)^2+\left(\frac{X_3+X_4+X_5}{\sqrt{12}}\right)^2+\left(\frac{X_6+X_7+X_8+X_9}{\sqrt{16}}\right)^2 \sim \chi^2(3),$$

即 $$\frac{(X_1+X_2)^2}{8}+\frac{(X_3+X_4+X_5)^2}{12}+\frac{(X_6+X_7+X_8+X_9)^2}{16} \sim \chi^2(3),$$

故 $a=\frac{1}{8}$, $b=\frac{1}{12}$, $c=\frac{1}{16}$,自由度为 3.

例 6.5 设 X_1,X_2,X_3,X_4 是来自于总体 $X\sim N(\mu,\sigma^2)$ 的简单随机样本,则随机变量 $Y=\dfrac{(X_3-X_4)}{\sqrt{\sum\limits_{i=1}^{2}(X_i-\mu)^2}}$ 服从什么分布.

解 $X_3-X_4\sim N(0,2\sigma^2)$,故 $\frac{X_3-X_4}{\sqrt{2}\sigma}\sim N(0,1)$.

$\frac{X_i-\mu}{\sigma}\sim N(0,1)$,故 $\left(\frac{X_i-\mu}{\sigma}\right)^2\sim\chi^2(1)$, $i=1,2$.

因此 $\dfrac{\sum\limits_{i=1}^{2}(X_i-\mu)^2}{\sigma^2}\sim\chi^2(2)$ (X_1,X_2 相互独立).

由此构成 Y 变量,即

$$Y=\frac{\dfrac{X_3-X_4}{\sqrt{2}\sigma}}{\sqrt{\dfrac{\sum\limits_{i=1}^{2}(X_i-\mu)^2}{2\sigma^2}}}=\frac{(X_3-X_4)}{\sqrt{\sum\limits_{i=1}^{2}(X_i-\mu)^2}}\sim t(2).$$

例 6.6 设 X_1,X_2 是总体 $X\sim N(1,(\sqrt{2})^2)$ 的简单随机样本,则 $P\{(X_1-X_2)^2\leqslant 0.408\}=$______.(注:$\chi^2_{0.75}(1)=0.102$, $\Phi(0.3194)=0.6255$)

解 $X_1-X_2\sim N(0,4)$,故 $\frac{X_1-X_2}{2}\sim N(0,1)$,从而 $\left(\frac{X_1-X_2}{2}\right)^2\sim\chi^2(1)$.

方法 1

$$\begin{aligned}P\left\{\left(\frac{X_1-X_2}{2}\right)^2\leqslant\frac{0.408}{4}\right\}&=1-P\left\{\left(\frac{X_1-X_2}{2}\right)^2>0.102\right\}\\&=1-0.75=0.25.\end{aligned}$$

方法 2

$$\begin{aligned}P\{(X_1-X_2)^2\leqslant 0.408\}&=P\left\{\left(\frac{X_1-X_2}{2}\right)^2\leqslant 0.3194\right\}\\&=2\Phi(0.3194)-1=2\times 0.6255-1\\&=0.25.\end{aligned}$$

例 6.7 从总体 $X\sim N(5,2^2)$ 中随机抽取一容量为 25 的样本,求样本均值 $\overline{X}$ 落在 4.2 到 5.8 之间的概率,样本方差 S^2 大于 6.07 的概率.

解 因为总体 $X\sim N(5,2^2)$, $n=25$,故

$$\overline{X}=\frac{1}{25}\sum_{i=1}^{25}X_i\sim N\left(5,\frac{4}{25}\right),\ \frac{(25-1)S^2}{2^2}\sim\chi^2(24).$$

于是所求概率为

$$P\{4.2<\overline{X}<5.8\}=P\left\{\frac{4.2-5}{2/5}<\frac{\overline{X}-5}{2/5}<\frac{5.8-5}{2/5}\right\}=P\left\{-2<\frac{\overline{X}-5}{2/5}<2\right\}$$

$$=2\Phi(2)-1=2\times 0.954-1,$$

$$P\{S^2>6.07\}=P\left\{\frac{24S^2}{4}>\frac{6.07\times 24}{4}\right\}=P\{6S^2>36.42\}=0.05.$$

其中 0.05 是反查 χ^2 分布表所得. $36.42=\chi^2_{0.05}(24)$即自由度为 24 的 χ^2 分布的上侧 0.05 分位数.

例 6.8 设 $X_1,X_2,\cdots,X_{25}$ 相互独立且都服从正态分布 $N(3,\ 10^2)$，求 $P\{0<\overline{X}<6,\ 57.70<S^2<151.73\}$.

解 由定理 1 和定理 3，有

$$\overline{X}\sim N\left(3,\ \frac{10^2}{25}\right),\ \frac{24S^2}{10^2}\sim\chi^2(24).$$

又 $\overline{X}$ 与 S^2 相互独立，所以

$$P\{0<\overline{X}<6,\ 57.70<S^2<151.73\}=P\{0<\overline{X}<6\}P\{57.70<S^2<151.73\}.$$

而

$$P\{0<\overline{X}<6\}=\Phi\left(\frac{6-3}{2}\right)-\Phi\left(\frac{0-3}{2}\right)=0.8664,$$

$$P\{57.70<S^2<151.73\}=P\left\{13.848<\frac{24S^2}{100}<36.415\right\}$$

$$=P\left\{\frac{24S^2}{100}>13.848\right\}-P\left\{\frac{24S^2}{100}>36.415\right\}$$

$$=0.95-0.05=0.90.$$

于是

$$P\{0<\overline{X}<6,\ 57.70<S^2<151.73\}=0.8664\times 0.90\approx 0.78.$$

例 6.9 设 X_1,X_2,X_3,X_4 是来自正态总体 $N(0,\ 2^2)$的简单随机样本，当 a,b 为何值时，统计量

$$X=a(X_1-2X_2)^2+b(3X_3-4X_4)^2$$

服从 χ^2 分布，其自由度是多少？

解 依题意 X_1,X_2,X_3,X_4 相互独立且同分布，则

$$E(X_1-2X_2)=0,\ E(3X_3-4X_4)=0,$$

$$D(X_1-2X_2)=20,\ D(3X_3-4X_4)=100.$$

从而

$$\frac{X_1-2X_2}{\sqrt{20}}\sim N(0,\ 1),\ \frac{3X_3-4X_4}{10}\sim N(0,\ 1).$$

又 X_1-2X_2 与 $3X_3-4X_4$ 相互独立，于是

$$\frac{(X_1-2X_2)^2}{20}+\frac{(3X_3-4X_4)^2}{100}\sim\chi^2(2).$$

所以，当 $a=\frac{1}{20}$，$b=\frac{1}{100}$时，统计量 X 服从 χ^2 分布，其自由度为 2.

例 6.10　设 $X_1,X_2,\cdots,X_n,X_{n+1},\cdots,X_{n+m}$是分布为 $N(0,\sigma^2)$的正态总体容量为 $n+m$ 的样本，试求下列统计量的概率分布：

$$(1)\ Y_1=\frac{\sqrt{m}\sum_{i=1}^{n}X_i}{\sqrt{n}\sqrt{\sum_{i=n+1}^{n+m}X_i^2}};(2)Y_2=\frac{m\sum_{i=1}^{n}X_i^2}{n\sum_{i=n+1}^{n+m}X_i^2}.$$

解　(1) 因为 $X_1,X_2,\cdots,X_n,X_{n+1},\cdots,X_{n+m}$相互独立且同分布 $N(0,\sigma^2)$，则有

$$\frac{\sum_{i=1}^{n}X_i}{\sqrt{n}\sigma}\sim N(0,1),\ \frac{\sum_{i=n+1}^{n+m}X_i^2}{\sigma^2}\sim\chi^2(m).$$

又$\sum_{i=1}^{n}X_i$ 与 $\sum_{i=n+1}^{n+m}X_i^2$相互独立，于是由 t 分布性质，有

$$Y_1=\frac{\sqrt{m}\sum_{i=1}^{n}X_i}{\sqrt{n}\sqrt{\sum_{i=n+1}^{n+m}X_i^2}}=\frac{\sum_{i=1}^{n}X_i\Big/(\sqrt{n}\sigma)}{\sqrt{\dfrac{\sum_{i=n+1}^{n+m}X_i^2}{\sigma^2}\Big/m}}\sim t(m).$$

(2) $\frac{\sum_{i=1}^{n}X_i^2}{\sigma^2}\sim\chi^2(n)$，$\frac{\sum_{i=n+1}^{n+m}X_i^2}{\sigma^2}\sim\chi^2(m)$，又$\sum_{i=1}^{n}X_i^2$与$\sum_{i=n+1}^{n+m}X_i^2$相互独立，有

$$Y_2=\frac{m\sum_{i=1}^{n}X_i^2}{n\sum_{i=n+1}^{n+m}X_i^2}=\frac{\dfrac{\sum_{i=1}^{n}X_i^2}{\sigma^2}\Big/n}{\dfrac{\sum_{i=n+1}^{n+m}X_i^2}{\sigma^2}\Big/m}\sim F(n,m).$$

例 6.11　设$(X_1,X_2,\cdots,X_n)$来自总体 $N(0,\sigma^2)$，且随机变量 $Y=C\left(\sum_{i=1}^{n}X_i\right)^2\sim\chi^2(1)$，则常数 C = ________.

解　$\sum_{i=1}^{n}X_i\sim N(0,n\sigma^2)$，$\frac{\sum_{i=1}^{n}X_i}{\sqrt{n}\sigma}\sim N(0,1)$，所以$\sqrt{c}=\frac{1}{\sqrt{n}\sigma}$，$c=\frac{1}{n\sigma^2}$.

例 6.12 设 $(X_1, X_2, \cdots, X_n)$ 来自总体 $\chi^2(n)$ 的分布，则 $E(\overline{X})=$ ________，$D(\overline{X})=$ ________.

解 因为 $(X_1, X_2, \cdots, X_n)$ 来自总体 $\chi^2(n)$，所以 $E(X_i)=n$，$D(X_i)=2n$ $(i=1,2,\cdots,n)$，$E(\overline{X})=n$，$D(\overline{X})=\dfrac{D\left(\sum\limits_{i=1}^{n}X_i\right)}{n^2}=\dfrac{n\cdot 2n}{n^2}=2$.

例 6.13 设 $(X_1, X_2, \cdots, X_n)$ 为来自总体 $N(0, \sigma^2)$ 的样本，则样本二阶原点矩 $A_2=\dfrac{1}{n}\sum\limits_{i=1}^{n}X_i^2$ 的方差为(　　).

(A) σ^2　　(B) $\dfrac{\sigma^2}{n}$　　(C) $\dfrac{2\sigma^4}{n}$　　(D) $\dfrac{\sigma^4}{n}$

解 $(X_1, X_2, \cdots, X_n)$ 来自总体 $N(0, \sigma^2)$，所以

$$\left(\frac{X_i}{\sigma}\right)^2 \sim \chi^2(1),\ E\left(\frac{X_i}{\sigma}\right)^2=1,\ D\left(\frac{X_i}{\sigma}\right)^2=2,$$

$$D(A_2)=\frac{D\left(\sum\limits_{i=1}^{n}X_i^2\right)}{n^2}=\frac{\sigma^4 D\left(\sum\limits_{i=1}^{n}\left(\frac{X_i}{\sigma}\right)^2\right)}{n^2}=\frac{\sigma^4\cdot 2n}{n^2}=\frac{2\sigma^4}{n}.$$

故选(C).

例 6.14 设 (X_1, X_2) 为来自正态总体 $N(\mu, \sigma^2)$ 的样本，则 X_1+X_2 与 X_1-X_2 必(　　).

(A) 线性相关　　(B) 不相关

(C) 相关但非线性相关　　(D) 不独立

解 假设 $$Y_1=X_1+X_2,\ Y_2=X_1-X_2,$$

所以
$$E(Y_2)=E(X_1)-E(X_2)=0,$$
$$\begin{aligned}\mathrm{Cov}(Y_1, Y_2)&=E(Y_1Y_2)-E(Y_1)E(Y_2)\\&=E(X_1^2-X_2^2)=E(X_1^2)-E(X_2^2)=0.\end{aligned}$$

故选(B).

例 6.15 设 X 服从正态分布 $N(0, 2^2)$，而 $(X_1, X_2, \cdots, X_{15})$ 为来自总体 X 的简单随机样本，则随机变量 $Y=\dfrac{X_1^2+\cdots+X_{10}^2}{2(X_{11}^2+\cdots+X_{15}^2)}$ 服从的分布为(　　).

(A) $\chi^2(15)$　　(B) $t(14)$　　(C) $F(10,5)$　　(D) $F(1,1)$

解 由题意得

$$\frac{X_1^2+\cdots+X_{10}^2}{4}\sim\chi^2(10),\ \frac{X_{11}^2+\cdots+X_{15}^2}{4}\sim\chi^2(5),$$

所以 $\dfrac{\dfrac{X_1^2+\cdots+X_{10}^2}{40}}{\dfrac{X_{11}^2+\cdots+X_{15}^2}{20}}\sim F(10,5)$，即

$$Y=\frac{X_1^2+\cdots X_{10}^2}{2(X_{11}^2+\cdots X_{15}^2)}\sim F(10,5)$$

故选(C).

例 6.16 设$(X_1,X_2,\cdots,X_{10})$为总体$N(0,\ 0.3^2)$的一个样本，求$P\left\{\sum\limits_{i=1}^{10}X_i^2>1.44\right\}$.

解 因为$(X_1,X_2,\cdots,X_{10})$为总体$N(0,\ 0.3^2)$的一个样本，所以

$$\sum_{i=1}^{10}\frac{X_i^2}{0.3^2}\sim\chi^2(10),$$

$$P\left\{\sum_{i=1}^{10}X_i^2>1.44\right\}=P\left\{\sum_{i=1}^{10}\frac{X_i^2}{0.3^2}>\frac{1.44}{0.09}\right\}=P\{\chi^2(10)>16\}=0.1.$$

例 6.17 从一正态总体中抽取容量为 10 的一个样本，若有 2%的样本均值与总体均值之差的绝对值在 4 以上，试求总体的标准差.

解 因为总体 X 服从 $N(\mu,\ \sigma^2)$，所以

$$\frac{\overline{X}-\mu}{\sigma/\sqrt{10}}\sim N(0,1).$$

由 $P(|\overline{X}-\mu|>4)=0.02$ 知

$$P\left\{\left|\frac{\overline{X}-\mu}{\sigma/\sqrt{10}}\right|>\frac{4\sqrt{10}}{\sigma}\right\}=0.02,$$

即
$$\Phi\left(-\frac{4\sqrt{10}}{\sigma}\right)=0.01,\ \Phi\left(\frac{4\sqrt{10}}{\sigma}\right)=0.99.$$

查表得$\frac{4\sqrt{10}}{\sigma}=2.33$，即$\sigma=\frac{4\sqrt{10}}{2.33}=5.43$.

例 6.18 设总体 $X\sim N(72,\ 100)$，为使样本均值大于 70 的概率不小于 0.95，问样本容量至少应取多大？

解 假设样本容量为 n，则

$$\overline{X}\sim N\left(72,\ \frac{100}{n}\right),\ \frac{\overline{X}-72}{\frac{10}{\sqrt{n}}}\sim N(0,1).$$

由 $P(\overline{X}>70)\geqslant 0.95$ 得

$$P\left\{\frac{\overline{X}-72}{\frac{10}{\sqrt{n}}}>\frac{70-72}{\frac{10}{\sqrt{n}}}\right\}\geqslant 0.95,$$

所以 $\Phi\left(\frac{\sqrt{n}}{5}\right)\leqslant 0.95$，$\frac{\sqrt{n}}{5}\geqslant 1.65$，$n\geqslant 68.0625$.

例 6.19 设总体 X 服从 $N(\mu, 4)$，样本 $(X_1, X_2, \cdots, X_n)$ 来自 X，$\overline{X}$ 为样本均值. 问样本容量至少应取多大才能使：

(1) $E(|\overline{X}-\mu|^2)\leqslant 0.1$；

(2) $P\{|\overline{X}-\mu|^2\leqslant 0.1\}\geqslant 0.95$.

解 (1) 由题意得

$$E(|\overline{X}-\mu|^2)=D(\overline{X})=\frac{1}{n}D(X)=\frac{4}{n}\leqslant 0.1,$$

所以 $n\geqslant 40$.

(2) 由题意得 $\overline{X}\sim N\left(\mu, \frac{4}{n}\right)$，$\dfrac{\overline{X}-\mu}{\frac{2}{\sqrt{n}}}\sim N(0,1)$，所以

$$P\{|\overline{X}-\mu|\leqslant 0.1\}=P\left\{\left|\frac{\overline{X}-\mu}{\frac{2}{\sqrt{n}}}\right|\leqslant\frac{0.1\sqrt{n}}{2}\right\}\geqslant 0.95$$

$$\Phi\left(\frac{1}{20}\sqrt{n}\right)\geqslant 0.975,$$

查表得 $\frac{1}{20}\sqrt{n}\geqslant 1.96$，即 $n\geqslant 1\,537$.

例 6.20 设 $\overline{X}=\frac{1}{n}\sum_{i=1}^{n}X_i$，证明：

(1) $\sum_{i=1}^{n}(X_i-\mu)^2=\sum_{i=1}^{n}(X_i-\overline{X})^2-n(\overline{X}-\mu)^2$；

(2) $\sum_{i=1}^{n}(X_i-\overline{X})^2=\sum_{i=1}^{n}X_i^2-n(\overline{X})^2$.

解 (1)
$$\begin{aligned}\sum_{i=1}^{n}(X_i-\mu)^2&=\sum_{i=1}^{n}(X_i-\overline{X}+\overline{X}-\mu)^2\\&=\sum_{i=1}^{n}(X_i-\overline{X})^2+2\sum_{i=1}^{n}(X_i-\overline{X})(\overline{X}-\mu)+\sum_{i=1}^{n}(\overline{X}-\mu)^2\\&=\sum_{i=1}^{n}(X_i-\overline{X})^2+2(\overline{X}-\mu)\left(\sum_{i=1}^{n}X_i-n\overline{X}\right)+n(\overline{X}-\mu)^2\\&=\sum_{i=1}^{n}(X_i-\overline{X})^2-n(\overline{X}-\mu)^2.\end{aligned}$$

(2)
$$\begin{aligned}\sum_{i=1}^{n}(X_i-\overline{X})^2&=\sum_{i=1}^{n}(X_i^2-2X_i\overline{X}+\overline{X}^2)=\sum_{i=1}^{n}X_i^2-2\overline{X}\sum_{i=1}^{n}X_i+n\overline{X}^2\\&=\sum_{i=1}^{n}X_i^2-2n\overline{X}^2+n\overline{X}^2=\sum_{i=1}^{n}X_i^2-n(\overline{X})^2.\end{aligned}$$

考研真题

1. 已知 $X_1, X_2, \cdots, X_9$ 和 $Y_1, Y_2, \cdots, Y_9$ 相互独立，且服从 $N(0, 1)$，讨论统计量 $W=\dfrac{X_1+X_2+\cdots+X_9}{\sqrt{Y_1^2+Y_2^2+\cdots+Y_9^2}}$ 服从什么类型的分布.

解　因为

$$U=\frac{X_1+X_2+\cdots+X_9}{3}\sim N(0, 1),$$

$$V=\sqrt{(Y_1^2+Y_2^2+\cdots+Y_9^2)/9}\sim\chi^2(9),$$

由 t 分布的定义知 $\dfrac{U}{V}=W\sim t(9)$.

2. 设随机变量 X, Y 相互独立，均服从 $N(0,3^2)$ 分布且 $X_1, X_2, \cdots, X_9$ 与 $Y_1, Y_2, \cdots, Y_9$ 分别是来自总体 X, Y 的简单随机样本，则统计量 $U=\dfrac{X_1+X_2+\cdots+X_9}{\sqrt{Y_1^2+Y_2^2+\cdots+Y_9^2}}$ 服从参数为________的________分布.

解　由 X, Y 相互独立，均服从 $N(0,3^2)$ 分布，又 $X_1, X_2, \cdots, X_9$ 与 $Y_1, Y_2, \cdots, Y_9$ 分别是来自总体 X, Y，可知 $X_1, X_2, \cdots, X_9$ 与 $Y_1, Y_2, \cdots, Y_9$ 之间均相互独立，均服从分布 $N(0,3^2)$.

因而

$$\sum_{i=1}^{9}X_i\sim N(0,9\times 3^2),\ \overline{X}=\frac{1}{9}\sum_{i=1}^{9}X_i\sim N(0,1),$$

$$\frac{Y_i}{3}\sim N(0,1),\ \sum_{i=1}^{9}\left(\frac{Y_i}{3}\right)^2\sim\chi^2(9),$$

且 $\overline{X}=\dfrac{1}{9}\sum\limits_{i=1}^{9}X_i$，$\sum\limits_{i=1}^{9}\left(\dfrac{Y_i}{3}\right)^2$ 相互独立，所以

$$\frac{\dfrac{1}{9}\sum\limits_{i=1}^{9}X_i}{\sqrt{\dfrac{1}{9}\sum\limits_{i=1}^{9}\left(\dfrac{Y_i}{3}\right)^2}}=\frac{\sum\limits_{i=1}^{9}X_i}{\sqrt{\sum\limits_{i=1}^{9}Y_i^2}}=\frac{X_1+\cdots+X_9}{\sqrt{Y_1^2+\cdots+Y_9^2}}.$$

因此统计量 U 服从参数为 9 的 t 分布.

3. 设 (X_1, X_2, X_3, X_4) 是取自正态总体 $X\sim N(0,2^2)$ 的简单随机样本且

$$Y=a(X_1-2X_2)^2+b(3X_3-4X_4)^2,$$

则 $a=$________，$b=$________时，统计量 Y 服从 χ^2 分布，其自由度为________.

解　由题意得

$$\begin{aligned}Y&=a(X_1-2X_2)^2+b(3X_3-4X_4)^2\\&=[\sqrt{a}(X_1-2X_2)]^2+[\sqrt{b}(3X_3-4X_4)]^2.\end{aligned}$$

设 $Y_1=\sqrt{a}(X_1-2X_2)$，$Y_2=\sqrt{b}(3X_3-4X_4)$，则 $Y=\sum_{i=1}^{2}Y_i^2$.

由 $X\sim N(0,2^2)$ 可知 $X_i\sim N(0,2^2)$，$i=1,2,3,4$，所以

$$E(Y_1)=E[\sqrt{a}(X_1-2X_2)]=\sqrt{a}[E(X_1)-2E(X_2)]$$
$$=\sqrt{a}(0-2\times 0)=0,$$
$$E(Y_2)=E[\sqrt{b}(3X_3-4X_4)]=\sqrt{b}[3E(X_3)-4E(X_4)]$$
$$=\sqrt{b}(3\times 0-4\times 0)=0,$$
$$D(Y_1)=D[\sqrt{a}(X_1-2X_2)]=a[D(X_1)+4D(X_2)]$$
$$=a(2^2+4\times 2^2)=20a,$$
$$D(Y_2)=D[\sqrt{b}(3X_3-4X_4)]=b[9D(X_3)+16D(X_4)]$$
$$=b(9\times 2^2+16\times 2^2)=100b.$$

若统计量 Y 服从 χ^2 分布，则由 $Y=\sum_{i=1}^{2}Y_i^2$ 可知自由度为 2，且 $Y_i(i=1,2)$ 服从标准正态分布，即

$$E(Y_1)=E(Y_2)=0,$$
$$D(Y_1)=20a=1\Rightarrow a=\frac{1}{20},$$
$$D(Y_2)=100b=1\Rightarrow b=\frac{1}{100}.$$

4. 设 $X_1,X_2,\cdots,X_9$ 是取自正态总体 X 的简单随机样本，$Y_1=\frac{1}{6}\sum_{i=1}^{6}X_i$，$Y_2=\frac{1}{3}\sum_{i=7}^{6}X_i$，$S^2=\frac{1}{2}\sum_{i=6}^{9}(X_i-Y_2)^2$，$Z=\frac{\sqrt{2}(Y_1-Y_2)}{S}$，证明统计量 Z 服从自由度为 2 的 t 分布.

证　记 $D(X)=\sigma^2$（未知），易见

$$E(Y_1)=E(Y_2)=E(X),$$
$$D(Y_1)=\sigma^2/6,\ D(Y_2)=\sigma^2/3.$$

由于 Y_1 和 Y_2 相互独立，可见

$$E(Y_1-Y_2)=0,\ D(Y_1-Y_2)=\frac{\sigma^2}{6}+\frac{\sigma^2}{3}=\frac{\sigma^2}{2},$$

从而

$$Z=\frac{Y_1-Y_2}{\sigma/\sqrt{2}}\sim N(0,1).$$

由正态总体样本方差的性质，知

$$\chi^2=\frac{2S^2}{\sigma^2}\sim\chi^2(2).$$

由于Y_1和Y_2相互独立、Y_1与S^2以及Y_2与S^2独立，可见Y_1-Y_2与S^2相互独立.

于是，由服从t分布的随机变量的结构，知

$$Z=\frac{\sqrt{2}(Y_1-Y_2)}{S}=\frac{U}{\sqrt{\chi^2/2}}\sim t(2).$$

5. 设总体X服从正态分布$N(0,2^2)$，而$X_1,X_2,\cdots,X_{15}$是来自总体的简单随机样本，则随机变量

$$Y=\frac{X_1^2+\cdots+X_{10}^2}{2(X_{11}^2+\cdots+X_{15}^2)}$$

服从________分布，参数为________.

解 因为$\dfrac{X_i}{2}\sim N(0,1)$，所以

$$\frac{1}{4}(X_1^2+\cdots+X_{10}^2)\sim\chi^2(10),\ \frac{1}{4}(X_{11}^2+\cdots+X_{15}^2)\sim\chi^2(5).$$

且显然此二者相互独立，则

$$Y=\frac{X_1^2+\cdots+X_{10}^2}{2(X_{11}^2+\cdots+X_{15}^2)}=\frac{\dfrac{\frac{1}{4}(X_1^2+\cdots+X_{10}^2)}{10}}{\dfrac{\frac{1}{4}(X_{11}^2+\cdots+X_{15}^2)}{5}}\sim F(10,5).$$

6. 设总体X服从正态分布$N(\mu,\sigma^2)$ $(\sigma>0)$，从中抽取简单随机样本$X_1,\cdots,X_{2n}(n\geqslant2)$，其样本均值为$\overline{X}=\dfrac{1}{2n}\sum\limits_{i=1}^{2n}X_i$.求统计量$Y=\sum\limits_{i=1}^{n}(X_i+X_{n+i}-2\overline{X})^2$的数学期望$E(Y)$.

解 由题意得

$$E(X_i)=\mu,\ D(X_i)=\sigma^2,\ E(X_i^2)=\sigma^2+\mu^2,$$

$$E(\overline{X})=\mu,\ D(\overline{X})=\frac{\sigma^2}{2n},\ E(\overline{X}^2)=\frac{\sigma^2}{2n}+\mu^2,$$

$$\begin{aligned}Y&=\sum_{i=1}^{n}(X_i+X_{n+i}-2\overline{X})^2\\&=\sum_{i=1}^{n}(X_i^2+X_{n+i}^2+4\overline{X}^2+2X_iX_{n+1}-4X_i\overline{X}-4X_{n+i}\overline{X})\\&=\sum_{i=1}^{2n}X_i^2+4n\overline{X}^2+2\sum_{i=1}^{n}X_iX_{n+i}-4\overline{X}\sum_{i=1}^{2n}X_i\end{aligned}$$

$$= \sum_{i=1}^{2n} X_i^2 - 4n\overline{X}^2 + 2\sum_{i=1}^{n} X_i X_{n+i}.$$

所以
$$E(Y) = \sum_{i=1}^{2n} E(X_i^2) - 4nE(\overline{X}^2) + 2\sum_{i=1}^{n} E(X_i)E(X_{n+i})$$
$$=2n(\sigma^2+\mu^2)-4n(\frac{\sigma^2}{2n}+\mu^2)+2n\mu^2=2(n-1)\sigma^2.$$

7. 设容量为 n 的简单随机样本取自总体 $N(3.4,36)$，且样本均值在区间 $(1.4,5.4)$ 内的概率不小于 0.95，问样本容量 n 至少应取多大？

解 设 $X_1,X_2,\cdots,X_n$ 是取自总体的简单随机样本，则

$$\overline{X} = \frac{1}{n}\sum_{i=1}^{n} X_i \sim N(3.4,\frac{6^2}{n}).$$

又由于

$$P\{1.4<\overline{X}<5.4\}=P\left\{-\frac{\sqrt{n}}{3}<\frac{\overline{X}-3.4}{6/\sqrt{n}}<\frac{\sqrt{n}}{3}\right\}$$
$$=2\Phi\left(\frac{\sqrt{n}}{3}\right)-1\geqslant 0.95,$$

则 $\Phi\left(\frac{\sqrt{n}}{3}\right)\geqslant 0.975$，查表得 $\frac{\sqrt{n}}{3}\geqslant 1.96$，故 $n\geqslant(1.96\times 3)^2\approx 34.6$.

8. 设 $X\sim N(\mu,\sigma^2)$，抽取简单随机样本 $X_1,X_2,\cdots,X_{2n}(n\geqslant 2)$，样本均值 $\overline{X} = \frac{1}{2n}\sum_{i=1}^{2n} X_i$，$Y = \sum_{i=1}^{n}(X_i + X_{n+i} - 2\overline{X})^2$，求 $E(Y)$.

解法 1 考虑 $X_1+X_{2n},X_2+X_{2n},\cdots,X_n+X_{2n}$，视其为取自总体 $N(2\mu,2\sigma^2)$ 的简单随机样本，其样本均值为

$$\frac{1}{n}\sum_{i=1}^{n}(X_i + X_{2n}) = \frac{1}{n}\sum_{i=1}^{2n} X_i = 2\overline{X},$$

样本方差为 $\frac{1}{n-1}Y$.

由于 $E\left(\frac{1}{n-1}Y\right)=2\sigma^2$，所以

$$E(Y)=(n-1)2\sigma^2=2(n-1)\sigma^2.$$

解法 2 记 $\overline{X}' = \frac{1}{n}\sum_{i=1}^{n} X_i$，$\overline{X}'' = \frac{1}{n}\sum_{i=1}^{n} X_{n+i}$，有

$$2\overline{X}=\overline{X}'+\overline{X}''.$$

因此

$$E(Y)= E\left[\sum_{i=1}^{n}(X_i + X_{n+i} - 2\overline{X})^2\right]= E\left[\sum_{i=1}^{n}(X_i - \overline{X}' + X_{n+i} - \overline{X}'')^2\right]$$

$$= E\left[\sum_{i=1}^{n}\left[(X_i-\overline{X}')^2+2(X_i-\overline{X}')(X_{n+i}-\overline{X}'')+(X_{n+i}-\overline{X}'')^2\right]\right]$$

$$= E\left[\sum_{i=1}^{n}(X_i-\overline{X}')^2\right]+E\left[\sum_{i=1}^{n}2(X_i-\overline{X}')(X_{n+i}-\overline{X}'')\right]+$$

$$E\left[\sum_{i=1}^{n}(X_{n+i}-\overline{X}'')^2\right]$$

$$=(n-1)\sigma^2+0+(n-1)\sigma^2=2(n-1)\sigma^2.$$

9. 设随机变量 $X\sim t(n)$，$Y\sim F(1,n)$，给定 $\alpha(0<\alpha<0.5)$，常数 c 满足 $P\{X>c\}=\alpha$，则 $P\{Y>c^2\}=($　　$)$.

(A) α　　(B) $1-\alpha$　　(C) 2α　　(D) $1-2\alpha$

解　因 $X\sim t(n)$，则 $X^2\sim F(1,n)$，所以

$$P\{Y>c^2\}=P\{X^2>c^2\}=P\{X>c\}+P\{X<-c\}$$
$$=2P\{X>c\}=2\alpha.$$

故选(C).

10. 设 X_1,X_2,X_3 为来自正态总体 $N(0,\sigma^2)$ 的简单随机样本，则统计量 $S=\dfrac{X_1-X_2}{\sqrt{2}|X_3|}$ 服从的分布是(　　).

(A) $F(1,1)$　　(B) $F(2,1)$　　(C) $t(1)$　　(D) $t(2)$

解　$S=\dfrac{X_1-X_2}{\sqrt{2}|X_3|}=\dfrac{X_1-X_2}{\sqrt{2}\sqrt{X_3^2}}$，显然

$$\frac{X_1-X_2}{\sqrt{2}\sigma}\sim N(0,1),\ \frac{X_3^2}{\sigma^2}\sim\chi^2(1),$$

且 $\dfrac{X_1-X_2}{\sqrt{2}\sigma}\sim N(0,1)$ 与 $\dfrac{X_3^2}{\sigma^2}\sim\chi^2(1)$ 相互独立，从而

$$S=\frac{X_1-X_2}{\sqrt{2}|X_3|}=\frac{X_1-X_2}{\sqrt{2}\sqrt{X_3^2}}=\frac{\dfrac{X_1-X_2}{\sqrt{2}\sigma}}{\sqrt{\dfrac{X_3^2}{\sigma^2}}}\sim t(1).$$

故选(C).

自 测 题

一、填空题

1. 设 X_1,X_2,X_3,X_4 是来自正态总体 $N(0,\sigma^2)$ 的样本，则 $U=\dfrac{\sqrt{3}X_1}{\sqrt{X_2^2+X_3^2+X_4^2}}$ 服从________分布.

2. 设随机变量 X 服从分布 $N(0,1)$，已知 $P\{X^2\leqslant\lambda\}=0.025$，则 $\lambda=$________.

3. 设 $X_1,X_2,\cdots,X_{16}$ 是来自于正态总体 $N(0,1)$ 的样本，

$$Y=\left(\sum_{i=1}^{4}X_i\right)^2+\left(\sum_{i=5}^{8}X_i\right)^2+\left(\sum_{i=9}^{12}X_i\right)^2+\left(\sum_{i=13}^{16}X_i\right)^2,$$

当常数 $c=$________时，cY 服从 χ^2 分布，$E(cY)=$________，$D(cY)=$________.

二、解答题

1. 设总体 $X\sim N(\mu,\sigma^2)$，其中 μ 已知，σ^2 未知，X_1,X_2,X_3 是总体的一个样本，则 $X_1+X_2+X_3$，$X_1+3\mu$，$\max(X_1,X_2,X_3)$，$\sum\limits_{i=1}^{3}\frac{X_i^2}{\sigma^2}$，$\frac{X_1-X_2}{2}$ 中，哪些是统计量？哪些不是统计量？

2. 设总体服从泊松分布 $\pi(\lambda)$，$X_1,\cdots,X_n$ 是样本，试写出 $X_1,\cdots,X_n$ 的分布律并求 $E(\overline{X})$，$D(\overline{X})$，$E(S^2)$.

第七章

参数估计

基本要求

(1) 理解点估计的定义,熟练掌握矩估计法、最大似然估计法.

(2) 了解估计量的无偏性、有效性和相合性的概念,并会验证估计量的无偏性和有效性.

(3) 理解区间估计的定义,掌握区间估计的一般步骤,熟练掌握单个正态总体均值与方差的区间估计.

(4) 了解两个正态总体均值差与方差比的区间估计.

内容提要

1. 参数的点估计及其求法

(1) 点估计

设总体 X 的分布函数 $F(x;\theta)$形式已知,其中 θ 是待估计的参数,点估计问题就是利用样本 $X_1,X_2,\cdots,X_n$,构造一个统计量$\hat{\theta}=\hat{\theta}(X_1,X_2,\cdots,X_n)$来估计 θ,我们称$\hat{\theta}(X_1,X_2,\cdots,X_n)$为 θ 的点估计量,它是一个随机变量.将样本观测值 x_1,x_2,$\cdots$,x_n 代入估计量$\hat{\theta}(X_1,X_2,\cdots,X_n)$,就得到它的一个具体数值$\hat{\theta}(x_1,x_2,\cdots,x_n)$,这个数值称为 θ 的点估计值.由于对应不同的样本观测值,点估计值是不同的,因此,点估计问题主要是寻求如何获得未知参数 θ 的估计量.

两种常用的构造点估计量的方法:矩估计法和最大似然估计法.

(2) 矩估计法

由大数定理,样本的 k 阶原点矩依概率收敛于总体的 k 阶原点矩.根据这一原理,矩估计的一般做法如下:

若总体 X 中包含 k 个未知参数 $\theta_1,\theta_2,\cdots,\theta_k$,且总体 X 的 k 阶原点矩

$E(X^k)$都存在,则可建立如下方程组

$$\begin{cases} A_1 = \dfrac{1}{n}\sum_{i=1}^{n} X_i = E(X), \\ A_2 = \dfrac{1}{n}\sum_{i=1}^{n} X_i^2 = E(X^2), \\ \cdots\cdots\cdots\cdots \\ A_k = \dfrac{1}{n}\sum_{i=1}^{n} X_i^k = E(X^k). \end{cases}$$

注意 上述方程的右端实际上包含未知参数 $\theta_1,\theta_2,\cdots,\theta_k$,因此方程组包含了 k 个未知量和 k 个方程,可以从中解得$\hat{\theta}_l=\hat{\theta}_l(X_1,X_2,\cdots,X_n)$,$l=1,2,\cdots,k$,它们就是未知参数 $\theta_1,\theta_2,\cdots,\theta_k$ 的矩估计量.

同样,可以用样本的 k 阶中心矩来估计总体的 k 阶中心矩.

(3) 最大似然估计法

当总体 X 为连续型随机变量时,设其概率密度为 $f(x;\theta_1,\theta_2,\cdots,\theta_m)$,其中 $\theta_1,\theta_2,\cdots,\theta_m$ 为未知参数. 又设 $x_1,x_2,\cdots,x_n$ 为总体的一个样本,称

$$L(\theta_1,\theta_2,\cdots,\theta_m) = \prod_{i=1}^{n} f(x_i;\theta_1,\theta_2,\cdots,\theta_m)$$

为样本的似然函数.

当总体 X 为离散型随机变量时,设其分布律为 $P\{X=x\}=p(x;\theta_1,\theta_2,\cdots,\theta_m)$,则称

$$L(\theta_1,\theta_2,\cdots,\theta_m) = \prod_{i=1}^{n} p(x_i;\theta_1,\theta_2,\cdots,\theta_m)$$

为样本的似然函数.

若似然函数 $L(\theta_1,\theta_2,\cdots,\theta_m)$在$\hat{\theta}_1,\hat{\theta}_2,\cdots,\hat{\theta}_m$ 处取到最大值,则称$\hat{\theta}_1,\hat{\theta}_2,\cdots,\hat{\theta}_m$ 分别为 $\theta_1,\theta_2,\cdots,\theta_m$ 的最大似然估计值,相应的统计量称为最大似然估计量.

(4) 估计量的评选标准

① 无偏性

设$\hat{\theta}=\hat{\theta}(X_1,X_2,\cdots,X_n)$,$E(\hat{\theta})$存在,且 $E(\hat{\theta})=\theta$,则称$\hat{\theta}$是 θ 的无偏估计量,否则称为有偏估计量.

② 有效性

设$\hat{\theta}_1$ 和$\hat{\theta}_2$ 均为参数 θ 的无偏估计量,若 $D(\hat{\theta}_1)<D(\hat{\theta}_2)$,则称估计量$\hat{\theta}_1$ 比$\hat{\theta}_2$ 有效.

③ 一致性(相合性)

设$\hat{\theta}(X_1,X_2,\cdots,X_n)$为未知参数$\theta$的估计量,若对于任意的正数$\varepsilon$,都有

$$\lim_{n\to\infty}P\{|\hat{\theta}-\theta|>\varepsilon\}=0 \text{ 或 } \lim_{n\to\infty}P\{|\hat{\theta}-\theta|\leqslant\varepsilon\}=1,$$

则称$\hat{\theta}(X_1,X_2,\cdots,X_n)$为$\theta$的一致估计量(或相合估计量).

2. 参数的区间估计

(1) 区间估计的定义

设θ是总体X的分布函数$F(x,\theta)$中的一个待估参数,对于给定的$\alpha(0<\alpha<1)$,若存在两个统计量$\underline{\theta}=\underline{\theta}(X_1,X_2,\cdots,X_n)$与$\bar{\theta}=\bar{\theta}(X_1,X_2,\cdots,X_n)$,使得

$$P\{\underline{\theta}<\theta<\bar{\theta}\}\geqslant1-\alpha$$

成立,则称随机区间$(\underline{\theta},\bar{\theta})$是参数$\theta$的置信度为$1-\alpha$的双侧置信区间,其中$\underline{\theta}$为双侧置信下限,$\bar{\theta}$为双侧置信上限,$1-\alpha$称为置信度或置信水平.

点估计和区间估计是从两个不同的侧面对未知参数θ进行估计的途径,一旦样本取定,点估计能给出θ的一个确切的估计值,但它只是θ的一个近似值.究竟它与真值θ有没有误差,误差为多大,并不知道.而区间估计给出了θ的一个范围,即置信区间,并指明了此区间包含的真值θ的可靠程度为$1-\alpha$.

(2) 区间估计的一般步骤

寻求未知参数θ的置信区间的步骤归纳如下:

① 构造一个含有未知参数θ而不含有其他未知参数的样本的函数

$$W=W(X_1,X_2,\cdots,X_n;\theta),$$

且其分布是已知的.

② 对给定的置信度$1-\alpha$,根据$W=W(X_1,X_2,\cdots,X_n;\theta)$的分布定出分位点$a$和$b$,使得

$$P\{a<W=W(X_1,X_2,\cdots,X_n;\theta)<b\}\geqslant1-\alpha.$$

③ 从不等式$a<W(X_1,X_2,\cdots,X_n;\theta)<b$中解出$\theta$的范围,得出其等价形式

$$\hat{\theta}_1(X_1,X_2,\cdots,X_n)<\theta<\hat{\theta}_2(X_1,X_2,\cdots,X_n),$$

这时必有

$$P\{\hat{\theta}_1(X_1,X_2,\cdots,X_n)<\theta<\hat{\theta}_2(X_1,X_2,\cdots,X_n)\}=1-\alpha,$$

于是$(\hat{\theta}_1,\hat{\theta}_2)$即为$\theta$的置信度为$1-\alpha$的置信区间.

(3) 单个正态总体均值与方差的置信区间

单个正态总体均值与方差的置信区间见表 7-1.

表 7-1　单个正态总体均值与方差的置信区间

估计的参数	参数的情况	统计量	置信度为 $1-\alpha$ 的置信区间
μ	σ^2 已知	$Z=\dfrac{\overline{X}-\mu}{\sqrt{\sigma^2/n}}\sim N(0,1)$	$\left(\overline{X}-z_{\frac{\alpha}{2}}\cdot\dfrac{\sigma}{\sqrt{n}},\overline{X}+z_{\frac{\alpha}{2}}\cdot\dfrac{\sigma}{\sqrt{n}}\right)$
	σ^2 未知	$t=\dfrac{\overline{X}-\mu}{S/\sqrt{n}}\sim t(n-1)$	$\left(\overline{X}-t_{\frac{\alpha}{2}}(n-1)\cdot\dfrac{S}{\sqrt{n}},\overline{X}+t_{\frac{\alpha}{2}}(n-1)\cdot\dfrac{S}{\sqrt{n}}\right)$
σ^2	μ 已知	$\chi^2=\dfrac{\sum\limits_{i=1}^{n}(X_i-\mu)^2}{\sigma^2}\sim\chi^2(n)$	$\left(\dfrac{\sum\limits_{i=1}^{n}(X_i-\mu)^2}{\chi^2_{\frac{\alpha}{2}}(n)},\dfrac{\sum\limits_{i=1}^{n}(X_i-\mu)^2}{\chi^2_{1-\frac{\alpha}{2}}(n)}\right)$
	μ 未知	$\chi^2=\dfrac{(n-1)S^2}{\sigma^2}\sim\chi^2(n-1)$	$\left(\dfrac{(n-1)S^2}{\chi^2_{\frac{\alpha}{2}}(n-1)},\dfrac{(n-1)S^2}{\chi^2_{1-\frac{\alpha}{2}}(n-1)}\right)$

(4) 两个正态总体均值差与方差比的置信区间

两个正态总体均值差与方差比的置信区间见表 7-2.

表 7-2　两个正态总体均值差与方差比的置信区间

估计的参数	参数的情况	置信度为 $1-\alpha$ 的置信区间
$\mu_1-\mu_2$	σ_1^2,σ_2^2 已知	$\left(\overline{X}-\overline{Y}-z_{\frac{\alpha}{2}}\cdot\sqrt{\dfrac{\sigma_1^2}{n_1}+\dfrac{\sigma_2^2}{n_2}},\overline{X}-\overline{Y}+z_{\frac{\alpha}{2}}\cdot\sqrt{\dfrac{\sigma_1^2}{n_1}+\dfrac{\sigma_2^2}{n_2}}\right)$
	$\sigma_1^2=\sigma_2^2$ 未知	$\left(\overline{X}-\overline{Y}-t_{\frac{\alpha}{2}}(n_1+n_2-2)\cdot S_w\sqrt{\dfrac{1}{n_1}+\dfrac{1}{n_2}},\right.$ $\left.\overline{X}-\overline{Y}+t_{\frac{\alpha}{2}}(n_1+n_2-2)\cdot S_w\sqrt{\dfrac{1}{n_1}+\dfrac{1}{n_2}}\right)$
$\dfrac{\sigma_1^2}{\sigma_2^2}$	μ_1,μ_2 已知	$\left(\dfrac{n_2\sum\limits_{i=1}^{n}(X_i-\mu_1)^2}{n_1F_{\frac{\alpha}{2}}(n_1,n_2)\sum\limits_{i=1}^{n}(Y_i-\mu_2)^2},\dfrac{n_2\sum\limits_{i=1}^{n}(X_i-\mu_1)^2}{n_1F_{1-\frac{\alpha}{2}}(n_1,n_2)\sum\limits_{i=1}^{n}(Y_i-\mu_2)^2}\right)$
	μ_1,μ_2 未知	$\left(\dfrac{S_1^2}{S_2^2\cdot F_{\frac{\alpha}{2}}(n_1-1,n_2-1)},\dfrac{S_1^2}{S_2^2\cdot F_{1-\frac{\alpha}{2}}(n_1-1,n_2-1)}\right)$

(5) 单侧置信区间

在许多实际问题中，常常会遇到只需要求单侧的置信上限或下限的情况，比如灯泡的寿命，希望越长越好，因此我们只关心灯泡平均寿命最低可能是多少，即关心平均寿命的下限.

设 $X_1,X_2,\cdots,X_n$ 为从总体 X 中抽取的样本，θ 为总体中的未知参数. 若存在$\hat{\theta}_1=\hat{\theta}_1(X_1,X_2,\cdots,X_n)$，对给定的 $\alpha(0<\alpha<1)$，有

$$P\{\theta>\hat{\theta}_1(X_1,X_2,\cdots,X_n)\}\geqslant 1-\alpha,$$

则称$\hat{\theta}_1$ 为参数 θ 的置信度为 $1-\alpha$ 的单侧置信下限.

若存在$\hat{\theta}_2=\hat{\theta}_2(X_1,X_2,\cdots,X_n)$，对给定的$\alpha(0<\alpha<1)$，有

$$P\{\theta<\hat{\theta}_2(X_1,X_2,\cdots,X_n)\}\geqslant 1-\alpha,$$

则称$\hat{\theta}_2$为参数θ的置信度为$1-\alpha$的单侧置信上限.

典型例题

例 7.1　设总体X服从几何分布，分布律为

$$P\{X=x\}=(1-p)^{x-1}p,\ x=1,2,\cdots,$$

其中p为未知参数，且$0<p<1$. 设$X_1,X_2,\cdots,X_n$为X的一个样本，求p的矩估计与最大似然估计.

解　(1) 因为$E(X)=1/p$，所以p的矩估计为$\hat{p}=1/\overline{X}$.

(2) 似然函数为

$$L(x_1,x_2,\cdots,x_n;p)=\prod_{i=1}^{n}[p(1-p)^{x_i-1}]=(1-p)^{\sum\limits_{i=1}^{n}x_i-n}p^n,$$

取对数得

$$\ln L=\left(\sum_{i=1}^{n}x_i-n\right)\ln(1-p)+n\ln p,$$

求导并令

$$\frac{\mathrm{d}\ln L}{\mathrm{d}p}=\frac{-\left(\sum\limits_{i=1}^{n}x_i-n\right)}{1-p}+\frac{n}{p}=0,$$

解得p的最大似然估计为$\hat{p}=1/\overline{X}$.

例 7.2　设$X_1,\cdots,X_n$是从区间$[0,\theta]$上均匀分布的总体中抽出的样本，求θ的矩估计量和最大似然估计量.

解　由题意得$E(X)=\dfrac{\theta}{2}$，因此

$$\frac{\theta}{2}=A_1=\frac{1}{n}\sum_{i=1}^{n}X_i=\overline{X}.$$

所以$\hat{\theta}=2\overline{X}$就是$\theta$的矩估计量.

X的分布密度

$$f(x;\theta)=\begin{cases}\dfrac{1}{\theta}, & 0\leqslant x\leqslant\theta,\\ 0, & \text{其他}.\end{cases}$$

样本$x_1,x_2,\cdots,x_n$的似然函数为

$$L_n(x_1,x_2,\cdots,x_n;\theta)=\begin{cases}\left(\dfrac{1}{\theta}\right)^n, & 0\leqslant x_1,x_2,\cdots,x_n\leqslant\theta,\\ 0, & \text{其他}.\end{cases}$$

由此式可见，要使 L_n 最大，只要 θ 最小. 而由 L_n 的表达式知，当 $\hat{\theta}=\max(x_1,x_2,\cdots,x_n)$ 时，θ 为最小，此时 L_n 最大. 故 θ 的最大似然估计值为 $\hat{\theta}=\max(x_1,x_2,\cdots,x_n)$，而似然估计量为 $\hat{\theta}=\max(X_1,X_2,\cdots,X_n)$.

例 7.3 设总体 X 的概率密度函数为

$$f(X)=\begin{cases}\lambda e^{-\lambda(x-\mu)}, & x\geqslant\mu,\\ 0, & x<\mu,\end{cases}$$

其中，$\lambda>0$ 和 μ 都是参数. 又若 $X_1,\cdots,X_n,X_{n+1}$ 为总体的简单随机样本，而 $x_1,x_2,\cdots,x_n$ 为样本的观察值. 设 λ 已知，求 μ 的最大似然估计 $\hat{\mu}$.

解 写出似然函数

$$L_n(x_1,\cdots,x_n;\mu)=\begin{cases}\lambda^n\cdot e^{-\lambda\sum\limits_{i=1}^{n}(x_i-\mu)^2}, & x_i\geqslant\mu(i=1,2,\cdots,n),\\ 0, & \text{其他}.\end{cases}$$

$$\ln L_n=\begin{cases}n\ln\lambda-\lambda\left(\sum\limits_{i=1}^{n}x_i-n\mu\right), & x_i\geqslant\mu(i=1,2,\cdots,n),\\ -\infty, & \text{其他}.\end{cases}$$

$$\frac{d\ln L_n}{d\mu}=n\lambda>0.$$

这说明 $\ln L_n$ 是随 μ 的增加而增加的. 由于 $x_1,x_2,\cdots,x_n$ 均大于等于 μ，所以要使 $\ln L_n$ 最大，只需 μ 最大，而 $\mu_{\max}=\min(x_1,\cdots,x_n)$，此值即为 μ 的最大似然估计，即

$$\hat{\mu}=\min(x_1,\cdots,x_n).$$

例 7.4 设 $\hat{\theta}$ 是参数 θ 的无偏估计，且有 $D(\hat{\theta})>0$，试证明 $\hat{\theta}^2$ 不是 θ^2 的无偏估计.

证明 由题意得 $D(\hat{\theta})=E(\hat{\theta}^2)-(E\hat{\theta})^2$ 及 $E(\hat{\theta})=\theta$，而 $D(\hat{\theta})>0$，可以得出

$$E(\hat{\theta}^2)=D(\hat{\theta})+(E\hat{\theta})^2=\theta^2+D(\hat{\theta})\neq\theta^2.$$

因此，$\hat{\theta}^2$ 不是 θ^2 的无偏估计.

例 7.5 设总体 X 具有分布密度 $f(x;\alpha)=(\alpha+1)x^\alpha$，$0<x<1$，其中 $\alpha>-1$ 是未知参数，$X_1,X_2,\cdots,X_n$ 为一个样本，试求参数 α 的矩估计和最大似然估计.

解 由题意得

$$E(X)=\int_0^1 x(\alpha+1)x^\alpha dx=\int_0^1(\alpha+1)x^{\alpha+1}dx=\frac{\alpha+1}{\alpha+2}x^{\alpha+2}\Big|_0^1=\frac{\alpha+1}{\alpha+2},$$

令 $E(X)=\overline{X}=\frac{\hat{\alpha}+1}{\hat{\alpha}+2}$，所以 $\hat{\alpha}=\frac{2\overline{X}-1}{1-\overline{X}}$ 为 α 的矩估计.

又因似然函数

$$L(x_1,x_2,\cdots,x_n;\alpha)=(\alpha+1)^n(x_1x_2\cdots x_n)^\alpha,$$

所以

$$\ln L=n\ln(\alpha+1)+\alpha\sum_{i=1}^{n}\ln X_i,$$

由$\frac{\partial \ln L}{\partial \alpha}=\frac{n}{\alpha+1}+\sum_{i=1}^{n}\ln X_i=0$得，$\alpha$的最大似量估计量为

$$\hat{\alpha}=-\left(1+\frac{n}{\sum_{i=1}^{n}\ln X_i}\right).$$

例 7.6 设总体 X 服从指数分布

$$f(x)=\begin{cases}\lambda e^{-\lambda x}, & x>0,\\ 0, & 其他,\end{cases}$$

$X_1,X_2,\cdots,X_n$ 是来自 X 的样本. 求：(1) 未知参数 λ 的矩估计；(2) λ 的最大似然估计.

解 (1) 由于 $E(X)=\frac{1}{\lambda}$，令$\frac{1}{\lambda}=\overline{X}\Rightarrow\lambda=\frac{1}{\overline{X}}$，故 λ 的矩估计为$\hat{\lambda}=\frac{1}{\overline{X}}$.

(2) 由题意得，似然函数

$$L(\lambda)=\lambda^n e^{-\lambda\sum_{i=1}^{n}x_i}.$$

于是

$$\ln L=n\ln\lambda-\lambda\sum_{i=1}^{n}x_i,$$

$$\frac{d\ln L}{d\lambda}=\frac{n}{\lambda}-\sum_{i=1}^{n}x_i=0\Rightarrow\hat{\lambda}=\frac{n}{\sum_{i=1}^{n}x_i}\bar{x},$$

故 λ 的最大似然估计仍为$\frac{1}{\overline{X}}$.

例 7.7 设总体 $X\sim N(0,\sigma^2)$，$X_1,X_2,\cdots,X_n$ 为取自 X 的一组简单随机样本，求 σ^2 的最大似然估计.

解 (1) 由题意得，似然函数

$$L(\sigma^2)=\prod_{i=1}^{n}\frac{1}{\sqrt{2\pi\sigma}}e^{-\frac{x_i^2}{2\sigma^2}}=(2\pi\sigma^2)^{-\frac{n}{2}}\cdot e^{-\sum_{i=1}^{n}\frac{x_i^2}{2\sigma^2}},$$

于是

$$\ln L=-\frac{n}{2}\ln 2\pi-\frac{n}{2}\ln\sigma^2-\sum_{i=1}^{n}\frac{x_i^2}{2\sigma^2},$$

$$\frac{d\ln L}{d\sigma^2}=-\frac{n}{2\sigma^2}+\frac{1}{2\sigma^4}\sum_{i=1}^{n}x_i^2.$$

令$\dfrac{\mathrm{d}\ln L}{\mathrm{d}\sigma^2}=0$，得 σ^2 的最大似然估计 $\hat{\sigma}^2=\dfrac{1}{n}\sum\limits_{i=1}^{n}X_i^2$.

例 7.8 设总体 X 服从泊松分布 $P(\lambda)$，$X_1,X_2,\cdots,X_n$ 为取自 X 的一组简单随机样本，求：(1) 未知参数 λ 的矩估计；(2) λ 的最大似然估计.

解 (1) 令 $E(X)=\lambda=\overline{X}\Rightarrow\hat{\lambda}=\overline{X}$，此为 λ 的矩估计.

(2) 由题意得，似然函数

$$L(\lambda)=\prod_{i=1}^{n}\frac{\lambda^{x_i}\mathrm{e}^{-\lambda}}{x_i!}=\frac{\lambda^{\sum\limits_{i=1}^{n}x_i}\mathrm{e}^{-n\lambda}}{\prod\limits_{i=1}^{n}x_i!}$$

于是
$$\ln L=\sum_{i=1}^{n}x_i\ln\lambda-n\lambda-\sum_{i=1}^{n}\ln x_i!,$$

$$\frac{\mathrm{d}\ln L}{\mathrm{d}\lambda}=\frac{\sum\limits_{i=1}^{n}x_i}{\lambda}-n=0\Rightarrow\hat{\lambda}=\frac{\sum\limits_{i=1}^{n}x_i}{n}=\overline{x},$$

故 λ 的最大似然估计仍为 $\overline{X}$.

例 7.9 设 X_1,X_2,X_3 是取自总体 X 的一个样本，则下面三个均值估计量 $\hat{\mu}_1=\dfrac{1}{5}X_1+\dfrac{3}{10}X_2+\dfrac{1}{2}X_3$，$\hat{u}_2=\dfrac{1}{3}X_1+\dfrac{1}{4}X_2+\dfrac{5X_3}{12}$，$\hat{u}_3=\dfrac{1}{3}X_1+\dfrac{3}{4}X_2-\dfrac{1}{12}X_3$ 都是总体均值的无偏估计，则________最有效.

解 由题意得

$$D(\hat{u}_1)=D\left(\frac{1}{5}X_1+\frac{3}{10}X_2+\frac{1}{2}X_3\right)=38\sigma^2/100,$$

$$D(\hat{u}_2)=D\left(\frac{1}{3}X_1+\frac{1}{4}X_2+\frac{5X_3}{12}\right)=50\sigma^2/144,$$

$$D(\hat{u}_3)=D\left(\frac{1}{3}X_1+\frac{3}{4}X_2-\frac{1}{12}X_3\right)=98\sigma^2/144,$$

所以 $D(\hat{\mu}_2)<D(\hat{\mu}_1)<D(\hat{\mu}_3)$，故 $\hat{\mu}_2$ 最有效.

例 7.10 设 $X_1,X_2,\cdots,X_n$ 是取自总体 $N(0,\sigma^2)$ 的样本，则可以作为 σ^2 的无偏估计量的是(　　).

(A) $\dfrac{1}{n}\sum\limits_{i=1}^{n}(X_i-\overline{X})^2$　(B) $\dfrac{1}{n-1}\sum\limits_{i=1}^{n}(X_i-\overline{X})^2$　(C) $\dfrac{1}{n}\sum\limits_{i=1}^{n}X_i$　(D) $\dfrac{1}{n}\sum\limits_{i=1}^{n}X_i^2$

解 $E\left(\dfrac{1}{n-1}\sum\limits_{i=1}^{n}(X_i-\overline{X})^2\right)=\sigma^2$. 故选(B).

例 7.11 设 $X_1,X_2,\cdots,X_n$ 为从一总体中抽出的一组样本，总体均值 μ 已知，用 $\dfrac{1}{n-1}\sum\limits_{i=1}^{n}(X_i-\mu)^2$ 去估计总体方差 σ^2，它是否是 σ^2 的无偏估计，应如何

修改,才能成为无偏估计.

解　因为

$$E\left[\frac{1}{n-1}\sum_{i=1}^{n}(X_i-\mu)^2\right]=\frac{1}{n-1}\sum_{i=1}^{n}E(X_i-\mu)^2=\frac{n}{n-1}\sigma^2\neq\sigma^2,$$

所以 $\frac{1}{n-1}\sum_{i=1}^{n}(X_i-\mu)^2$ 不是 σ^2 的无偏估计,但 $\frac{1}{n}\sum_{i=1}^{n}(X_i-\mu)^2$ 是 σ^2 的无偏估计.

例 7.12　设 $X_1,X_2,\cdots,X_n$ 是来自总体 $N(\mu,\sigma^2)$ 的一个样本,若使 $C\cdot\sum_{i=1}^{n-1}(X_{i+1}-X_i)^2$ 为 σ^2 的无偏估计,求常数 C 的值.

解　由题意得

$$\begin{aligned}E\left[C\cdot\sum_{i=1}^{n-1}(X_{i+1}-X_i)^2\right]&=C\sum_{i=1}^{n-1}[E(X_{i+1}-X_i)^2]\\&=C\sum_{i=1}^{n-1}[EX_{i+1}^2+EX_i^2-2EX_{i+1}EX_i]\\&=C\sum_{i=1}^{n-1}[\mu^2+\sigma^2+\mu^2+\sigma^2-2\mu^2]\\&=2(n-1)C\sigma^2=\sigma^2\end{aligned}$$

从而

$$C=\frac{1}{2(n-1)}.$$

例 7.13　设总体 $X\sim N(\mu,\sigma^2)$,σ^2 未知,设总体均值 μ 的置信度 $1-\alpha$ 的置信区间长度 l,那么 l 与 a 的关系为(　　).

(A) a 增大,l 减小　　(B) a 增大,l 增大

(C) a 增大,l 不变　　(D) a 与 l 关系不确定

解　μ 的置信度 $1-\alpha$ 的置信区间长度 l 为 $2t_{\alpha/2}(n-1)s/\sqrt{n}$,故选(A).

例 7.14　设总体 $X\sim N(\mu,\sigma^2)$,且 σ^2 已知,现在以置信度 $1-\alpha$ 估计总体均值 μ,下列做法中一定能使估计更精确的是(　　).

(A) 提高置信度 $1-\alpha$,增加样本容量

(B) 提高置信度 $1-\alpha$,减少样本容量

(C) 降低置信度 $1-\alpha$,增加样本容量

(D) 降低置信度 $1-\alpha$,减少样本容量

解　μ 的置信度 $1-\alpha$ 的置信区间长度 l 为 $2t_{\alpha/2}(n-1)s/\sqrt{n}$,长度越小,精度越高,故选(C).

例 7.15　设大学生男生身高的总体 $X\sim N(\mu,16)$(单位:cm),若要使其平均身高置信度为 0.95 的置信区间长度小于 1.2,问:至少应抽查多少名男生的

身高？

解 已知方差 $\sigma^2=16$，且为 $N(\mu,16)$ 的总体，应选随机变量

$$Z=\frac{\overline{X}-\mu}{\frac{\sigma}{\sqrt{n}}}\sim N(0,\ 1).$$

已知 $1-\alpha=0.95$，故有

$$P\{|Z|<z_{\alpha/2}\}=1-\alpha,$$

即 $P\{|Z\}<z_{0.025}\}=0.95$，查表得 $z_{0.025}=1.96$，置信区间为

$$\left(\overline{X}-z_{0.025}\cdot\frac{\sigma}{\sqrt{n}},\overline{X}+z_{0.025}\cdot\frac{\sigma}{\sqrt{n}}\right).$$

置信区间长度为 $2z_{0.025}\cdot\frac{\sigma}{\sqrt{n}}$.

由 $L<1.2$ 得

$$2\times1.96\times\frac{\sigma}{\sqrt{n}}<1.2,$$

所以

$$n\geqslant\left(\frac{2\times1.96\times\sigma}{1.2}\right)^2=\frac{2^2\times1.96^2\times16}{1.2^2}=171.$$

故至少应抽查 171 名男生的身高.

例 7.16 设某种清漆的 9 个样品，其干燥时间（以小时计）分别为 6.0，5.7，5.8，6.5，7.0，6.3，5.6，6.1，5.0. 设干燥时间总体服从正态分布 $N(\mu,\sigma^2)$，求 μ 的置信度为 0.95 的置信区间（方差 σ^2 未知）.

解 由于 μ,σ^2 均未知，故选随机变量

$$T=\frac{\overline{X}-\mu}{S/\sqrt{n}}\sim t(n-1),$$

从而有

$$P\left\{\left|\frac{\overline{X}-\mu}{S/\sqrt{n}}\right|<t_{0.025}(8)\right\}=0.95.$$

由 $n=9$ 查 t 分布表得 $t_{0.025}(8)=2.060$，算得

$$\bar{x}=6,\ s^2=\frac{1}{8}\sum_{i=1}^{9}(x_i-\bar{x})=0.33.$$

因此 μ 的置信区间为

$$\left(\overline{X}-t_{\frac{\alpha}{2}}\frac{S}{\sqrt{n}},\overline{X}+t_{\frac{\alpha}{2}}\cdot\frac{S}{\sqrt{n}}\right)=(5.56,6.64).$$

例 7.17 某厂生产的钢丝，其抗拉强度 $X\sim N(\mu,\sigma^2)$，其中 μ,σ^2 均未知. 从

中任取 9 根钢丝，测得其强度(单位:kg)为

$$578,582,574,568,596,572,570,584,578.$$

求总体方差 σ^2、均方差 σ 的置信度为 0.99 的置信区间.

分析　由于参数 μ,σ^2 均未知，故取统计量 $\frac{(n-1)S^2}{\sigma^2}\sim\chi^2(n-1)$，从而得 σ^2,σ 置信度为 $1-\alpha$ 的置信区间分别为

$$\left(\frac{(n-1)S^2}{\chi^2_{\frac{\alpha}{2}}(n-1)},\frac{(n-1)S^2}{\chi^2_{1-\frac{\alpha}{2}}(n-1)}\right),\ \left(\sqrt{\frac{(n-1)S^2}{\chi^2_{\frac{\alpha}{2}}(n-1)}},\sqrt{\frac{(n-1)S^2}{\chi^2_{1-\frac{\alpha}{2}}(n-1)}}\right).$$

解　由题意得　$\bar{x}=\frac{1}{9}\sum_{i=1}^{9}x_i=578,$

$$s^2=\frac{1}{8}\sum_{i=1}^{9}(x_i-\bar{x})^2=\frac{1}{8}\times 572=74,\ \alpha=0.01,$$

$$\chi^2_{\frac{\alpha}{2}}(n-1)=\chi^2_{0.005}(8)=21.955,$$

$$\chi^2_{1-\frac{\alpha}{2}}(n-1)=\chi^2_{0.995}(8)=1.344,$$

所以，方差 σ^2 的置信度为 0.99 的置信区间为

$$\left(\frac{592}{21.955},\frac{592}{1.344}\right)，即(26.96,440.48).$$

均方差 σ 的置信度为 0.99 的置信区间为

$$\left(\sqrt{\frac{592}{21.955}},\sqrt{\frac{592}{1.344}}\right)，即(5.19,20.99).$$

例 7.18　设有两个正态总体，$X\sim N(\mu_1,\sigma_1^2)$，$Y\sim N(\mu_2,\sigma_2^2)$. 分别从 X 和 Y 抽取容量为 $n_1=25$ 和 $n_2=8$ 的两个样本，并求得 $s_1=8$，$s_2=7$. 试求两正态总体方差比 $\frac{\sigma_1^2}{\sigma_2^2}$ 的置信度为 0.98 的置信区间.

分析　由于 μ_1,μ_2 均未知，故取统计量 $\frac{S_1^2/\sigma_1^2}{S_2^2/\sigma_2^2}\sim F(n_1-1,n_2-1)$，$\frac{\sigma_1^2}{\sigma_2^2}$ 的置信度为 $1-\alpha$ 的置信区间为

$$\left(\frac{S_1^2}{S_2^2\cdot F_{\frac{\alpha}{2}}(n_1-1,n_2-1)},\frac{S_1^2}{S_2^2\cdot F_{1-\frac{\alpha}{2}}(n_1-1,n_2-1)}\right).$$

解　由 $\alpha=0.02$，查表得 $F_{0.01}(24,7)=6.07$，$F_{0.99}(24,7)=\frac{1}{F_{0.01}(7,24)}=0.2857$，所以，$\frac{\sigma_1^2}{\sigma_2^2}$ 的置信度为 0.98 的置信区间为(0.215 2,4.571 4).

例 7.19　设总体 $X\sim N(\mu,0.9^2)$，当样本容量 $n=9$ 时，测得 $\overline{X}=5$，求未知参数 μ 的置信度为 0.95 的置信区间.

解 μ 的置信区间为$\left(\overline{X}-z_{\frac{\alpha}{2}}\frac{\sigma}{\sqrt{n}},\overline{X}+z_{\frac{\alpha}{2}}\frac{\sigma}{\sqrt{n}}\right)$. 由题意得

$$\alpha=0.05,\ n=9,\ \sigma=0.9,\ \overline{X}=5,\ z_{0.025}=1.96,$$

所以,μ 的置信区间为(4.412, 5.588).

例 7.20 设总体 $X\sim N(\mu,\sigma^2)$已知 $\sigma=\sigma_0$,要使总体均值 μ 的置信水平为 $1-\alpha$ 的置信区间的长度不大于 L,问需要抽取多大容量的样本.

解 μ 的置信区间为$\left(\overline{X}-z_{\frac{\alpha}{2}}\frac{\sigma_0}{\sqrt{n}},\overline{X}+z_{\frac{\alpha}{2}}\frac{\sigma_0}{\sqrt{n}}\right)$,且

$$2z_{\frac{\alpha}{2}}\cdot\frac{\sigma_0}{\sqrt{n}}\leqslant L\Rightarrow n\geqslant\frac{4z_{\frac{\alpha}{2}}^2\ \sigma_0^2}{L^2}.$$

例 7.21 某车间生产自行车中所用小钢球,从长期生产实践中得知钢球直径 $X\sim N(\mu,\sigma^2)$. 现从某批产品里随机抽取 6 件,测得它们的直径(单位:mm)为

$$14.6, 15.1, 14.9, 14.8, 15.2, 15.1.$$

置信度 $1-\alpha=0.95$(即 $\alpha=0.05$).

(1) 若 $\sigma^2=0.06$,求 μ 的置信区间;

(2) 若 σ^2 未知,求 μ 的置信区间;

(3) 求方差 σ^2、均方差 σ 的置信区间.

解 (1) σ^2 已知,则 μ 的置信区间为$\left(\overline{X}-z_{\frac{\alpha}{2}}\frac{\sigma}{\sqrt{n}},\overline{X}+z_{\frac{\alpha}{2}}\frac{\sigma}{\sqrt{n}}\right)$,且

$$n=5,\ \alpha=0.05,\ z_{\frac{\alpha}{2}}=1.96,$$

代入则得 μ 的置信区间为(14.75, 15.15).

(2) σ^2 未知,则 μ 的置信区间为$\left(\overline{X}-t_{\frac{\alpha}{2}}\frac{S}{\sqrt{n}},\overline{X}+t_{\frac{\alpha}{2}}\frac{S}{\sqrt{n}}\right)$,且 $n=5$, $\alpha=0.05$,查表得 $t_{\frac{0.05}{2}}=2.570\ 6$,代入得 μ 的置信区间为(14.71, 15.19).

(3) 由题意得$\frac{(n-1)S^2}{\sigma^2}\sim\chi^2(n-1)$,则 σ^2 的置信区间为

$$\left(\frac{(n-1)S^2}{\chi_{\frac{\alpha}{2}}^2(n-1)},\ \frac{(n-1)S^2}{\chi_{1-\frac{\alpha}{2}}^2(n-1)}\right),$$

且 $\alpha=0.05$, $n=5$. 代入得 σ^2 的置信区间为(0.019 9,0.306 9).

均方差 σ 的置信区间为$(\sqrt{0.019\ 9},\sqrt{0.306\ 9})=(0.141\ 1,0.262\ 7)$.

例 7.22 设从正态总体 X 中采用了 $n=31$ 个相互独立的观察值,算得样本均值 $\overline{x}=58.61$ 及样本方差 $s^2=5.8^2$,求总体 X 的均值和方差的 90%的置信区间.

解 由题意得 $1-\alpha=0.9$, $\frac{\alpha}{2}=0.05$, $1-\frac{\alpha}{2}=0.95$,

$$n=31,\ s=5.8,\ t_{0.05}(30)=1.6973.$$

所以，μ 的 90%的置信区间为

$$\left(\overline{X}\pm t_{\frac{\alpha}{2}}(n-1)\frac{s}{\sqrt{n}}\right)=(56.84,\ 60.38),$$

且 $\chi^2_{0.05}(30)=43.77$，$\chi^2_{0.95}(30)=18.49$，$S^2=33.64$.

σ^2 的(1－a)%的置信区间为

$$\left(\frac{(n-1)s^2}{\chi^2_{\frac{\alpha}{2}}(n-1)},\frac{(n-1)s^2}{\chi^2_{1-\frac{\alpha}{2}}(n-1)}\right),$$

即
$$\frac{30\times 33.64}{43.77}<\sigma^2<\frac{30\times 33.8}{18.49}\ 23.1<\sigma^2<54.6.$$

所以，σ^2 的 90%的置信区间为(23.1, 54.6).

例 7.23　设某种灯泡的寿命 X 服从正态分布 $N(\mu,\ \sigma^2)$，μ，σ^2 未知，现从中任取 5 个灯泡进行寿命测试(单位:1 000 小时)，得

$$10.5,\ 11.0,\ 11.2,\ 12.5,\ 12.8.$$

求方差及均方差的 90%的置信区间.

解　由题意得 $\overline{x}=\frac{1}{5}\sum_{i=1}^{5}x_i=11.6$，$S^2=\frac{1}{4}\sum_{i=1}^{5}(x_i-\overline{x})^2=0.995$，

$$1-\alpha=0.9,\ \frac{\alpha}{2}=0.05,\ 1-\frac{\alpha}{2}=0.95,$$

$$n-1=4,x^2_{0.95}(4)=9.488,\ x^2_{0.05}(4)=0.711,$$

$$\frac{4\times 0.995}{9.488}=0.419,\ \frac{4\times 0.995}{0.711}=5.598,$$

所以 σ^2 及 σ 的 90%的置信区间为

$(0.419,\ 5.598)$及$(\sqrt{0.419},\sqrt{5.598})=(0.647,\ 2.366)$.

例 7.24　二正态总体 $N(\mu_1,\sigma_1^2)$，$N(\mu_2,\sigma_2^2)$的参数均未知，依次取容量为 $n_1=10$，$n_2=11$ 的二独立样本，测得样本均值分别为 $\overline{x}_1=1.2$，$\overline{x}_2=2.8$，样本方差分别为 $S_1^2=0.34$，$S_2^2=0.29$，求：

(1) 二总体均值差 $\mu_1-\mu_2$ 的 90%的置信区间；

(2) 二总体方差比 90%的置信区间.

解　由题意得

$$1-\alpha=0.9,\ \frac{\alpha}{2}=0.05,\ n_1-1=9,\ n_2-1=10.$$

(1)
$$s_w^2=\frac{9\times 0.34+10\times 0.29}{19}=0.3137,\ t_{0.05}(19)=1.729,$$

故 $\mu_1-\mu_2$ 的 90%的置信区间为

$$\left(1.2-2.8-1.729\cdot\sqrt{0.3137}\sqrt{\frac{1}{10}+\frac{1}{11}},1.2-2.8+1.729\cdot\sqrt{0.3137}\sqrt{\frac{1}{10}+\frac{1}{11}}\right)$$

$=(-2.0231,-1.1769)$.

(2)
$$F_{0.05}(9,10)=3.02,$$
$$F_{0.95}(9,10)=\frac{1}{F_{0.95}(10,9)}=\frac{1}{3.14},$$
$$\frac{S_1^2}{S_2^2}=\frac{0.34}{0.29}=1.17,$$

所以 σ_1^2/σ_2^2 的 90% 的置信区间为

$$\left(1.17\times\frac{1}{3.02},\ 1.17\times3.14\right)=(0.39,\ 3.67).$$

例 7.25 设从一批灯泡中，随机地取 5 只做寿命试验，测得寿命(以小时计)为

$$1\,050,\ 1\,100,\ 1\,120,\ 1\,250,\ 1\,280.$$

设灯泡寿命服从正态分布，求灯泡寿命平均值的置信水平为 0.95 的单侧置信下限.

解 由题意得 $1-\alpha-0.95,\bar{x}=1\,160,s^2=9\,950$,

$$n=5,\ t_\alpha(n-1)=t_{0.05}(4)=2.131\,8,$$

故寿命为 μ 的置信水平位 0.95 的单侧置信下限为

$$\underline{\mu}=\bar{x}-\frac{s}{\sqrt{n}}t_\alpha(n-1)=1\,065.$$

例 7.26 从一批电视机显像管中随机抽取 6 个测试其使用寿命(单位：kh)，得到样本观察值为

$$15.6,14.9,16.0,14.8,15.3,15.5.$$

设显像管使用寿命 $X\sim N(\mu,\sigma^2)$，求：

(1) 使用寿命 μ 的置信水平为 0.95 的单侧置信下限；

(2) 方差 σ^2 的置信水平为 0.9 的单侧置信上限.

解 (1) 使用寿命 μ 的置信水平为 0.95 的单侧置信下限

$$\underline{\mu}=\bar{x}-\frac{s}{\sqrt{n}}t_\alpha(n-1)=15.35-\frac{\sqrt{0.203}\times2.02}{\sqrt{6}}\approx14.98.$$

(2) 方差 σ^2 的置信水平为 0.9 的单侧置信上限为

$$\bar{\sigma}^2=\frac{(n-1)S^2}{\chi^2_{1-\alpha}(n-1)}=\frac{5\times0.203}{1.61}\approx0.603.$$

考研真题

1. 设总体 X 的概率密度为

$$f(x)=\begin{cases}\lambda^2 x\mathrm{e}^{-\lambda x}, & x>0,\\ 0, & 其他,\end{cases}$$

其中参数 $\lambda(\lambda>0)$未知，$X_1,X_2,\cdots,X_n$ 是来自总体 X 的简单随机样本，求：

(1) 求参数 λ 的矩估计量；

(2) 求参数 λ 的最大似然估计量.

解　(1) 由 $E(X)=\overline{X}$，而

$$E(X)=\int_0^{+\infty}\lambda^2 x^2\mathrm{e}^{-\lambda x}\mathrm{d}x=\frac{2}{\lambda}=\overline{X},$$

则 $\hat{\lambda}=\dfrac{2}{\overline{X}}$为总体的矩估计量.

(2) 构造似然函数

$$L(x_1,\cdots,x_n;\lambda)=\prod_{i=1}^{n}f(x_i;\lambda)=\lambda^{2n}\cdot\prod_{i=1}^{n}x_i\cdot\mathrm{e}^{-\lambda\sum\limits_{i=1}^{n}x_i}.$$

取对数得
$$\ln L=2n\ln\lambda+\sum_{i=1}^{n}\ln x_i-\lambda\sum_{i=1}^{n}x_i.$$

令 $\dfrac{\mathrm{d}\ln L}{\mathrm{d}\lambda}=0\Rightarrow\dfrac{2n}{\lambda}-\sum\limits_{i=1}^{n}x_i=0\Rightarrow\hat{\lambda}=\dfrac{2n}{\sum\limits_{i=1}^{n}x_i}=\dfrac{2}{\frac{1}{n}\sum\limits_{i=1}^{n}x_i}=\dfrac{2}{\overline{X}}$.

故其最大似然估计量为

$$\hat{\lambda}=\frac{2}{\overline{X}}.$$

2. 设总体 X 的分布函数为

$$F(x,\beta)=\begin{cases}1-\dfrac{1}{x^{\beta}}, & x>1,\\ 0, & x\leqslant 1,\end{cases}$$

其中未知参数 $\beta>1$，$X_1,X_2,\cdots,X_n$ 为来自总体 X 的简单随机样本，求：

(1) β 的矩估计量；

(2) β 的最大似然估计量.

解　X 的概率密度为

$$f(x,\beta)=\begin{cases}\dfrac{\beta}{x^{\beta+1}}, & x>1,\\ 0, & x\leqslant 1.\end{cases}$$

(1) 由于

$$E(X)=\int_{-\infty}^{+\infty}xf(x;\beta)\mathrm{d}x=\int_1^{+\infty}x\cdot\frac{\beta}{x^{\beta+1}}\mathrm{d}x=\frac{\beta}{\beta-1},$$

令$\dfrac{\beta}{\beta-1}=\overline{X}$，解得 $\beta=\dfrac{\overline{X}}{\overline{X}-1}$，所以参数 β 的矩估计量为

$$\hat{\beta}=\frac{\overline{X}}{\overline{X}-1}.$$

(2) 似然函数为

$$L(\beta)=\prod_{i=1}^{n}f(x_i;\beta)=\begin{cases}\dfrac{\beta^n}{(x_1x_2\cdots x_n)^{\beta+1}}, & x_i>1,i=1,2,\cdots,n,\\ 0, & \text{其他}.\end{cases}$$

当 $x_i>1(i=1,2,\cdots,n)$ 时，$L(\beta)>0$，取对数得

$$\ln L(\beta)=n\ln\beta-(\beta+1)\sum_{i=1}^{n}\ln x_i,$$

两端对 β 求导，得

$$\frac{\mathrm{d}\ln L(\beta)}{\mathrm{d}\beta}=\frac{n}{\beta}-\sum_{i=1}^{n}\ln x_i.$$

令 $\dfrac{\mathrm{d}\ln L(\beta)}{\mathrm{d}\beta}=0$，可得

$$\beta=\frac{n}{\sum\limits_{i=1}^{n}\ln x_i},$$

故 β 的最大似然估计量为

$$\hat{\beta}=\frac{n}{\sum\limits_{i=1}^{n}\ln X_i}.$$

3. 设总体 X 的概率分布为

X	0	1	2	3
P	θ^2	$2\theta(1-\theta)$	θ^2	$1-2\theta$

其中 $\theta\left(0<\theta<\dfrac{1}{2}\right)$ 是未知参数，利用总体 X 的如下样本值 3,1,3,0,3,1,2,3，求 θ 的矩估计值和最大似然估计值.

解 由题意得

$$E(X)=0\times\theta^2+1\times2\theta(1-\theta)+2\times\theta^2+3\times(1-2\theta)=3-4\theta.$$

令 $\overline{X}=3-4\theta$，从而得出 θ 的矩估计量为 $\theta=\dfrac{1}{4}(3-\overline{X})$，根据给定的样本观察值计算得出 $\bar{x}=2$，θ 的矩估计值为 $\theta=\dfrac{1}{4}$.

对于给定的样本观察值，似然函数为

$$L(\theta)=4\theta^6(1-\theta)^2(1-2\theta)^4,$$

取对数得　　$\ln L(\theta)=\ln 4+6\ln\theta+2\ln(1-\theta)+4\ln(1-2\theta)$,

求导得　　$\dfrac{\mathrm{d}\ln L(\theta)}{\mathrm{d}\theta}=\dfrac{6}{\theta}-\dfrac{2}{1-\theta}-\dfrac{8}{1-2\theta}=\dfrac{24\theta^2-28\theta+6}{\theta(1-\theta)(1-2\theta)}$.

令$\dfrac{\mathrm{d}\ln L(\theta)}{d\theta}=0$,得方程

$$12\theta^2-14\theta+3=0,$$

解得 $\theta_{1,2}=\dfrac{7\pm\sqrt{13}}{12}$.

结合题意可知 θ 的最大似然估计值为$\hat{\theta}=\dfrac{7-\sqrt{13}}{12}$.

4. 设总体 X 的概率密度为

$$f(x)=\begin{cases}2\mathrm{e}^{-2(x-\theta)}, & x>\theta,\\ 0, & x\leqslant\theta,\end{cases}$$

其中 $\theta>0$ 是未知参数. 从总体 X 中抽取简单随机样本 $X_1,X_2,\cdots,X_n$,记$\hat{\theta}=\min(X_1,X_2,\cdots,X_n)$.

(1) 求总体 X 的分布函数 $F(x)$;

(2) 求统计量$\hat{\theta}$的分布函数 $F_{\hat{\theta}}(x)$;

(3) 如果用$\hat{\theta}$作为 θ 的估计量,讨论它是否具有无偏性.

解

(1) $F(x)=\displaystyle\int_{-\infty}^{x}f(t)\,\mathrm{d}t=\begin{cases}1-\mathrm{e}^{-2(x-\theta)}, & x>\theta,\\ 0, & x\leqslant\theta,\end{cases}$

(2)

$$\begin{aligned}F_{\theta}(x)&=P\{\theta\leqslant x\}=P\{\min(X_1,X_2,\cdots,X_n)\leqslant x\}\\&=1-P\{\min(X_1,X_2,\cdots,X_n)>x\}\\&=1-P\{X_1>x,X_2>x,\cdots,X_n>x\}=1-[1-F(x)]^n\\&=\begin{cases}1-\mathrm{e}^{-2n(x-\theta)}, & x>\theta,\\ 0, & x\leqslant\theta.\end{cases}\end{aligned}$$

(3) $\hat{\theta}$的概率密度函数为

$$f_{\hat{\theta}}(x)=\frac{\mathrm{d}F_{\hat{\theta}}(x)}{\mathrm{d}x}=\begin{cases}2n\mathrm{e}^{-2n(x-\theta)}, & x>\theta,\\ 0, & x\leqslant\theta.\end{cases}$$

因为

$$E(\hat{\theta})=\int_{-\infty}^{+\infty}xf_{\hat{\theta}}(x)\,\mathrm{d}x=\int_{0}^{+\infty}2nx\mathrm{e}^{-2n(x-\theta)}\,\mathrm{d}x=\theta+\frac{1}{2n}\neq\theta,$$

所以$\hat{\theta}$作为 θ 的估计量不具有无偏性.

5. 设总体 X 的概率密度为

$$f(x,\theta)=\begin{cases}\theta, & 0<x<1,\\ 1-\theta, & 1\leqslant x\leqslant 2,\\ 0, & 其他,\end{cases}$$

其中参数 θ 是未知参数($0<\theta<1$). $X_1,X_2,\cdots,X_n$ 为来自总体的简单随机样本，记 N 为样本值 $x_1,x_2,\cdots,x_n$ 中小于 1 的个数. 求 θ 的最大似然估计.

解 对样本 $x_1,x_2,\cdots,x_n$ 按照小于 1 或不小于 1 进行分类:

$$x_{p_1},x_{p_2},\cdots,x_{p_N}<1,\ x_{p_{N+1}},x_{p_{N+2}},\cdots,x_{p_n}\geqslant 1.$$

似然函数

$$\ln L(\theta)=\begin{cases}\theta^N(1-\theta)^{n-N}, & x_{p_1},x_{p_2},\cdots,x_{p_N}<1,\ x_{p_{N+1}},x_{p_{N+2}},\cdots,x_{p_n}\geqslant 1,\\ 0, & 其他.\end{cases}$$

在 $x_{p_1},x_{p_2},\cdots,x_{p_N}<1,x_{p_{N+1}},x_{p_{N+2}},\cdots,x_{p_n}\geqslant 1$ 时,

$$\ln L(\theta)=N\ln\theta+(n-N)\ln(1-\theta).$$

因为 $\dfrac{\mathrm{d}\ln L(\theta)}{\mathrm{d}\theta}=\dfrac{N}{\theta}-\dfrac{n-N}{1-\theta}=0$,从而求出最大似然估计为 $\hat{\theta}=\dfrac{N}{n}$.

6. 设总体 X 的概率密度为

$$f(x,\theta)=\begin{cases}\dfrac{1}{2\theta}, & 0<x<\theta,\\ \dfrac{1}{2(1-\theta)}, & \theta\leqslant x<1,\\ 0, & 其他.\end{cases}$$

$X_1,X_2,\cdots,X_n$ 是来自总体 X 的简单随机样本, $\overline{X}$ 是样本均值.

(1) 求参数 θ 的矩估计量 $\hat{\theta}$;

(2) 判断 $4\overline{X}^2$ 是否为 θ^2 的无偏估计量,并说明理由.

解

(1) 由题意得

$$E(X)=\int_{-\infty}^{+\infty}xf(x)\mathrm{d}x=\int_0^\theta x\,\frac{1}{2\theta}\mathrm{d}x+\int_\theta^1 x\,\frac{1}{2(1-\theta)}\mathrm{d}x=\frac{\theta}{2}+\frac{1}{4}.$$

令 $\overline{X}=\dfrac{\theta}{2}+\dfrac{1}{4}$,得出 $\hat{\theta}=2\overline{X}-\dfrac{1}{2}$.

(2) 由题意得

$$E(4\overline{X}^2)=4E(\overline{X}^2)=4[D(\overline{X})+(E(\overline{X}))^2]=4\left[\frac{1}{n}D(X)+(E(X))^2\right],$$

$$E(X^2)=\int_{-\infty}^{\infty}x^2f(x)\mathrm{d}x=\int_0^\theta x^2\,\frac{1}{2\theta}\mathrm{d}x+\int_\theta^1 x^2\,\frac{1}{2(1-\theta)}\mathrm{d}x=\frac{\theta^2}{3}+\frac{\theta}{3}+\frac{1}{6},$$

所以 $$D(X)=E(X^2)-(E(X))^2=\frac{\theta^2}{12}-\frac{\theta}{12}+\frac{5}{48},$$

$$E(4\overline{X}^2)=4\left[\frac{1}{n}D(X)+(E(X))^2\right]$$

$$=\left(1+\frac{1}{3n}\right)\theta^2+\left(1-\frac{1}{3n}\right)\theta+\left(\frac{1}{4}+\frac{5}{12n}\right)\neq\theta^2.$$

所以 $4\overline{X}^2$ 不是 θ^2 的无偏估计量.

7. 设总体 X 的概率密度为

$$f(x;\theta)=\begin{cases}\dfrac{\theta^2}{x^3}\mathrm{e}^{-\frac{\theta}{x}}, & x>0,\\ 0, & 其他,\end{cases}$$

其中 θ 为未知参数且大于零，$X_1,X_2,\cdots,X_n$ 为来自总体 X 的简单随机样本.

(1) 求 θ 的矩估计量；

(2) 求 θ 的最大似然估计量.

解 (1) 由题意得

$$E(X)=\int_{-\infty}^{+\infty}xf(x;\theta)\mathrm{d}x=\int_0^{+\infty}x\frac{\theta^2}{x^3}\mathrm{e}^{-\frac{\theta}{x}}\mathrm{d}x=\theta\int_0^{+\infty}\mathrm{e}^{-\frac{\theta}{x}}\mathrm{d}\left(-\frac{\theta}{x}\right)=-\theta,$$

令 $\overline{X}=E(X)$，从而求得 θ 的矩估计量为 $\hat{\theta}=-\overline{X}$.

(2) 由题意得

$$L(\theta)=\prod_{i=1}^{n}f(x_i;\theta)=\begin{cases}\displaystyle\prod_{i=1}^{n}\frac{\theta^2}{x_i^3}\mathrm{e}^{-\frac{\theta}{x_i}}, & x_i>0,\ i=1,2,\cdots,n,\\ 0, & 其他.\end{cases}$$

当 $x_i>0(i=1,2,\cdots,n)$ 时，$L(\theta)=\prod\limits_{i=1}^{n}\dfrac{\theta^2}{x_i^3}\mathrm{e}^{-\frac{\theta}{x_i}}$.

又 $\ln L(\theta)=\sum\limits_{i=1}^{n}\left[2\ln\theta-3\ln x_i-\dfrac{\theta}{x_i}\right]$，令

$$\frac{\mathrm{d}\ln L(\theta)}{\mathrm{d}\theta}=\sum_{i=1}^{n}\left[\frac{2}{\theta}-\frac{1}{x_i}\right]=\frac{2n}{\theta}-\sum_{i=1}^{n}\frac{1}{x_i}=0,$$

解得 $\theta=\dfrac{2n}{\sum\limits_{i=1}^{n}\dfrac{1}{x_i}}$. 所以 θ 的最大似然估计量 $\hat{\theta}=\dfrac{2n}{\sum\limits_{i=1}^{n}\dfrac{1}{X_i}}$.

8. 设总体 X 的概率密度为

$$f(x)=\begin{cases}(\theta+1)x^\theta, & 0<x<1,\\ 0, & 其他,\end{cases}$$

其中，未知参数 $\theta>-1$，$X_1,X_2,\cdots,X_n$ 是取自总体的简单随机样本. 用矩法估计和最大似然估计法求 θ 的估计.

解 由题意得

$$E(X)=\int_0^1 x(\theta+1)x^{\theta}\mathrm{d}x=\frac{\theta+1}{\theta+2}.$$

令 $\overline{X}=\frac{\theta+1}{\theta+2}$,解得$\hat{\theta}=\frac{2\overline{X}-1}{1-\overline{X}}$,此即 θ 的矩估计量.

设似然函数

$$L(\theta)=\prod_{i=1}^{n}(\theta+1)x_i^{\theta},\ 0<x_i<1,\ i=1,2,\cdots,n,$$

对此式取对数,即

$$\ln L(\theta)=n\ln(\theta+1)+\theta\sum_{i=1}^{n}\ln x_i$$

且
$$\frac{\mathrm{d}\ln L}{\mathrm{d}\theta}=\frac{n}{\theta+1}+\sum_{i=1}^{n}\ln x_i.$$

令$\frac{\mathrm{d}\ln L}{\mathrm{d}\theta}=0$,可得

$$\hat{\theta}=-1-\frac{n}{\sum_{i=1}^{n}\ln x_i}.$$

此即 θ 的最大似然估计量.

9. 设总体 X 的概率密度为

$$f(x)=\begin{cases}\frac{6x}{\theta^3}(\theta-x), & 0<x<\theta,\\ 0, & \text{其他}.\end{cases}$$

设 $X_1,X_2,\cdots,X_n$ 是取自总体的简单随机样本.

(1) 求 θ 的矩估计量;

(2) $\hat{\theta}$的方差 $D(\hat{\theta})$.

解 (1) 由题意得

$$E(X)=\int_0^{\theta}\frac{6x}{\theta^3}(\theta-x)\mathrm{d}x=\frac{\theta}{2}.$$

令 $\overline{X}=\frac{\theta}{2}$得 θ 的矩估计量$\hat{\theta}=2\overline{X}$.

(2) 经计算可得

$$E(X^2)=\int_0^{\theta}\frac{6x^3}{\theta^3}(\theta-x)\mathrm{d}x=\frac{6\theta^2}{20},$$

$$D(X)=E(X^2)-[E(X)]^2=\frac{\theta^2}{20},$$

$$D(\hat{\theta})=D(2\overline{X})=4D(\overline{X})=\frac{4}{n}D(X)=\frac{\theta^2}{5n}.$$

10. 设某种元件的使用寿命 X 的概率密度为

$$f(x;\theta)=\begin{cases}2e^{-2(x-\theta)}, & x>0,\\ 0, & x\leqslant\theta,\end{cases}$$

其中 $\theta>0$ 为未知参数.设 $x_1,x_2,\cdots,x_n$ 是 X 的一组样本观测值,求参数 θ 的最大似然估计值.

解 似然函数为

$$L(\theta)=2^n e^{-2\sum\limits_{i=1}^{n}(x_i-\theta)},\ x_i>\theta,\ i=1,2,\cdots,n,$$

取对数得

$$\ln L(\theta)=n\ln 2-2\sum_{i=1}^{n}(x_i-\theta).$$

由于

$$\frac{\mathrm{d}\ln L(\theta)}{\mathrm{d}\theta}=2n>0,$$

则 $L(\theta)$ 单调增加,因 θ 必须满足 $x_i>\theta(i=1,2,\cdots,n)$.

因此,当 θ 取 $x_1,x_2,\cdots,x_n$ 中的最小值时,$L(\theta)$ 取最大值,所以 θ 的最大似然估计值为

$$\hat{\theta}=\min\{x_1,x_2,\cdots,x_n\}.$$

11. 设总体 X 的概率密度为

$$f(x)=\begin{cases}\lambda a x^{a-1}e^{-\lambda x^a}, & x>0,\\ 0, & x\leqslant 0\end{cases}\quad(\lambda>0,a>0),$$

取来自总体 X 的简单随机样本 $X_1,X_2,\cdots,X_n$,求未知参数 λ 的最大似然估计量.

解 由

$$X\sim f(x)=\begin{cases}\lambda a x^{a-1}e^{-\lambda x^a}, & x>0,\\ 0, & x\leqslant 0,\end{cases}$$

得总体 X 的样本 $X_1,X_2,\cdots,X_n$ 的似然函数

$$L(x_1,x_2,\cdots,x_n;\lambda)=\prod_{i=1}^{n}\lambda a x_i^{a-1}e^{-\lambda x_i^a}=(\lambda a)^n\exp[-\lambda\sum_{i=1}^{n}x_i{}^a]\prod_{i=1}^{n}x_i{}^{a-1}.$$

取对数得

$$\ln L=n\ln(\lambda a)-\lambda\sum_{i=1}^{n}x_i{}^a+(a-1)\sum_{i=1}^{n}\ln x_i.$$

求 $\ln L$ 对 λ 的导数得

$$\frac{\mathrm{d}\ln L}{\mathrm{d}\lambda}=\frac{an}{\lambda a}-\sum_{i=1}^{n}x_i{}^a.$$

令

$$\frac{\mathrm{d}\ln L}{\mathrm{d}\lambda}=\frac{an}{\lambda a}-\sum_{i=1}^{n}x_i{}^a=0,$$

得

$$\lambda=\frac{n}{\sum_{i=1}^{n}x_i{}^a}.$$

所以未知参数 λ 的最大似然估计量为

$$\hat{\lambda}=\frac{n}{\sum_{i=1}^{n}X_i{}^a}.$$

12. 设总体 X 的概率密度为

$$f(x;\theta)=\begin{cases}\frac{1}{1-\theta}, & \theta\leqslant x\leqslant 1,\\ 0, & 其他,\end{cases}$$

其中,θ 为未知参数,$x_1,x_2,\cdots,x_n$ 为来自该总体的简单随机样本.

(1) 求 θ 的矩估计量;

(2) 求 θ 的最大似然估计量.

解 (1) 由题意得

$$E(X)=\int_{-\infty}^{+\infty}xf(x;\theta)\mathrm{d}x=\int_{\theta}^{1}x\cdot\frac{1}{1-\theta}\mathrm{d}x=\frac{1+\theta}{2},$$

令 $E(X)=\overline{X}$,即$\frac{1+\theta}{2}=\overline{X}$,解得$\hat{\theta}=2\overline{X}-1$,则 $\overline{X}=\frac{1}{n}\sum_{i=1}^{n}X_i$ 为 θ 的矩估计量.

(2) 似然函数

$$L(\theta)=\prod_{i=1}^{n}f(x_i;\theta),$$

当 $\theta\leqslant x_i\leqslant 1$ 时,

$$L(\theta)=\prod_{i=1}^{n}\frac{1}{1-\theta}=\left(\frac{1}{1-\theta}\right)^n,$$

则
$$\ln L(\theta)=-n\ln(1-\theta),$$

从而
$$\frac{\mathrm{d}\ln L(\theta)}{\mathrm{d}\theta}=\frac{n}{1-\theta},$$

关于 θ 单调增加,所以$\hat{\theta}=\min\{X_1,X_2,\cdots,X_n\}$为 θ 的最大似然估计量.

13. 设总体 X 的概率密度为

$$f(x;\theta)=\begin{cases}\dfrac{\theta^2}{x^3}\mathrm{e}^{-\frac{\theta}{x}}, & x>0,\\ 0, & \text{其他},\end{cases}$$

其中 θ 为未知参数且大于零，$X_1,X_2,\cdots,X_n$ 为来自总体 X 的简单随机样本.

(1) 求 θ 的矩估计量；

(2) 求 θ 的最大似然估计量.

解　(1) 由题意得

$$E(X)=\int_{-\infty}^{+\infty}xf(x;\theta)\mathrm{d}x=\int_0^{+\infty}x\cdot\frac{\theta^2}{x^3}\cdot\mathrm{e}^{-\frac{\theta}{x}}\mathrm{d}x$$
$$=\int_0^{+\infty}\frac{\theta^2}{x^2}\cdot\mathrm{e}^{-\frac{\theta}{x}}\mathrm{d}x=\theta\int_0^{+\infty}\mathrm{e}^{-\frac{\theta}{x}}\mathrm{d}\left(-\frac{\theta}{x}\right)=-\theta.$$

令 $\overline{X}=E(X)$，则 $\overline{X}=-\theta$，即 θ 的矩估计量为 $\hat{\theta}=-\overline{X}$，其中 $\overline{X}=\dfrac{1}{n}\sum\limits_{i=1}^{n}X_i$.

(2) 由题意得

$$L(\theta)=\prod_{i=1}^{n}f(x_i;\theta)=\begin{cases}\prod\limits_{i=1}^{n}\left(\dfrac{\theta^2}{x_i^3}\mathrm{e}^{-\frac{\theta}{x_i}}\right), & x_i>0,i=1,2,\cdots,n,\\ 0, & \text{其他}.\end{cases}$$

当 $x_i>0(i=1,2,\cdots,n)$ 时，

$$L(\theta)=\prod_{i=1}^{n}\left(\frac{\theta^2}{x_i^3}\cdot\mathrm{e}^{-\frac{\theta}{x_i}}\right),$$

则
$$\ln L(\theta)=\sum_{i=1}^{n}\left[2\ln\theta-\ln x_i^3-\frac{\theta}{x_i}\right].$$

从而
$$\frac{\mathrm{d}\ln L(\theta)}{\mathrm{d}\theta}=\sum_{i=1}^{n}\left(\frac{2}{\theta}-\frac{1}{x_i}\right)=\frac{2n}{\theta}-\sum_{i=1}^{n}\frac{1}{x_i}=0,$$

解得
$$\theta=\frac{2n}{\sum\limits_{i=1}^{n}\dfrac{1}{x_i}}.$$

因此，θ 的最大似然估计量 $\hat{\theta}=\dfrac{2n}{\sum\limits_{i=1}^{n}\dfrac{1}{X_i}}$.

14. 设总体 X 的概率密度为

$$f(x,\theta)=\begin{cases}\dfrac{2x}{3\theta^2}, & \theta<x<2\theta,\\ 0, & \text{其他},\end{cases}$$

其中 θ 是未知参数，$X_1,X_2,\cdots,X_n$ 是来自总体的简单样本，若 $C\sum\limits_{i=1}^{n}X_i^2$ 是 θ^2 的无偏估计，则常数 $C=$________.

解 由题意得

$$E(X^2)=\int_{\theta}^{2\theta}x^2\ \frac{2x}{3\theta^2}\mathrm{d}x=\frac{5}{2}\theta^2,$$

所以
$$E\left(C\sum_{i=1}^{n}X_i^2\right)=Cn\ \frac{5}{2}\theta^2,$$

由于 $C\sum\limits_{i=1}^{n}X_i^2$ 是 θ^2 的无偏估计，故 $Cn\ \frac{5}{2}=1$，即 $C=\frac{2}{5n}$.

15. 设总体 X 的方差为 1，取来自 X 的容量为 100 的简单随机样本，测得均值为 5，则 X 的期望的置信度近似等于 0.95 的置信区间为________.

解 据题意可知，

$$X\sim N(\mu,1),$$
$$\overline{X}=\frac{1}{100}\sum_{i=1}^{100}X_i\sim N\left(\mu,\frac{1}{100}\right),$$
$$x=\frac{1}{100}\sum_{i=1}^{100}x_i=5,$$

由 $1-\alpha=0.95$，即 $\alpha=0.05$，查表得 $z_{0.025}=1.96$，可知

$$P\left\{\left|\frac{\overline{X}-\mu}{1/10}\right|<1.96\right\}=P\left\{\overline{X}-\frac{1}{10}\times 1.96<\mu<\overline{X}+\frac{1}{10}\times 1.96\right\}$$
$$=P\{4.8<\mu<5.2\}=0.95.$$

因而总体 X 的期望的置信度近似等于 0.95 的置信区间为(4.8,5.2).

16. 假设 0.50，1.25，0.80，2.00 是总体 X 的简单随机样本值，已知 $Y=\ln X$服从正态分布 $N(\mu,1)$.

(1) 求 X 的数学期望 $E(X)$(记为 b)；

(2) 求 μ 的置信度为 0.95 的置信区间；

(3) 利用上述结果求 b 的置信度为 0.95 的置信区间.

解 (1) Y 的概率密度为

$$f(y)=\frac{1}{\sqrt{2\pi}}\mathrm{e}^{-\frac{(y-\mu)^2}{2}},-\infty<y<+\infty.$$

于是

$$\begin{aligned}b&=E(X)=E(\mathrm{e}^Y)\\&=\frac{1}{\sqrt{2\pi}}\int_{-\infty}^{+\infty}\mathrm{e}^y\mathrm{e}^{-\frac{(y-\mu)^2}{2}}\mathrm{d}y\\&\xlongequal{\text{令 } y-\mu=t}\frac{1}{\sqrt{2\pi}}\int_{-\infty}^{+\infty}\mathrm{e}^{t+\mu}\mathrm{e}^{-\frac{t^2}{2}}\mathrm{d}t\\&=\mathrm{e}^{\mu+\frac{1}{2}}\int_{-\infty}^{+\infty}\frac{1}{\sqrt{2\pi}}\mathrm{e}^{-\frac{1}{2}(t-1)^2}\mathrm{d}t=\mathrm{e}^{\mu+\frac{1}{2}}.\end{aligned}$$

(2) 当置信度 $1-\alpha=0.95$ 时，$\alpha=0.05$. 标准正态分布的水平为 $\alpha=0.05$ 的分位数为 $z_{0.025}=1.96$. 故由 $\overline{Y}\sim N(\mu,1/4)$，可得

$$P\left\{\left|\frac{\overline{Y}-\mu}{1/2}\right|<1.96\right\}=P\left\{\overline{Y}-\frac{1}{2}\times1.96<\mu<\overline{Y}+\frac{1}{2}\times1.96\right\}=0.95,$$

其中

$$\overline{Y}=\frac{1}{4}(\ln 0.5+\ln 0.8+\ln 1.25+\ln 2)=\frac{1}{4}\ln 1=0.$$

于是，有

$$P\{-0.98<\mu<0.98\}=0.95.$$

从而 $(-0.98,0.98)$ 就是 μ 的置信度为 0.95 的置信区间.

(3) 由函数 e^x 的严格递增性，可见

$$0.95=P\left\{-0.48<\mu+\frac{1}{2}<1.48\right\}=P\{e^{-0.48}<e^{\mu+\frac{1}{2}}<e^{1.48}\},$$

因此 b 的置信度为 0.95 的置信区间为 $(e^{-0.48},e^{0.48})$.

自测题

一、填空题

1. 设 $X_1,X_2,\cdots,X_n$ 为总体 $X\sim N(\mu,\sigma^2)$ 的一个简单随机样本，若方差 σ^2 未知，要对 μ 进行区间估计，则选取函数为________________.

2. 已知某一产品的某一指标 $X\sim N(\mu,0.5^2)$，若要使样本均值与总体期望值的误差不小于 0.1，则至少应抽取容量为________的样本（设置信度为 95%）.

3. 设一批产品的某一指标 $X\sim N(\mu,\sigma^2)$，从中随机抽取容量为 25 的样本，测得样本方差 $s^2=102$，则总体方差 σ^2 的 95% 的置信区间为________.

4. 设总体 X 服从正态分布 $N(\mu,\sigma^2)$，若样本观察值为 $X_1,X_2,\cdots,X_n$，则参数 μ 及 σ^2 的矩估计量分别为 $\hat{\mu}=$____________，$\hat{\sigma}^2=$____________.

5. 设总体 X 服从正态分布 $N(\mu,\sigma^2)$，已知方差 $\sigma^2=\sigma_0^2$，要使总体均值 μ 对应于置信度为 $1-\alpha$ 的置信区间的长度不大于 l，则应抽取容量为________的样本.

二、选择题

1. 设随机样本 $X_1,X_2,\cdots,X_n$ 来自总体 X，$\overline{X}$ 为样本均值，若总体期望 $E(X)$ 未知，则总体方差 $D(X)$ 的无偏估计量为（　　）.

(A) $\frac{1}{n}\sum_{i=1}^{n}(X_i-\overline{X})^2$　　(B) $\frac{1}{n-1}\sum_{i=1}^{n}(X_i-\overline{X})^2$

(C) $\frac{1}{n}\sum_{i=1}^{n}(X_i-E(X))^2$　　(D) $\frac{1}{n-1}\sum_{i=1}^{n}(X_i-E(X))^2$

2. 设样本 $X_1,X_2,\cdots,X_n$ 来自总体 X,$E(X)=\mu$,$D(X)=\sigma^2$,则方差 σ^2 的无偏估计是(　　).

(A) 当 μ 已知时,统计量 $\frac{1}{n}\sum_{i=1}^{n}(X_i-\mu)^2$

(B) 当 μ 已知时,统计量 $\frac{1}{n-1}\sum_{i=1}^{n}(X_i-\mu)^2$

(C) 当 μ 未知时,统计量 $\frac{1}{n}\sum_{i=1}^{n}(X_i-\overline{X})^2$

(D) 当 μ 未知时,统计量 $\frac{1}{n-1}\sum_{i=1}^{n}(X_i-\overline{X})^2$

3. 设样本 $X_1,X_2,\cdots,X_n$ 来自总体 X,$E(X)=\mu$,$D(X)=\sigma^2$,则(　　).

(A) $\sum_{i=1}^{n}X_i(1\leqslant i\leqslant n)$ 是 μ 的无偏估计

(B) $\overline{X}$ 是 μ 的无偏估计

(C) X_i^2 是 σ^2 的无偏估计

(D) $\overline{X}_i^2$ 是 σ^2 的无偏估计

4. 设 θ 为总体 X 的未知参数,$\theta_1,\theta_2(\theta_1<\theta_2)$ 为样本统计量,随机区间 (θ_1,θ_2) 是 θ 的置信度为 $1-\alpha(0<\alpha<1)$ 的置信区间,则有(　　).

(A) $P\{\theta_1<\theta<\theta_2\}=\alpha$　　(B) $P\{\theta<\theta_2\}=1-\alpha$

(C) $P\{\theta_1<\theta<\theta_2\}=1-\alpha$　　(D) $P\{\theta<\theta_1\}=\alpha$

5. 从总体 X 中抽取简单随机样本 X_1,X_2,X_3,易证统计量

$$\hat{\mu}_1=\frac{1}{2}X_1+\frac{1}{3}X_2+\frac{1}{6}X_3,\ \hat{\mu}_2=\frac{1}{2}X_1+\frac{1}{4}X_2+\frac{1}{4}X_3,$$

$$\hat{\mu}_3=\frac{1}{3}X_1+\frac{1}{3}X_2+\frac{1}{3}X_3,\ \hat{\mu}_4=\frac{1}{5}X_1+\frac{2}{5}X_2+\frac{2}{5}X_3$$

都是总体均值 $E(X)=\mu$ 的无偏估计量,则其中更有效的估计量是(　　).

(A) $\hat{\mu}_1$　　(B) $\hat{\mu}_2$　　(C) $\hat{\mu}_3$　　(D) $\hat{\mu}_4$

三、解答题

1. 设总体 X 的概率密度为

$$f(x,\theta)=\begin{cases}e^{-(x-\theta)}, & x\geqslant\theta,\\ 0, & x<\theta,\end{cases}$$

$X_1,X_2,\cdots,X_n$ 为总体 X 的样本,试求 θ 的矩估计量和最大似然估计量.

2. 设总体 $X\sim\pi(\lambda)$,λ 为未知参数,试求:λ 的矩估计量和最大似然估计量.

3. 在某校的一个班体检记录中，随意抄录 25 名男生的身高数据，测得平均高为 170 cm，标准差为 12 cm. 试求该班男生的平均身高 μ 和身高的标准差 σ 的置信度为 0.95 的置信区间（假设所测身高近似服从正态分布）.

4. 在测量反应时间中，一心理学家估计的标准差为 0.05 s，为了以 95% 的置信度使他对平均反应时间的估计误差不超过 0.01 s，样本容量 n 至少取多大？

第八章

假设检验

基本要求

(1) 掌握假设检验的基本概念和所依据的原理,并正确理解假设检验的基本思想和基本步骤.

(2) 正确理解假设检验可能产生的两类错误,并掌握如何选择原假设与备择假设.

(3) 熟练掌握单个正态总体均值、方差的假设检验.

(4) 掌握两个正态总体均值差和方差比的假设检验.

(5) 了解基于成对数据的假设检验.

(6) 正确理解区间估计和假设检验之间的关系.

内容提要

1. 假设检验

假设检验是一类统计推断的方法,其可分为假设和检验两个方面来论述.

假设:对总体的某种论断,包括原假设(记为 H_0)和备择假设(记为 H_1).

检验:利用样本信息对以上假设作出判断,从而作出拒绝或接受 H_0 的决定.检验依据的原理是小概率原理;检验的工具称为检验统计量,记为 $T(X_1,\cdots,X_n)$.

2. 小概率原理

小概率事件在一次试验中几乎是不可能发生的.

3. 假设检验的基本思想

若原假设 H_0 正确,则检验统计量应服从某一已知分布,从而可构造一个小概率事件.现进行一次抽样,若这个小概率事件发生了,那么就与小概率原理产生矛盾(可认为不合理),于是可认为原假设 H_0 不正确,应拒绝 H_0;否则,若小概率事件未发生(可认为合理),应接受 H_0.

4. 假设检验的基本步骤

(1) 建立原假设 H_0 和备择假设 H_1;

(2) 构造合适的检验统计量 $T(X_1,\cdots,X_n)$,并确定在 H_0 成立时该检验统计量的分布;

(3) 选择显著性水平 α,并确定小概率事件的临界值;

(4) 根据样本值计算检验统计量的观察值并和临界值比较大小,由此得出接受或拒绝 H_0 的结论.

5. 两类错误

在根据样本作推断时,由于样本的随机性,难免会做出误判,从而产生两类错误.

(1) 当原假设 H_0 为真时,而作出拒绝 H_0 的判断,称为犯第一类弃真错误,记为

$$\text{I}=P\{\text{拒绝 } H_0 \mid H_0 \text{ 为真}\}.$$

(2) 当原假设 H_0 不真时,而做出接受 H_0 的判断,称为犯第二类取伪错误,记为

$$\text{II}=P\{\text{接受 } H_0 \mid H_0 \text{ 错误}\}.$$

我们当然希望犯这两类错误的概率都很小,但当样本容量 H_0 固定时,这是不可能的. 实际情况中,犯第一类错误会产生严重的后果,所以要保护 H_0,使它不轻易被拒绝. 经常的做法是控制犯第一类错误的概率,使它不大于一个预先给定的小正数 $\alpha(0<\alpha<1)$,即

$$\text{I}=P\{\text{拒绝 } H_0 \mid H_0 \text{ 为真}\}\leqslant\alpha.$$

这个数 α 称为假设检验的显著性水平,对应的检验称为显著性检验. 但当样本容量 n 固定时,α 越小,第二类错误 II 就越大. 一般采取的原则是固定 α,通过增加样本容量 n 来达到降低第二类错误 II 的目的.

6. 如何选择原假设与备择假设

由对以上两类错误的分析可知,显著性检验要求控制犯第一类错误的概率不超过预先给定的小正数 α,所以检验法本身对原假设起保护的作用,决不轻易拒绝原假设,因此原假设与备择假设的地位是不相等的. 正因为如此,常常把那些保守的、历史的、经验的取为原假设,而把那些猜测的、可能的、预期的取为备择假设. 这样,一旦原假设被拒绝,就有充分的理由说明备择假设的正确性. 所以,在显著性检验中,我们需把非常关心的、严谨的命题放在备择假设中,这样一旦接受备择假设,就有充分的理由相信其是正确的. 例如,考虑单个正态总体 $N(\mu,\sigma^2)$ 中均值 μ 的假设检验:如果只关心是否有 $\mu\neq\mu_0$,则可进行原假设 H_0:

$\mu=\mu_0$，备择假设 $H_1:\mu\neq\mu_0$ 的双边检验；如果只关心是否有 $\mu>\mu_0$，则可进行原假设 $H_0:\mu\leqslant\mu_0$，备择假设 $H_1:\mu>\mu_0$ 的右边检验；如果我们只关心是否有 $\mu<\mu_0$，则可进行原假设 $H_0:\mu\geqslant\mu_0$，备择假设 $H_1:\mu<\mu_0$ 的左边检验. 需注意右边检验和左边检验统称为单边检验.

7. 单个正态总体的假设检验

设总体 $X\sim N(\mu,\sigma^2)$. 表 8-1 列出了关于均值 μ 的各种假设检验；表 8-2 列出了关于方差 σ^2 的各种假设检验.

表 8-1 关于均值 μ 的检验

	H_0	H_1	统计量	拒绝域
Z 检验法 (σ^2 已知)	$\mu=\mu_0$ $\mu\leqslant\mu_0$ $\mu\geqslant\mu_0$	$\mu\neq\mu_0$ $\mu>\mu_0$ $\mu<\mu_0$	$Z=\dfrac{\overline{X}-\mu_0}{\sigma/\sqrt{n}}\sim N(0,1)$	$\|z\|\geqslant z_{\alpha/2}$ $z\geqslant z_\alpha$ $z\leqslant -z_\alpha$
T 检验法 (σ^2 未知)	$\mu=\mu_0$ $\mu\leqslant\mu_0$ $\mu\geqslant\mu_0$	$\mu\neq\mu_0$ $\mu>\mu_0$ $\mu<\mu_0$	$T=\dfrac{\overline{X}-\mu_0}{S/\sqrt{n}}\sim t(n-1)$	$\|t\|\geqslant t_{\alpha/2}(n-1)$ $t\geqslant t_\alpha(n-1)$ $t\leqslant -t_\alpha(n-1)$

表 8-2 关于方差 σ^2 的检验

	H_0	H_1	统计量	拒绝域
χ^2 检验法 (μ 已知)	$\sigma^2=\sigma_0^2$ $\sigma^2\leqslant\sigma_0^2$ $\sigma^2\geqslant\sigma_0^2$	$\sigma^2\neq\sigma_0^2$ $\sigma^2>\sigma_0^2$ $\sigma^2<\sigma_0^2$	$\chi^2=\dfrac{\sum_{i=1}^{n}(X_i-\mu)^2}{\sigma_0^2}\sim\chi^2(n)$	$\chi^2\geqslant\chi^2_{\alpha/2}(n)$ 或 $\chi^2\leqslant\chi^2_{1-\alpha/2}(n)$； $\chi^2\geqslant\chi^2_\alpha(n)$； $\chi^2\leqslant\chi^2_{1-\alpha}(n)$
χ^2 检验法 (μ 未知)	$\sigma^2=\sigma_0^2$ $\sigma^2\leqslant\sigma_0^2$ $\sigma^2\geqslant\sigma_0^2$	$\sigma^2\neq\sigma_0^2$ $\sigma^2>\sigma_0^2$ $\sigma^2<\sigma_0^2$	$\chi^2=\dfrac{(n-1)S^2}{\sigma_0^2}\sim\chi^2(n-1)$	$\chi^2\geqslant\chi^2_{\alpha/2}(n-1)$ 或 $\chi^2\leqslant\chi^2_{1-\alpha/2}(n-1)$； $\chi^2\geqslant\chi^2_\alpha(n-1)$； $\chi^2\leqslant\chi^2_{1-\alpha}(n-1)$

8. 两个正态总体的假设检验

设总体 $X\sim N(\mu_1,\sigma_1^2)$，样本容量为 n_1；总体 $Y\sim N(\mu_2,\sigma_2^2)$，样本容量为 n_2. 表 8-3 列出了两个正态总体均值差的各种假设检验；表 8-4 列出了两个正态总体方差比的各种假设检验.

表 8-3 两个正态总体均值差的检验

	H_0	H_1	统计量	拒绝域
Z 检验法 (σ_1^2,σ_2^2已知)	$\mu_1=\mu_2$ $\mu_1\leqslant\mu_2$ $\mu_1\geqslant\mu_2$	$\mu_1\neq\mu_2$ $\mu_1>\mu_2$ $\mu_1<\mu_2$	$Z=\dfrac{\overline{X}-\overline{Y}-(\mu_1-\mu_2)}{\sqrt{\dfrac{\sigma_1^2}{n_1}+\dfrac{\sigma_2^2}{n_2}}}\sim N(0,1)$	$\lvert z\rvert\geqslant z_{\alpha/2}$ $z\geqslant z_\alpha$ $z\leqslant -z_\alpha$
T 检验法 ($\sigma_1^2=\sigma_2^2=\sigma^2$ 未知)	$\mu_1=\mu_2$ $\mu_1\leqslant\mu_2$ $\mu_1\geqslant\mu_2$	$\mu_1\neq\mu_2$ $\mu_1>\mu_2$ $\mu_1<\mu_2$	$T=\dfrac{\overline{X}-\overline{Y}-(\mu_1-\mu_2)}{S_w\sqrt{\dfrac{1}{n_1}+\dfrac{1}{n_2}}}\sim t(n_1+n_2-2)$ $S_\omega^2=\dfrac{(n_1-1)S_1^2+(n_2-1)S_2^2}{n_1+n_2-2}$	$\lvert t\rvert\geqslant t_{\alpha/2}(n_1+n_2-2)$ $t\geqslant t_\alpha(n_1+n_2-2)$ $t\leqslant -t_\alpha(n_1+n_2-2)$

表 8-4 两个正态总体方差比的检验

	H_0	H_1	统计量	拒绝域
F 检验法 (μ_1,μ_2 已知)	$\sigma_1^2=\sigma_2^2$ $\sigma_1^2\leqslant\sigma_2^2$ $\sigma_1^2\geqslant\sigma_2^2$	$\sigma_1^2\neq\sigma_2^2$ $\sigma_1^2>\sigma_2^2$ $\sigma_1^2<\sigma_2^2$	$F=\dfrac{n_1\sum\limits_{i=1}^{n_1}(x_i-\mu_1)^2}{n_2\sum\limits_{j=1}^{n_2}(y_j-\mu_2)^2}\sim F(n_1,n_2)$	$F\geqslant F_{\frac{\alpha}{2}}(n_1,n_2)$或 $F\leqslant F_{1-\frac{\alpha}{2}}(n_1,n_2)$ $F\geqslant F_{1-\alpha}(n_1,n_2)$ $F\leqslant F_\alpha(n_1,n_2)$
F 检验法 (μ_1,μ_2 未知)	$\sigma_1^2=\sigma_2^2$ $\sigma_1^2\leqslant\sigma_2^2$ $\sigma_1^2\geqslant\sigma_2^2$	$\sigma_1^2\neq\sigma_2^2$ $\sigma_1^2>\sigma_2^2$ $\sigma_1^2<\sigma_2^2$	$F=\dfrac{S_1^2}{S_2^2}\sim F(n_1-1,n_2-1)$	$F\geqslant F_{\frac{\alpha}{2}}(n_1-1,n_2-1)$或 $F\leqslant F_{1-\frac{\alpha}{2}}(n_1-1,n_2-1)$ $F\geqslant F_{1-\alpha}(n_1-1,n_2-1)$ $F\leqslant F_\alpha(n_1-1,n_2-1)$

9. 基于成对数据的假设检验

一般地，为了检验两种不同的方法是否有显著差异，可用这两种不同的方法对样本容量为 n 的某一样本同时进行观测，就会得到 n 对相互独立的数据 $(X_1,Y_1),(X_2,Y_2),\cdots,(X_n,Y_n)$，则 $D_i=X_i-Y_i,i=1,2,\cdots,n$ 就可表示由同一因素所引起的量的差异且相互独立，于是可认为它们是服从同一分布的一个样本．通常假设 $D_i\sim N(\mu_D,\sigma_D^2),i=1,2,\cdots,n$，这样就可把 $(D_1,D_2,\cdots,D_n)$ 看成是单个正态总体 $N(\mu_D,\sigma_D^2)$ 的一个样本，其中 μ_D,σ_D^2 未知．对于成对数据，我们常需作表 8-5 中的假设检验．

表 8-5 成对数据的假设检验

	H_0	H_1	统计量	拒绝域
T 检验法 (σ_D^2未知)	$\mu_D=0$ $\mu_D\leqslant 0$ $\mu_D\geqslant 0$	$\mu_D\neq 0$ $\mu_D>0$ $\mu_D<0$	$T=\dfrac{\overline{D}-0}{S_D/\sqrt{n}}\sim t(n-1)$	$\lvert t\rvert\geqslant t_{\alpha/2}(n-1)$ $t\geqslant t_\alpha(n-1)$ $t\leqslant -t_\alpha(n-1)$

10. 假设检验与区间估计的联系

假设检验与区间估计是从不同角度对同一问题的回答.假设检验判断的是原假设 $H_0:\mu=\mu_0$ 是否成立,而区间估计解决的是 μ 的范围问题,但它们解决问题的途径是相同的.下面以单个正态总体 $X\sim N(\mu,\sigma_0^2)$ 为例加以说明.若 σ_0^2 已知,则关于 μ 的假设检验为原假设 $H_0:\mu=\mu_0$,当 H_0 为真,则检验统计量 $Z=\dfrac{\overline{X}-\mu_0}{\sigma_0/\sqrt{n}}\sim N(0,1)$,这时对于给定的显著性水平 α,则 $P\{|z|\leqslant z_{\frac{\alpha}{2}}\}=1-\alpha$,那么原假设 H_0 的接受域为 $\{z\,|\,|z|\leqslant z_{\frac{\alpha}{2}}\}$,即 $\mu_0\in\left(\overline{X}\pm\dfrac{\sigma_0}{\sqrt{n}}z_{\frac{\alpha}{2}}\right)$.事实上这个接受域也就是 μ 的置信度为 $1-\alpha$ 的置信区间.

典型例题

例 8.1 假设检验中,记 H_1 为备择假设,则称(　　)为犯第一类错误.

(A) H_1 为真,接受 H_1　　(B) H_1 不真,接受 H_1

(C) H_1 为真,拒绝 H_1　　(D) H_1 不真,拒绝 H_1

解 选项(B)相当于 H_0 为真,但拒绝 H_0.故选(B).

例 8.2 假设检验中,第二类错误是(　　).

(A) H_1 不真,接受 H_1　　(B) H_1 不真,接受 H_0

(C) H_0 不真,接受 H_1　　(D) H_0 不真,接受 H_0

解 选(D).

例 8.3 对正态总体的数学期望 μ 进行假设检验,原假设 $H_0:\mu=\mu_0$,备择假设 $H_1:\mu\neq\mu_0$,如果在显著水平 0.01 下接受 $H_0:\mu=\mu_0$,那么在显著水平 0.05 下,下列结论中正确的是(　　).

(A) 必须接受 H_0　　(B) 可能接受,也可能拒绝 H_0

(C) 必拒绝 H_0　　(D) 不接受,也不拒绝 H_0

解 显著性水平 α 不同,就使得临界值不同,从而检验统计量观测值的相对大小就不同.故选(B).

例 8.4 对正态总体的数学期望 μ 进行假设检验,原假设 $H_0:\mu=\mu_0$,备择假设 $H_1:\mu\neq\mu_0$,若在显著性水平 $\alpha=0.01$ 下,拒绝 H_0,则在显著性水平 $\alpha=0.05$ 下,(　　).

(A) 必拒绝 H_0　　(B) 必接受 H_0

(C) 可能接受 H_0,也可能拒绝 H_0　　(D) 以上选项都不对

解 显著性水平 α 不同,就使得临界值不同,从而检验统计量观测值的相对大小就不同.故选(A).

例 8.5 假设检验中，对显著性水平 α，其意义是（ ）.

(A) 原假设不成立，经过检验而被拒绝的概率

(B) 原假设成立，经过检验而被拒绝的概率

(C) 原假设不成立，经过检验不能拒绝的概率

(D) 原假设成立，经过检验不能拒绝的概率

解 α 即第一类错误（弃真）的概率. 故选(B).

例 8.6 某切割机在正常工作时，切割的每段金属棒长服从正态分布，且其平均长度为 10.5 cm，标准差为 0.15 cm. 今从一批产品中随机抽取 16 段进行测量，经计算其平均长度为 $\bar{x}=10.48$ cm. 若标准差不变，问在显著性水平 $\alpha=0.05$ 下，该切割机工作是否正常？

解 原假设 $H_0:\mu=\mu_0=10.5$，备择假设 $H_1:\mu\neq 10.5$.

因为 $\sigma^2=0.15^2$ 已知，故取检验统计量

$$Z=\frac{\overline{X}-\mu_0}{\sigma/\sqrt{n}}\sim N(0,1).$$

在显著性水平 $\alpha=0.05$ 下，$z_{\frac{\alpha}{2}}=1.96$，且检验统计量的观测值为

$$|z|=\left|\frac{10.48-10.5}{\frac{0.15}{\sqrt{16}}}\right|=0.533<1.96.$$

所以接受 H_0，即认为该切割机工作正常.

例 8.7 已知某炼铁厂的铁水含碳量在正常情况下服从正态分布 $X\sim N(4.55,0.108^2)$. 现在测了 5 炉铁水，其含碳量(%)分别为

$$4.28,\ 4.40,\ 4.42,\ 4.35,\ 4.37.$$

若标准差不改变，能否认为总体平均值有无显著性变化？($\alpha=0.05$)

解 原假设 $H_0:\mu=\mu_0=4.55$，备择假设 $H_1:\mu\neq 4.55$.

因为 $\sigma^2=0.108^2$ 已知，故取检验统计量

$$Z=\frac{\overline{X}-\mu_0}{\sigma/\sqrt{n}}\sim N(0,1).$$

在显著性水平 $\alpha=0.05$ 下，假设检验的拒绝域为 $\{|z|>z_{0.025}=1.96\}$，由题意知样本均值 $\bar{x}=\frac{1}{5}\sum_{i=1}^{5}x_i=4.363$，故检验统计量的观测值为

$$|z|=\left|\frac{4.363-4.55}{0.108/\sqrt{5}}\right|=3.851>1.96,$$

即检验统计量 Z 的观测值落在拒绝域内，所以拒绝 H_0，即认为总体平均值有显著性变化.

例 8.8 根据长期资料分析，某种钢筋强度服从正态分布. 现随机抽取 6 个

样品测得其钢筋强度分别为

$$48.5,\ 49.0,\ 53.5,\ 49.5,\ 56.0,\ 52.5.$$

问在显著性水平 $\alpha=0.05$ 下,能否认为这批钢筋强度的均值为 52.0?

解 原假设 $H_0:\mu=52.0$,备择假设 $H_1:\mu\neq 52.0$.

因为 σ^2 未知,故取检验统计量

$$T=\frac{\overline{X}-\mu_0}{S/\sqrt{n}}\sim t(n-1).$$

在显著性水平 $\alpha=0.05$,自由度为 $n-1=5$ 的条件下,查 t 分布表得临界值 $t_{0.025}(5)=2.57$.而且,由题意得样本均值为

$$\bar{x}=\frac{1}{6}\sum_{i=1}^{6}x_i=51.5,$$

样本方差

$$s^2=\frac{1}{6-1}\sum_{i=1}^{6}(x_i-\bar{x})^2=8.9.$$

故检验统计量 T 的观察值 $t=-0.41$,由于

$$|t|=0.41<2.57=t_{0.025},$$

所以接受原假设 H_0,即认为这批钢筋强度的均值为 52.0.

例 8.9 设某一台车床生产垫圈的厚度 X 服从正态分布.根据以往的经验,当车床工作正常时,其生产的垫圈的平均厚度为 $\mu_0=0.050$ cm,方差 $\sigma^2=0.004^2$.某天开机一段时间后,为检验车床工作是否正常,随机抽取了 10 个垫圈为一组样本,测得其平均厚度为 0.053 cm.假定方差没有变化,试分别在 $\alpha_1=0.05$,$\alpha_2=0.01$ 下,检验该车床工作是否正常?

解 建立原假设 $H_0:\mu=\mu_0=0.050$,备择假设 $H_1:\mu\neq\mu_0$.

由于 $\sigma^2=0.004^2$ 已知,所以选择检验统计量为

$$Z=\frac{\overline{X}-\mu_0}{\sigma/\sqrt{n}}\sim N(0,1).$$

检验统计量 Z 的观测值的绝对值为

$$|z|=\frac{|\bar{x}-\mu_0|}{\sigma/\sqrt{n}}=\frac{|0.053-0.050|}{0.004/\sqrt{10}}=2.37,$$

在 $\alpha_1=0.05$ 下,查看标准正态分布表,得临界值 $z_{\alpha_{1/2}}=z_{0.025}=1.96$,因此,$|z|=2.37>1.96$,拒绝 H_0,接受 H_1,即认为该车床工作不正常.

而在 $\alpha_2=0.01$ 下,查标准正态分布表,得临界值

$$z_{\alpha_{2/2}}=z_{0.005}=2.58,$$

所以,$|z|=2.37<2.58$,接受 H_0,即认为该车床工作正常.

注 对于该问题产生以上两个截然不同的结论,其主要原因是选取的临界

值不同而已. 若临界值选大了，则检验统计量 Z 的观测值的绝对值 $|z|$ 就相对小了；反之，若临界值选小了，则检验统计量 Z 的观测值的绝对值 $|z|$ 就相对大了.

例 8.10 某种导线的电阻服从正态分布 $N(\mu, 0.005^2)$. 今从新生产的一批导线中抽取 9 根，测其电阻，得 $s=0.008\ \Omega$. 对于 $\alpha=0.05$，能否认为这批导线电阻的标准差仍为 0.005?

解 原假设 $H_0: \sigma=0.005$，备择假设 $H_1: \sigma\neq 0.005$.

取检验统计量

$$\chi^2=\frac{(n-1)S^2}{\sigma_0^2}\sim\chi^2(n-1).$$

拒绝域为

$$\chi^2>\chi^2_{\frac{\alpha}{2}}(n-1)=\chi^2_{0.025}(8)=17.535 \text{ 或 } \chi^2<\chi^2_{1-\frac{\alpha}{2}}(n-1)=\chi^2_{0.975}(8)=2.088.$$

检验统计量的观测值为

$$\chi^2=\frac{(n-1)s^2}{\sigma_0^2}=\frac{8\times 0.008^2}{0.005^2}=20.48>\chi^2_{0.025}(8),$$

故应拒绝 H_0，即不能认为这批导线电阻的标准差仍为 0.005.

例 8.11 当前一部分研究者认为健康成人的平均体温不等于 98.6 华氏度(37 ℃)，为此 Maryland 大学的研究员收集了 106 个样本数据，测得其平均体温 $\bar{x}=98.4$ 华氏度(36.89 ℃)，样本标准差为 $s=0.62$ 华氏度. 已知健康成人的体温服从正态分布. 问在 $\alpha=0.05$ 的水平下，能否认为这部分研究者的观点是正确的?

解 原假设 $H_0: \mu=37$，备择假设 $H_1: \mu\neq 37$.

因为 σ^2 未知，故当 H_0 为真时，取检验统计量

$$T=\frac{\overline{X}-\mu_0}{S/\sqrt{n}}\sim t(n-1).$$

因为检验统计量的观测值为

$$|t|=\left|\frac{98.4-98.6}{0.62/\sqrt{106}}\right|=3.32>1.98=t_{0.025}(105),$$

故应拒绝原假设 H_0，即有充分的理由认为健康成人的平均体温不等于 98.6 华氏度.

注 该问题中，一部分研究者提出了新观点，即健康成人的平均体温是否不等于 37 ℃，这是我们最感兴趣的，故应把其放到备择假设中.

例 8.12 某项考试要求成绩的标准差为 12 分，现从考试成绩单中任意取 15 份，计算样本标准差为 16 分. 设考试成绩服从正态分布. 问此次考试成绩的标准差是否符合要求?($\alpha=0.05$)

解 原假设 $H_0: \sigma=12$，备择假设 $H_1: \sigma\neq 12$.

当 H_0 成立时，检验统计量

$$\chi^2=\frac{(n-1)S^2}{\sigma^2}\sim\chi^2(n-1).$$

拒绝域的临界值

$$\chi^2_{0.025}(14)=26.12,\ \chi^2_{0.975}(14)=5.63.$$

检验统计量的观测值

$$5.63<\chi^2=\frac{(15-1)\times16^2}{12^2}=24.9<26.12,$$

故接受原假设，即认为此次考试的成绩标准差符合要求.

例 8.13 已知某炼铁厂在生产正常的情况下，铁水含碳量 X 服从正态分布，其方差为 0.03，在某段时间抽测了 10 炉铁水，算得铁水含碳量的样本方差为 0.036. 试问这段时间生产的铁水含碳量方差与正常情况下的方差有无显著差异？($\alpha=0.05$)

解 依题意，原假设 $H_0:\sigma^2=0.03$，备择假设 $H_1:\sigma^2\neq0.03$.

取检验统计量

$$\chi^2=\frac{(n-1)S^2}{\sigma_0^2}\sim\chi^2(n-1),$$

其拒绝域为

$$\chi^2=\frac{(n-1)s^2}{\sigma_0^2}\geqslant\chi^2_{\frac{\alpha}{2}}(n-1)=\chi^2_{0.025}(9)=19.023$$

或

$$\chi^2=\frac{(n-1)s^2}{\sigma_0^2}\leqslant\chi^2_{1-\frac{\alpha}{2}}(n-1)=\chi^2_{0.975}(9)=2.7.$$

由 $n=10,s^2=0.036$，得

$$\chi^2=\frac{9\times0.036}{0.03}=10.8\in(2.7,19.023).$$

故接受原假设 H_0，即认为这段时间生产的铁水含碳量的方差与正常情况下的方差无显著差异.

例 8.14 通常情况下由某机器自动包装的食盐，每袋盐的净重服从正态分布，且要求每袋盐的标准重量为 500 g. 某天开工后，为了检验机器是否正常工作，从已经包装好的食盐中随机抽取 9 袋进行测量，测得样本均值 $\bar{x}=499$ g，样本方差 $s^2=16.03^2$. 问在显著性水平 $\alpha=0.05$ 下，能否认为该天自动包装机工作正常？

解 原假设 $H_0:\mu=500$，备择假设 $H_1:\mu\neq500$.

因为 σ^2 未知，故取检验统计量

$$T=\frac{\overline{X}-\mu_0}{S/\sqrt{n}}\sim t(n-1).$$

在显著性水平 $\alpha=0.05$ 下，查 t 分布表得分位数 $t_{0.025}(8)=2.306$，另外，检验统计量 T 的观察值

$$|t|=\frac{|499-500|}{16.03/3}=0.187<2.306,$$

所以接受原假设 H_0，即认为该天自动包装机工作正常.

例 8.15　设总体 $X\sim N(\mu,9)$，$X_1,X_2,X_3,\cdots,X_{25}$ 是来自 X 的样本，其中参数 μ 未知，$\bar{x}$ 是样本均值. 如对假设检验问题 $H_0:\mu=\mu_0$，$H_1:\mu\neq\mu_0$，取检验的拒绝域为：$|\bar{x}-\mu_0|\geqslant c$，试确定常数 c，使检验的显著性水平为 0.05.（注：$\Phi(1.96)=0.975$）

解　对于假设检验问题 $H_0:\mu=\mu_0$，$H_1:\mu\neq\mu_0$.

由于方差 $\sigma^2=9$ 已知，故取检验统计量

$$Z=\frac{\overline{X}-\mu_0}{\sigma/\sqrt{n}}\sim N(0,1),$$

且在显著性水平 $\alpha=0.05$ 下，检验的拒绝域为

$$|z|=\frac{|\bar{x}-\mu_0|}{\sigma/\sqrt{n}}\geqslant z_{0.025}=1.96,$$

化简得

$$|\bar{x}-\mu_0|\geqslant 1.96\,\frac{\sigma}{\sqrt{n}}.$$

因此，$c=1.96\,\frac{\sigma}{\sqrt{n}}$. 由已知条件可知，$\sigma^2=9$，$n=25$，故 $c=1.176$.

例 8.16　某机械厂工程师建议采用新工艺加工齿轮可节省开支. 他用新工艺试验了 9 个星期，发现在保证齿轮质量和数量的同时，使每台机器平均每周开支由原来的 100 元降到了 75 元. 假定每台机器采用新、老工艺每周运转开支都服从正态分布 $N(\mu,25^2)$. 在 $\alpha=0.01$ 的水平下，检验新工艺能否节省开支？

解　原假设 $H_0:\mu\geqslant 100$，备择假设 $H_1:\mu<100$.

因为 $\sigma^2=25^2$ 已知，故当 H_0 为真时，检验统计量

$$Z=\frac{\overline{X}-\mu_0}{\sigma/\sqrt{n}}\sim N(0,1).$$

拒绝域为

$$\{Z<-z_\alpha=-z_{0.01}=-2.33\}.$$

因为检验统计量的观测值为

$$z=\frac{75-100}{25/\sqrt{9}}=-3<-2.33=-z_{0.01},$$

故应拒绝原假设 H_0，即认为新工艺能显著节省开支，所以工程师的建议应被

采纳.

注 由题意知，$\sigma^2=25^2$ 已知，问题为检验新工艺能否节省开支，即更关心开支是否小于100，故取原假设 $H_0:\mu\geqslant 100$，备择假设 $H_1:\mu<100$.

例 8.17 已知某种电子元件的寿命 X 服从正态分布，现测得16只元件的平均寿命为 $\bar{x}=241.5$ h，样本标准差为 $s=48$ h. 问在显著性水平 $\alpha=0.05$ 下，是否有理由认为元件的平均寿命大于225 h?

解 原假设 $H_0:\mu\leqslant 225$，备择假设 $H_1:\mu>225$.

因为 σ^2 未知，故当 H_0 为真时，取检验统计量

$$T=\frac{\overline{X}-\mu_0}{S/\sqrt{n}}\sim t(n-1).$$

因为检验统计量的观测值为

$$t=\frac{241.5-225}{48/\sqrt{16}}=1.375<1.7531=t_{0.05}(15),$$

故应接受原假设 H_0，即没有充分理由认为元件的平均寿命大于225 h.

例 8.18 某种药物的指标 X 在正常情况下服从正态分布 $N(\mu,0.048)$，某日抽查25个样品，测得其样本方差 $s^2=0.088$，那么在显著性水平 $\alpha=0.05$ 下，能否认为该日生产的药物质量不稳定(方差增大)?

解 原假设 $H_0:\sigma^2\leqslant 0.048$，备择假设 $H_1:\sigma^2>0.048$.

取检验统计量为

$$\chi^2=\frac{(n-1)S^2}{\sigma_0^2}\sim\chi^2(n-1).$$

拒绝域为

$$\chi^2>\chi_\alpha^2(n-1)=\chi_{0.05}^2(24)=36.42.$$

检验统计量的观测值为

$$\chi^2=\frac{(n-1)s^2}{\sigma_0^2}=\frac{24\times 0.088}{0.048}=44>\chi_{0.05}^2(24),$$

故应拒绝 H_0，即可认为该日生产的药物质量不稳定.

例 8.19 长期以来，某工厂规定其所生产的电子管的使用寿命不低于1 000 h为合格品. 现生产了一批电子管，为了检验该批电子管是否合格，从中随机抽取了25件作为样本，测得其平均寿命为950 h. 若该批电子管的使用寿命服从标准差为100 h的正态分布，那么在显著性水平 $\alpha=0.05$ 下，试检验该批电子管是否合格?

解 原假设 $H_0:\mu\geqslant 1\,000$，备择假设 $H_1:\mu<1\,000$.

因为 $\sigma=100$ h 已知，故当 H_0 为真时，取检验统计量

$$Z=\frac{\overline{X}-\mu_0}{\sigma/\sqrt{n}}\sim N(0,1).$$

因为检验统计量的观测值为

$$z=\frac{950-1\ 000}{100/\sqrt{25}}=-2.5<-1.64=-z_{0.05},$$

故应拒绝原假设 H_0，即有充分理由认为该批电子管不合格.

注 由于长期以来该工厂生产的电子管通常都是合格的，故应把合格品放在原假设中适当保护，而应把不合格品放在备择假设中，故取原假设 $H_0:\mu\geqslant 1\ 000$，备择假设 $H_1:\mu<1\ 000$.

例 8.20 用包装机包装洗衣粉，在正常情况下每袋的标准重量为 1 000 g，且标准差 σ 不能超过 15 g. 某天为了检验包装机工作情况，从已装好的袋中随机抽取 10 袋，测得其样本均值为 998 g，样本标准差为 30.23 g. 假设每袋洗衣粉重量服从正态分布，问在显著性水平 $\alpha=0.05$ 下，能否认为该天机器工作是正常的？

解 首先检验标准差 σ. 原假设 $H_0:\sigma\leqslant 15$，备择假设 $H_1:\sigma>15$.

取检验统计量为

$$\chi^2=\frac{(n-1)S^2}{\sigma_0^2}\sim\chi^2(n-1).$$

拒绝域为

$$\chi^2>\chi^2_\alpha(n-1)=\chi^2_{0.05}(9)=16.919,$$

检验统计量的观测值为

$$\chi^2=\frac{(n-1)s^2}{\sigma_0^2}=\frac{9\times 30.23^2}{15^2}=36.55>16.919,$$

故应拒绝 H_0，即认为每袋洗衣粉的标准差 σ 已超过 15，机器工作已经不正常了，所以也不需要考虑均值 μ 的检验了.

注 在该问题中，考虑机器工作是否正常，就是要求我们既需考虑标准差 σ 是否超过 15，又需考虑每袋的标准重量是否为 1 000 g，故需作两个检验.

例 8.21 某一生产厂商声称其生产的一种新型的雪地轮胎具有防打滑性能，从而具有较短的刹车距离. 某一大型的汽车公司决定，如果有充分的证据说明该轮胎确实防打滑，他们就会购买该轮胎，为此他们抽取了 36 个轮胎作为样品. 通过试验，发现其平均打滑距离为 $\overline{x}=149$ m. 测试员还告诉我们传统轮胎的打滑距离服从正态分布 $N(152,12^2)$. 在显著性水平 $\alpha=0.05$ 下，能否认为该新型的雪地轮胎确实具有防打滑性能？

解 原假设 $H_0:\mu\geqslant 152$，备择假设 $H_1:\mu<152$.

因为 $\sigma^2=12^2$ 已知，故当 H_0 为真时，取检验统计量

$$Z=\frac{\overline{X}-\mu_0}{\sigma/\sqrt{n}}\sim N(0,1).$$

因为检验统计量的观测值为

$$z=\frac{149-152}{12/\sqrt{36}}=-1.5>-1.64=-z_{0.05},$$

故应接受原假设 H_0,即没有充分的证据认为该新型的雪地轮胎比传统的轮胎更能防打滑.

例 8.22 在一项压力测试中,某心理学家认为其学生的得分将大于 55 分,为此他随机选择了 25 名学生,计算其平均得分为 56.8 分,样本标准差为 4.2 分.已知该项压力测试的得分服从正态分布.问在显著性水平 $\alpha=0.05$ 下,该心理学家的猜测是否正确?

解 原假设 $H_0:\mu\leqslant 55$,备择假设 $H_1:\mu>55$.

因为 σ^2 未知,故当 H_0 为真时,取检验统计量

$$T=\frac{\overline{X}-\mu_0}{S/\sqrt{n}}\sim t(n-1).$$

因为检验统计量的观测值为

$$t=\frac{56.8-55}{4.2/\sqrt{25}}=2.14>1.71=t_{0.05}(24),$$

故应拒绝原假设 H_0,即有充分的理由认为该心理学家的猜测是正确的.

注 问题中该心理学家提出了新观点,即其学生的得分将大于 55 分,感兴趣的是该心理学家的猜测是否正确,故应将其放到备择假设中.

例 8.23 设总体 $X\sim N(\mu,5^2)$,在 $\alpha=0.05$ 的水平下,检验

$$H_0:\mu=0,\ H_1:\mu\neq 0.$$

如果所取得拒绝域 $R=\{|\overline{X}|\geqslant 1.96\}$,问样本容量 n 应取多大.

解 由题意可知 $P\{R\}=P\{|\overline{X}|\geqslant 1.96\}=0.05$,

$$P\{R\}=P\left\{\left|\frac{\overline{X}}{5}\sqrt{n}\right|\geqslant 0.392\sqrt{n}\right\}=0.05.$$

又因为在 $H_0:\mu=0$ 成立的条件下,

$$\frac{\overline{X}}{5}\sqrt{n}\sim N(0,1),$$

所以 $0.392\sqrt{n}=1.96$,即 $n=25$.

例 8.24 某烟厂生产甲乙两种香烟,独立地随机抽取样本容量大小相同的烟叶标本,测量尼古丁含量的毫克数,一实验室分别做了 6 次测定,数据记录如下.

甲：25，28，23，26，29，22；

乙：28，23，30，25，21，27.

假定尼古丁含量服从正态分布且具有相同的方差，试问在显著性水平 $\alpha=0.05$ 下，这两种香烟的尼古丁含量有无显著差异？

解　原假设 $H_0:\mu_1=\mu_2$，备择假设 $H_1:\mu_1\neq\mu_2$.

由已知条件，$\sigma_1^2=\sigma_2^2$ 未知，故当 H_0 为真时，检验统计量

$$T=\frac{\overline{X}-\overline{Y}-(\mu_1-\mu_2)}{S_w\sqrt{\frac{1}{n_1}+\frac{1}{n_2}}}\sim t(n_1+n_2-2),$$

其中 $n_1=n_2=6,\overline{X}=25.5,\overline{Y}=25.67,S_1^2=7.5,S_2^2=11.07$，所以

$$S_\omega=\sqrt{\frac{(n_1-1)S_1^2+(n_2-1)S_2^2}{n_1+n_2-2}}=\sqrt{\frac{5\times(7.5+11.07)}{10}}=3.047.$$

检验统计量的观测值为

$$|t|\approx 0.099<2.2281=t_{0.025}(10),$$

故接受 H_0，即认为两种香烟的尼古丁含量无显著差异.

例 8.25　假设甲厂生产的灯泡的使用寿命 $X\sim N(\mu_1,95^2)$，乙厂生产的灯泡的使用寿命 $Y\sim N(\mu_2,120^2)$. 在两厂产品中各抽取了 100 只和 75 只样本，测得灯泡的平均寿命分别为 1 180 h，1 220 h. 试问甲、乙两厂生产的灯泡的平均使用寿命有无显著差异？($\alpha=0.05$)

解　原假设 $H_0:\mu_1=\mu_2$，备择假设 $H_1:\mu_1\neq\mu_2$.

由于两正态总体的方差都已知，故选用检验统计量

$$Z=\frac{\overline{X}-\overline{Y}}{\sqrt{\frac{\sigma_1^2}{m}+\frac{\sigma_2^2}{n}}}\sim N(0,1).$$

对给定的显著性水平 $\alpha=0.05$，查标准正态分布表得临界值 $z_{\frac{\alpha}{2}}=z_{0.025}=1.96$，由题设知，$\bar{x}=1\,180,\bar{y}=1\,220,\sigma_1^2=95^2,\sigma_2^2=120^2,m=100,n=75$，故检验统计量的观测值为

$$|z|=\left|\frac{1\,180-1\,220}{\sqrt{\frac{95^2}{100}+\frac{120^2}{75}}}\right|=2.38.$$

由于 $2.38>1.96$，则拒绝 H_0，接受 H_1，即可认为甲、乙两厂生产的灯泡的平均使用寿命有显著差异.

例 8.26　设有两批棉纱，为比较其断裂强度有无显著差异，今从中各取一个样本，测试得到如下数据：

第一批棉纱样本：$n_1=200,\bar{x}=0.532$ kg，$s_1=0.218$ kg；

第二批棉纱样本：$n_2=200,\bar{y}=0.57$ kg，$s_2=0.176$ kg.

已知两批棉纱的断裂强度均服从正态分布，且方差未知但相等，试在显著性水平 $\alpha=0.05$ 的条件下，检验这两批棉纱的断裂强度是否有显著差异？($t_{0.025}(398)\approx z_{0.025}=1.96$)

解 原假设 $H_0:\mu_1=\mu_2$，备择假设 $H_1:\mu_1\neq\mu_2$.

由于两正态总体的方差未知但相等，故选用检验统计量

$$T=\frac{\overline{X}-\overline{Y}-(\mu_1-\mu_2)}{S_w\sqrt{\frac{1}{n_1}+\frac{1}{n_2}}}\sim t(n_1+n_2-2).$$

由题设知，

$$s_\omega=\sqrt{\frac{(n_1-1)s_1^2+(n_2-1)s_2^2}{n_1+n_2-2}}=\sqrt{\frac{199\times 0.218^2+199\times 0.176^2}{398}}=0.198.$$

故检验统计量的观测值为

$$|t|=\frac{|0.532-0.57|}{0.198\times\sqrt{\frac{1}{200}+\frac{1}{200}}}=1.918<1.96.$$

故接受原假设 H_0，即认为这两批棉纱的断裂强度无显著差异.

例 8.27 两台机床加工同一种零件，分别取 6 个和 9 个零件测量其长度，计算得 $S_1^2=0.345$，$S_2^2=0.357$，假设零件长度服从正态分布.问是否认为两台机床加工的零件长度的方差无显著差异？($\alpha=0.05$)

解 原假设 $H_0:\sigma_1^2=\sigma_2^2$，备择假设 $H_1:\sigma_1^2\neq\sigma_2^2$.

选择检验统计量

$$F=\frac{S_1^2}{S_2^2}\sim F(n_1-1,n_2-1).$$

检验统计量的观测值为

$$F=\frac{0.345}{0.357}=0.966\,4.$$

而临界值

$$F_{0.975}(5,8)=1/F_{0.025}(8,5)=0.1479,\ F_{0.025}(5,8)=4.82,$$

所以有 $F_{0.975}(5,8)<F<F_{0.025}(5,8)$，故接受 H_0，即认为两台机床加工的零件长度的方差无显著差异.

例 8.28 设甲、乙两人加工同一种产品，其产品的直径分别为 X,Y，且 $X\sim N(\mu_1,\sigma_1^2)$，$Y\sim N(\mu_2,\sigma_2^2)$，今对他们加工的产品分别进行抽样检测，测得数据如下：$n_1=8$，$\bar{x}=19.93$，$s_1^2=0.216$，$n_2=7$，$\bar{y}=20$，$s_2^2=0.397$.

(1) 试在显著性水平 $\alpha=0.05$ 下，比较两人加工精度(方差)有无显著差异.

(2) 求 $\mu_1-\mu_2$ 的置信水平为 0.95 的置信区间.

解 (1) 原假设 $H_0:\sigma_1^2=\sigma_2^2$，备择假设 $H_1:\sigma_1^2\neq\sigma_2^2$.

取检验统计量

$$F=\frac{S_1^2}{S_2^2}\sim F(n_1-1,n_2-1),$$

拒绝域为

$$F=\frac{s_1^2}{s_2^2}\geqslant F_{\frac{\alpha}{2}}(n_1-1,n_2-1)=F_{0.025}(7,6)=5.7$$

或 $F=\frac{s_1^2}{s_2^2}\leqslant F_{1-\frac{\alpha}{2}}(n_1-1,n_2-1)=F_{0.975}(7,6)=\frac{1}{F_{0.275}(6,7)}=\frac{1}{5.12}=0.195.$

由题意知，检验统计量的观测值为

$$F=\frac{0.216}{0.397}=0.544\in(0.195,5.7),$$

故接受 H_0，即认为两人加工精度(方差)无显著差异.

(2) 由(1)可知，接受原假设，即认为 $\sigma_1^2=\sigma_2^2$，且未知，故 $\mu_1-\mu_2$ 的置信水平为 $1-\alpha$ 的置信区间为

$$\left((\overline{X}-\overline{Y})-t_{\frac{\alpha}{2}}(n_1+n_2-2)S_\omega\sqrt{\frac{1}{n_1}+\frac{1}{n_2}},(\overline{X}-\overline{Y})+t_{\frac{\alpha}{2}}(n_1+n_2-2)S_\omega\sqrt{\frac{1}{n_1}+\frac{1}{n_2}}\right).$$

由于 $n_1=8,\bar{x}=19.93,s_1^2=0.216,n_2=7,\bar{y}=20,s_2^2=0.397$，所以

$$s_\omega=\sqrt{\frac{(n_1-1)s_1^2+(n_2-1)s_2^2}{n_1+n_2-2}}=\sqrt{\frac{7\times0.216+6\times0.397}{13}}=0.547.$$

查表得 $t_{0.025}(13)=2.16$，故所得 $\mu_1-\mu_2$ 的置信水平为 0.95 的置信区间为

$$\left((19.93-20)-2.16\times0.547\times\sqrt{\frac{1}{8}+\frac{1}{7}},(19.93-20)+2.16\times0.547\times\sqrt{\frac{1}{8}+\frac{1}{7}}\right)$$

即$(-0.682,0.542)$.

例 8.29 有甲乙两台机床生产同一型号的滚珠，滚珠直径都近似服从正态分布. 今从这两台机床的产品中分别抽取 7 个和 9 个样品，经算得滚珠直径的样本方差分别为 $S_{甲}^2=0.169\ 5,S_{乙}^2=0.032\ 5$，请检验乙机床产品是否更稳定(方差更小)？($\alpha=0.05$)

解 原假设 $H_0:\sigma_{甲}^2=\sigma_{乙}^2$，备择假设 $H_1:\sigma_{甲}^2>\sigma_{乙}^2$.

当原假设 H_0 成立时，构造检验统计量

$$F=\frac{S_{甲}^2}{S_{乙}^2}\sim F(6,8),$$

由备择假设得到拒绝域的形式为

$$\{F>F_\alpha(6,8)=3.58\}.$$

最后采用样本信息来计算 F 统计量得到 $F=5.2>3.58$，落在拒绝域中，所以拒绝原假设，即有充分的理由认为乙机床更稳定.

例 8.30 为了检验两种不同的某谷物种子的优劣，选取了 10 块土质不同的土地，并将每块土地分为面积相同的两部分，分别种植这两种种子. 设在每块土地的两部分人工管理等条件完全一样. 表 8-6 给出各块土地上的单位面积产量.

表 8-6

土地编号	1	2	3	4	5	6	7	8	9	10
种子 $A(x_i)$	23	35	29	42	39	29	37	34	35	28
种子 $B(y_i)$	26	39	35	40	38	24	36	27	41	27

那么在显著性水平 $\alpha=0.05$ 的条件下，问：这两种种子种植的谷物的产量是否有显著差异？

解 原假设 $H_0:\mu_D=0$，备择假设 $H_1:\mu_D\neq 0$.

由于 σ_D^2 未知，故取检验统计量

$$T=\frac{\overline{D}-0}{S_D/\sqrt{n}}\sim t(n-1).$$

由已知条件可得

$$\overline{d}=\frac{1}{10}\sum_{i=1}^{10}d_i=-0.2,$$

$$s_D^2=\frac{1}{9}\sum_{i=1}^{10}(d_i-\overline{d})^2=19.73,$$

所以检验统计量 T 的观测值为

$$|t|=\left|\frac{\sqrt{10}\times(-0.2)}{4.44}\right|=0.142<2.26=t_{0.025}(9).$$

故接受原假设 $H_0:\mu_D=0$，即认为这两种种子种植的谷物的产量无显著差异.

注 设 $D_i=X_i-Y_i,i=1,2,\cdots,10$，由于 D_i 表示由同一因素所引起的量的差异且相互独立，于是可认为它们是服从同一分布的一个样本. 通常假设

$$D_i\sim N(\mu_D,\sigma_D^2),\ i=1,2,\cdots,10,$$

该问题就是要检验：原假设 $H_0:\mu_D=0$，备择假设 $H_1:\mu_D\neq 0$.

考研真题

1. 设 $X_1,\cdots,X_n$ 来自正态总体 $N(\mu,\sigma^2)$ 的简单随机样本，其中参数 μ 和 σ^2 未知. 记 $\overline{X}=\frac{1}{n}\sum_{i=1}^{n}X_i,Q^2=\sum_{i=1}^{n}(X_i-\overline{X})^2$，则假设 $H_0:\mu=0$ 的 t 检验使用统计量 $T=$________.

解 由题意,正态总体方差未知,在 H_0 成立时,则 $\mu=0$,检验统计量

$$T=\frac{\overline{X}-0}{S/\sqrt{n}}\sim t(n-1),$$

其中,
$$S^2=\frac{1}{n-1}\sum_{i=1}^{n}(X_i-\overline{X})^2=\frac{1}{n-1}Q^2,$$

故
$$S=\frac{Q}{\sqrt{n-1}}.$$

因此 t 检验使用统计量

$$T=\frac{\sqrt{n(n-1)}\,\overline{X}}{Q}.$$

2. 设某次考试考生的成绩服从正态分布,从中随机地抽出 36 位考生的成绩,算得平均成绩为 66.5 分,样本标准差为 15 分.那么在显著性水平 $\alpha=0.05$ 下,是否可以认为这次考试全体考生的平均成绩为 70 分?

[附表] t 分布表:$P\{t(n)\leqslant t_P(n)\}=P$.

n	$t_P(n)$	
	$P=0.95$	$P=0.975$
35	1.689 6	2.030 1
36	1.688 3	2.028 1

解 设该次考试的考生成绩为 X,则 $X\sim N(\mu,\sigma^2)$.

原假设 $H_0:\mu=70$,备择假设 $H_1:\mu\neq 70$.

因为 σ^2 未知,故取检验统计量

$$T=\frac{\overline{X}-\mu_0}{S/\sqrt{n}}\sim t(n-1).$$

在显著性水平 $\alpha=0.05$,查 t 分布表得分位数 $t_{0.975}(35)=2.030\ 1$.由题意得

$$|t|=\frac{|\overline{x}-\mu_0|}{s/\sqrt{n}}=\frac{|66.5-70|}{15/6}=1.4<2.030\ 1,$$

所以接受原假设 H_0,即可以认为这次考试全体考生的平均成绩为 70 分.

3. 某公司产品的不合格率过去为 0.02,今从五批产品中抽取 500 件作为样品送给订货者检验,检出不合格率只有 0.01.在显著性水平 $\alpha=0.05$ 下检验 $H_0:p=0.02;H_1:p<0.02$.

解 原假设 $H_0:p=0.02$,备择假设 $H_1:p<0.02$.

设不合格品的个数为 X,则在 H_0 成立时,$X\sim b(500,0.02)$,所以可构造检

验统计量

$$Z=\frac{\sqrt{n}(\overline{X}-p_0)}{\sqrt{p_0(1-p_0)}}\sim N(0,1),$$

且此左边检验的拒绝域为

$$z=\frac{\sqrt{n}(\overline{x}-p_0)}{\sqrt{p_0(1-p_0)}}\leqslant -z_\alpha=-z_{0.05}=-1.645.$$

由题意可知，

$$z=\frac{\sqrt{500}(0.01-0.02)}{\sqrt{0.02(1-0.02)}}=-1.597>-1.645,$$

没有落在拒绝域内，故接受 H_0，即在显著性水平 $\alpha=0.05$ 下，不认为产品的不合格率有显著下降.

4. 设购买某名牌车的人的年龄 $X\sim N(35,5^2)$，最近随机抽查了 400 个该车的购买者，得平均年龄为 30 岁. 请在显著性水平 $\alpha=0.01$ 下，检验原假设 $H_0:\mu=35$，备择假设 $H_1:\mu<35$.

解 由于方差 $\sigma^2=5^2$ 已知，故取检验统计量

$$Z=\frac{\overline{X}-\mu_0}{\sigma/\sqrt{n}}\sim N(0,1).$$

此左边检验的拒绝域为

$$z=\frac{\overline{x}-\mu_0}{\sigma/\sqrt{n}}<-z_\alpha=-z_{0.01}=-2.32.$$

由 $n=400,\overline{x}=30$ 有

$$z=\frac{30-35}{5/\sqrt{400}}=-20<-2.32.$$

故拒绝 H_0，接受 H_1，即在显著性水平 0.01 下，认为购买某名牌车的人的平均年龄不超过 35 岁.

自 测 题

一、填空题

1. 在假设检验中，设犯第一类错误的概率为 α，犯第二类错误的概率为 β. 为了同时减少 α,β，那么只有__________________.

2. 在一个确定的假设检验中，当样本容量 n 确定时，犯第一类错误的概率与犯第二类错误的概率__________(能或不能)同时减少.

二、选择题

1. 在假设检验中,显著性水平为 $\alpha(0<\alpha<1)$,则下列等式正确的是(　　).

(A) $P\{$接受 $H_0 \mid H_0$ 假$\}=\alpha$　　(B) $P\{$接受 $H_0 \mid H_0$ 真$\}=\alpha$

(C) $P\{$拒绝 $H_0 \mid H_0$ 假$\}=\alpha$　　(D) $P\{$拒绝 $H_0 \mid H_0$ 真$\}=\alpha$

2. 对正态总体的数学期望 μ 进行假设检验,如果在显著水平 0.05 下接受 $H_0:\mu=\mu_0$,那么在显著水平 0.01 下,下列结论中正确的是(　　).

(A) 必须接受 H_0　　(B) 可能接受,也可能拒绝 H_0

(C) 必拒绝 H_0　　(D) 不接受,也不拒绝 H_0

三、解答题

1. 根据长期的经验,某工厂生产的特种金属丝的折断力 $X\sim N(\mu,\sigma^2)$(单位:kg). 已知 $\sigma=8$ kg,现从该厂生产的一大批特种金属丝中随机抽取 10 个样品,测得样本均值 $\overline{x}=575.2$ kg. 试问在显著性水平 $\alpha=0.05$ 下,这批特种金属丝的平均折断力可否认为是 570 kg ?($z_{0.025}=1.96$, $z_{0.05}=1.645$)

2. 设某次考试的考生成绩 $X\sim N(\mu,\sigma^2)$,现从中随机地抽取 25 名考生的成绩,计算得平均成绩 $\overline{X}=67.5$ 分,标准差 $s=10.5$ 分,试问在显著性水平 $\alpha=0.05$ 下,是否可以认为全体考生的平均成绩为 70 分?($t_{0.05}(25)=1.708$, $t_{0.025}(25)=2.0595$, $t_{0.05}(24)=1.711$, $t_{0.025}(24)=2.064$)

3. 设有正态总体 $X\sim N(\mu,\sigma^2)$,μ,σ^2 均未知. 若样本容量为 100,样本均值为 $\overline{x}=2.7$, $\sum\limits_{i=1}^{100}(x_i-\overline{x})^2=225$,则在显著性水平 $\alpha=0.05$ 下,能否认为总体方差为 2.5?($\chi^2_{0.025}(99)=129.56$,$\chi^2_{0.975}(99)=74.22$)

综合练习一

一、选择题(每小题 3 分,共 15 分)

1. 抛一枚硬币,反复掷 3 次,则恰有 1 次出现正面的概率是(　　).

(A) $\frac{3}{8}$　　(B) $\frac{1}{8}$　　(C) $\frac{3}{4}$　　(D) $\frac{1}{4}$

2. 设事件 A,B 相互独立,且 $P(A)>0,P(B)>0$,则有(　　).

(A) $P(B|A)=0$(B) $P(A|B)=P(A)$

(C) $P(A|B)=0$(D) $P(AB)=P(A)$

3. 设 $X\sim N(3,3)$,且常数 c 满足 $P\{X>c\}=P\{X\leqslant c\}$,则 $c=$(　　).

(A) 1　　(B) 2　　(C) 3　　(D) $\frac{1}{3}$

4. 设 $D(X)=4,D(Y)=1,\rho_{XY}=0.6$,则 $D(3X-2Y)=$(　　).

(A) 40　　(B) 34　　(C) 25.6　　(D) 17.6

5. 设 $X_1,\cdots,X_n$ 是取自于总体 X 的一个样本,总体分布的数学期望 $E(X)=\mu$,方差 $D(X)=\sigma^2$,则下列统计量中,(　　)是 σ^2 的无偏估计量.

(A) $\frac{1}{n}\sum_{i=1}^{n}(X_i-\overline{X})^2$　　(B) $\frac{1}{n-1}\sum_{i=1}^{n}(X_i-\overline{X})^2$

(C) $\frac{1}{n}\sum_{i=1}^{n}X_i$　　(D) $\frac{1}{n}\sum_{i=1}^{n}X_i^2$

二、填空题(每小题 3 分,共 15 分)

1. 设 A,B 为两个相互独立的事件,$P(A)=0.2,P(B)=0.4$,则 $P(A\cup B)$ $=$________.

2. 设随机变量 X 的分布律为 $P\{X=k\}=a\frac{2^k}{k!}$, $k=0,1,2,\cdots$,则常数 $a=$ ________.

3. 设 $X\sim N(2,4),Y\sim N(1,1)$,且 X 与 Y 相互独立,则 $X-Y\sim$ ________.

4. 设随机变量 X 的数学期望 $E(X)=\mu$，方差 $D(X)=\sigma^2$，则由切比雪夫不等式，有 $P\{|X-\mu|\geqslant 3\sigma\}\leqslant$ ________.

5. 设随机变量 K 服从(1,6)上的均匀分布，则方程 $x^2+Kx+1=0$ 有实根的概率为________.

三、(本题10分)设一仓库中有10箱同样规格的产品，其中由甲、乙、丙三厂生产的分别有5箱、3箱、2箱，三厂产品的废品率依次为0.1,0.2,0.3. 从这10箱产品中任取一箱，再从这箱中任取一件产品，求取得正品的概率.

四、(本题10分)设随机变量 X 的概率密度为 $f(x)=\begin{cases}Ax^2, & -1\leqslant x<1,\\ 0, & \text{其他},\end{cases}$ 求：(1) 常数 A 的值；(2) X 的分布函数 $F(x)$；(3) $P\left\{|X|<\dfrac{1}{2}\right\}$.

五、(本题10分)设随机变量 X 服从泊松分布，且 $P\{X=1\}=P\{X=2\}$，求 $P\{X=4\}$ 及 $P\{X>1\}$.

六、(本题10分)如果 (X,Y) 的分布律为

X \ Y	1	2	3
−1	1/6	1/9	1/18
−2	1/3	a	b

当 a 和 b 取何值时，X 与 Y 相互独立？

七、(本题10分)已知随机变量 $X\sim N(1,9)$，$Y\sim N(0,16)$，且 X 和 Y 的相关系数为 $\rho_{XY}=-\dfrac{1}{2}$. 设 $Z=\dfrac{X}{3}+\dfrac{Y}{2}$. 求：(1) $E(Z)$ 和 $D(Z)$；(2) X 和 Z 的相关系数.

八、(本题10分)设总体 X 具有概率密度 $f(x;\theta)=\begin{cases}\theta x^{\theta-1}, & 0<x<1,\\ 0, & \text{其他},\end{cases}$ 其中 $\theta>0$，$X_1,\cdots,X_n$ 为来自该总体的简单随机样本，分别求参数 θ 的矩估计量和极大似然估计量.

九、(本题10分)某切割机在正常工作时，切割每段金属棒的平均长度为10.5 cm，今从一批产品中随机抽取9段进行测量，其结果如下(单位：cm)：

10.4　10.6　10.1　10.4　10.5　10.3　10.3　10.2　10.4

假定切割的长度服从正态分布，标准差是0.15 cm，试问该机工作是否正常？
(注：检验水平 $\alpha=0.05$，$z_\alpha=1.645$，$z_{\frac{\alpha}{2}}=1.96$，$t_\alpha(8)=1.86$，$t_{\frac{\alpha}{2}}(8)=2.306$)

综合练习二

一、选择题(每小题 3 分,共 15 分)

1. 设 A,B 为两随机事件,且 $B\subset A$,则下列式子正确的是(　　).

(A) $P(A\cup B)=P(A)$　　(B) $P(AB)=P(A)$

(C) $P(B|A)=P(B)$　　(D) $P(B-A)=P(B)-P(A)$

2. 设随机变量 X 的概率密度为 $f(x)=\begin{cases}a+bx, & 0<x\leqslant 1,\\ 0, & 其他,\end{cases}$ 且 $P\{X\leqslant\frac{1}{2}\}=\frac{3}{8}$,则有(　　).

(A) $a=0,\ b=2$　　(B) $a=1, b=0$

(C) $a=\frac{1}{2},\ b=1$　　(D) $a=\frac{1}{2},\ b=\frac{1}{2}$

3. 设随机变量 $X\sim N(0,1)$,X 的分布函数为 $\Phi(x)$,则 $P(|X|>2)$的值为(　　).

(A) $2[1-\Phi(2)]$　　(B) $2\Phi(2)-1$

(C) $2-\Phi(2)$　　(D) $1-2\Phi(2)$

4. 设 $X\sim N(\mu,\sigma^2)$,其中 μ 已知,σ^2 未知,X_1,X_2,X_3 为来自总体 X 的样本,则下列选项中不是统计量的是(　　).

(A) $X_1+X_2+X_3$　　(B) $\max\{X_1,X_2,X_3\}$

(C) $X_1-\mu$　　(D) $\sum\limits_{i=1}^{3}\frac{X_i^2}{\sigma^2}$

5. 在假设检验中,原假设 H_0,备择假设 H_1,则称(　　)为第二类错误.

(A) H_0 为真,接受 H_0　　(B) H_0 不真,接受 H_0

(C) H_0 为真,拒绝 H_0　　(D) H_0 不真,拒绝 H_0

二、填空题(每小题 3 分,共 15 分)

1. 设 $P(A)=0.5, P(B)=0.6, P(B|A)=0.6$,则 A,B 至少发生一个的概率为________.

2. 设随机变量 X 服从参数为 λ 的泊松分布，且 $P\{X=1\}=4P\{X=2\}$，则 λ $=$________.

3. 已知随机变量 $X\sim N(2,\sigma^2)$，且 $P\{2<X<4\}=0.3$，则 $P\{X<0\}=$________.

4. 设随机变量 X 和 Y 相互独立，$E(X)=0.1$，$E(Y)=0.8$，则 $E(XY)$ $=$________.

5. 从正态分布 $N(\mu,\sigma^2)$的总体中抽取容量为 9 的样本，样本均值$\bar{x}=16.2$，样本标准差 $s=1.5$，则总体均值 μ 的置信水平为 95%的置信区间为________. ($t_{0.05}(8)=1.859\ 5$，$t_{0.025}(8)=2.306\ 0$)

三、(本题 10 分)有 10 盒种子，其中 1 盒发芽率为 90%，其他 9 盒为 20%. 随机选取其中 1 盒，从中取出 1 粒种子，该种子能发芽的概率为多少？若该种子能发芽，则它来自发芽率高的 1 盒的概率是多少？

四、(本题 10 分)设随机变量 X 的分布函数为

$$F(x)=P\{X\leqslant x\}=\begin{cases}0, & x<-1,\\ 0.2, & -1\leqslant x<2,\\ 0.7, & 2\leqslant x<4,\\ 1, & x\geqslant 4.\end{cases}$$

求：(1) X 的分布律；(2) $P\{X\geqslant 3\}$；(3) $Y=3X-1$ 的分布律.

五、(本题 10 分)设随机变量 X 的密度函数为

$$f(x)=A\mathrm{e}^{-|x|}\ (-\infty<x<+\infty).$$

求：(1) 系数 A；(2) $P\{0\leqslant X\leqslant 1\}$；(3) 分布函数 $F(x)$.

六、(本题 10 分)已知(X, Y)的分布律为

X \ Y	0	1	2
0	0.10	0.25	0.15
1	0.15	0.20	0.15

求：(1) $Z=X+Y$ 的分布律；(2) $Z=\max(X,Y)$的分布律；(3) X 和 Y 的边缘分布律，并判断 X 和 Y 的独立性.

七、(本题 10 分)设 Y 的联合概率密度为

$$f(x,y)=\begin{cases}\dfrac{1}{8}(x+y), & 0\leqslant x\leqslant 2, 0\leqslant y\leqslant 2,\\ 0, & \text{其他}.\end{cases}$$

求：(1) $E(X)$，$E(Y)$；(2) $\mathrm{Cov}(X,Y)$；(3) ρ_{XY}，并判断 X，Y 的相关性.

八、(本题 10 分)已知总体 X 的概率密度为 $f(x)=\begin{cases}\lambda e^{-\lambda x}, & x>0,\\ 0, & x\leqslant 0,\end{cases}$ 其中 λ 未知,且 $\lambda>0$, $X_1,X_2,\cdots,X_n$ 是来自于该总体的样本,求 λ 的矩估计量和最大似然估计量.

九、(本题 10 分)某钢厂生产了一批管材,每根标准直径 100 mm. 今对这批管材进行检验,随机取出 9 根,测得直径的平均值为 99.9 mm,样本标准差为 0.47,已知管材直径服从正态分布,问这批管材的质量是否合格?(检验显著性水平 $\alpha=0.05$,$t_{0.05(8)}=2.306$,$z_{0.05}=1.645$,$z_{0.025}=1.96$)

综合练习三

一、选择题(每小题 3 分,共 15 分)

1. 一盒零件有 5 个正品、2 个次品,不放回地任取 3 个,其中至少有 2 个正品的概率为(　　).

(A) $\frac{2}{7}$　　(B) $\frac{4}{7}$　　(C) $\frac{5}{7}$　　(D) $\frac{6}{7}$

2. 设随机变量 X 的分布律为 $P(X=k)=k/15$, $k=1, 2, 3, 4, 5$,则 $P(0.5<X<2.5)$的值是(　　).

(A) 0.6　　(B) 0.2　　(C) 0.4　　(D) 0.8

3. 某人射击中靶的概率为 0.75. 若射击直到中靶为止,则射击次数为 3 的概率为(　　).

(A) $(0.75)^3$　　(B) $0.75(0.25)^2$

(C) $0.25(0.75)^2$　　(D) $(0.25)^3$

4. 设随机函数 X 服从(0,5)上的均匀分布,则关于 t 的方程 $4t^2+4Xt+X+2=0$ 有实根的概率为(　　).

(A) $\frac{2}{5}$　　(B) $\frac{3}{5}$　　(C) 1　　(D) $\frac{1}{3}$

5. 设 $X_1, X_2, \cdots, X_n$ 是来自正态总体 $N(\mu, 1)$的一个简单随机样本,$\overline{X}, S^2$ 分别为样本均值与样本方差,则(　　).

(A) $\overline{X}\sim N(0, 1)$　(B) $\sum_{i=1}^{n}(X_i-\overline{X})^2 \sim \chi^2(n-1)$

(C) $\sum_{i=1}^{n}(X_i-\mu)^2$ (D) $\chi^2(n)\frac{\overline{X}}{S/\sqrt{n-1}}\sim t(n-1)$

二、填空题(每小题 3 分,共 15 分)

1. 用随机事件 A, B, C 表示事件 $D=\{A, B, C$ 中恰有两个发生$\}=$______________________________________.

2. 设 $P(A)=3P(B)=2/3$，A 与 B 都不发生的概率是 A 与 B 同时发生的概率的 2 倍，则 $P(A-B)=$________.

3. 设 $P(A_1)=P(A_2)=P(A_3)=\frac{1}{3}$，且三个事件 A_1,A_2,A_3 相互独立，则三个事件中至少发生一个的概率为________.

4. 设随机变量 X,Y 满足 $D(X)=4$，$D(Y)=1$，$D(3X-2Y)=28$，则 $\rho_{XY}=$________.

5. 设随机变量 $X_1,X_2,\cdots,X_n$ 相互独立，并且服从同一分布，数学期望为 a，方差为 σ^2，令 $\overline{X}=\frac{1}{n}\sum_{i=1}^{n}X_i$，则 $E(\overline{X})=$________，$D(\overline{X})=$________.

三、(本题 10 分)某计算机公司组装的计算机所用的显示屏是由 3 家工厂提供的(数据见表). 现从待出厂的计算机中任抽一台检验，发现是次品(设为事件 A)，原因是显示屏有问题.

(1) 求 $P(A)$；

(2) 有问题的显示屏由哪家厂提供的可能性最大？

显示屏制造厂	提供份额	次品率
1	0.15	0.03
2	0.60	0.01
3	0.25	0.02

四、(本题 10 分)设随机变量 X 的分布函数

$$F(x)=\begin{cases}0, & x<-1,\\ \frac{x}{3}+\frac{1}{3}, & -1\leqslant x\leqslant 2,\\ 1, & x>2.\end{cases}$$

求：(1) X 的概率密度函数 $f_X(x)$；(2) 若 $Y=X^2$，求 Y 的概率密度函数 $f_Y(y)$.

五、(本题 10 分)设随机变量 X 与 Y 的联合密度函数为

$$f(x,y)=\begin{cases}ce^{-y}, & 0\leqslant x\leqslant y,\\ 0, & \text{其他}.\end{cases}$$

求：(1) 常数 c；(2) X 与 Y 各自的边缘密度函数；(3) $P\{X+2Y<1\}$.

六、(本题 10 分)设随机变量 X 的概率密度为

$$f_X(x)=\begin{cases}ax^2+bx+c, & 0<x<1,\\ 0, & \text{其他},\end{cases}$$

已知 $E(X)=0.5$，$D(X)=0.15$，求系数 a,b,c.

七、(本题 10 分)设 $X_1, X_2, \cdots, X_n$ 是取自总体 X 的样本,$E(X)=\mu, D(X)=\sigma^2$,$\hat{\sigma}^2 = k\sum\limits_{i=1}^{n-1}(X_{i+1}-X_i)^2$,问 k 为何值时,$\hat{\sigma}^2$ 为 σ^2 的无偏估计?

八、(本题 10 分)设总体 X 服从参数为 p 的 0 - 1 分布,其分布律为

$$p\{X=x\}=p^x(1-p)^{1-x}, \quad x=0,1, 0<p<1.$$

$(x_1, x_2, \cdots, x_n)$是从该总体中抽取的一个简单随机样本,求未知参数 p 的矩估计量和最大似然估计量.

九、(本题 10 分)某厂所生产铜丝的折断力一向稳定.现从该厂产品中随机抽出 10 段检查其折断力,测后经计算:$\overline{x}=287.5$,$\sum\limits_{i=1}^{n}(x_i-\overline{x})^2=160.5$.假定铜丝折断力服从正态分布,问:是否可以相信该厂生产的铜丝的折断力方差为 16?($\alpha=0.1$,$\chi^2_{0.95}(9)=3.325$,$\chi^2_{0.05}(9)=16.919$)

参考答案

第一章自测题

一、填空题

1. (1) $A\cup B\cup C$.　(2) $A\overline{B}\overline{C}\cup\overline{A}B\overline{C}\cup\overline{A}\overline{B}C$.

　(3) $\overline{B}\overline{C}\cup\overline{A}\overline{C}\cup\overline{A}\overline{B}$ 或 $A\overline{B}\overline{C}\cup\overline{A}B\overline{C}\cup\overline{A}\overline{B}C\cup\overline{A}\overline{B}\overline{C}$.

2. 0.8.　3. 0.7.　4. 2/5.　5. 0.9.

二、选择题

1. B.　2. A.　3. C.　4. D.　5. A.

三、解答题

1. $\frac{22}{35}$.

2. (1) $p=1-\frac{11^6}{12^6}$.

(2) $p=\frac{C_6^4\times 11^2}{12^6}$.

(3) $p=\frac{C_{12}^1\ C_6^4\times 11^2}{12^6}$.

3. $\frac{1}{4}$.

4. (1) 0.72.　(2) 0.47.

5. (1) $\frac{73}{75}$.　(2) $\frac{49}{146}$.

第二章自测题

一、填空题

1. $\frac{1}{2}$.　2. 1, $\frac{1}{4}$.　3. 0.6.　4. 3.　5. 0.2.

二、选择题

1. B.　2. A.　3. C.　4. B.　5. B.

三、解答题

1. (1) $F(x)=\begin{cases}0, & x<-1,\\ 0.2, & -1\leqslant x<1,\\ 0.7, & 1\leqslant x<2,\\ 1, & x\geqslant 2.\end{cases}$

(2) $P\{X>1/2\}=0.8$. (3) $P\{-1\leqslant x\leqslant 2\}=1$.

(4) $Y=2X+1$ 的分布律为

Y	1	3	5
p	0.2	0.5	0.3

2. (1) X 的分布律为

X	-1	2	4
p	0.2	0.5	0.3

(2) $P\{X\geqslant 3\}=0.3$.

(3) $Y=3X-1$ 的分布律为

Y	-4	5	11
p	0.2	0.5	0.3

3. $1-3e^{-2}$.

4. (1) $c=2$.

(2) $F(x)=\begin{cases}0, & x<0,\\ x^2, & 0\leqslant x<1,\\ 1, & x\geqslant 1.\end{cases}$

(3) $P\{0.1<X\leqslant 0.5\}=0.24$.

5. (1) $A=1$. (2) $\varphi(x)=\begin{cases}2x, & 0\leqslant x<1,\\ 0, & 其他.\end{cases}$

(3) $P\{0.3<X<0.7\}=0.4$. (4) $f_Y(y)=\begin{cases}\dfrac{y+1}{2}, & -1\leqslant y<1,\\ 0, & 其他.\end{cases}$

第三章自测题

一、填空题

1. 1. 2. 4. 3. $\dfrac{1}{4}$. 4. 0.2,0.3. 5. $N(-1,5)$.

二、选择题

1. B. 2. A. 3. C. 4. B. 5. B.

三、解答题

1. (1) 0.35. (2) 0.44,0.41.

2. X 和 Y 的边缘概率密度：

$$f_X(x)=\int_{-\infty}^{+\infty}f(x,y)\mathrm{d}y=\begin{cases}4x(1-x^2), & 0<x<1,\\ 0, & 其他.\end{cases}$$

$$f_Y(y)=\int_{-\infty}^{+\infty}f(x,y)\mathrm{d}y=\begin{cases}4y^3, & 0<y<1,\\ 0, & 其他.\end{cases}$$

X 与 Y 不独立.

3. 在 $Y=1$ 的条件下，X 的条件分布律为

X	0	1
$P\{X=x_i\|Y=1\}$	$\frac{2}{3}$	$\frac{1}{3}$

4. (1) (X,Y)的分布律为

Y \ X	−1	0	1
1	0.06	0.12	0.02
2	0.24	0.48	0.08

(2) $Z=XY$ 的分布律为

Z	−2	−1	0	1	2
p	0.24	0.06	0.6	0.02	0.08

5. (1) $Z=X+Y$ 的分布律为

$X+Y$	0	1	2	3
p_k	0.1	0.4	0.35	0.15

(2) $Z=\max(X,Y)$的分布律为

$\max(X,Y)$	0	1	2
p_k	0.1	0.6	0.3

第四章自测题

一、填空题

1. 1，1/3. 2. 5,40. 3. 3,15. 4. 2. 5. 85,37. 6. 1，2.

二、选择题

1. B. 2. C. 3. D. 4. A. 5. B.

三、解答题

1. 1.9,6.7,3.09.

2. $\frac{1}{3}$，$\frac{1}{18}$.

3. $\frac{11}{144}$.

4. 3,172.

5. 0.2,0.6,0.

6. $\frac{11}{9},\frac{5}{9},-\frac{1}{81}$.

7. 略.

第五章自测题

一、填空题

1. $N\left(\mu,\frac{\sigma^2}{n}\right)$，$N(0,1)$. 2. $\mu^2+\sigma^2$.

二、解答题

1. 537. 2. 0.813 3.

第六章自测题

一、填空题

1. t. 2. 0.001. 3. 1/16,4,8.

二、解答题

1. $X_1+X_2+X_3$，$X_1+3\mu$，$\max(X_1,X_2,X_3)$，$\frac{X_1-X_2}{2}$是统计量，$\sum_{i=1}^{3}\frac{X_i^2}{\sigma^2}$不是统计量.

2. $E(\overline{X})=\lambda$，$D(\overline{X})=\frac{\lambda}{n}$，$E(S^2)=\lambda$.

第七章自测题

一、填空题

1. $t=\frac{\overline{X}-\mu}{S/\sqrt{n}}\sim t(n-1)$. 2. 97. 3. (60.91,193.54).

4. $\overline{X}$，$\frac{1}{n}\sum_{i=1}^{n}(X_i-\overline{X})^2$. 5. $n\geqslant\frac{4}{l^2}z_{\alpha/2}^2\sigma_0^2$.

二、选择题

1. B. 2. D. 3. B. 4. C. 5. C.

三、解答题

1. $1-\overline{X}$，$\min(X_1,X_2,\cdots,X_n)$.

2. $\overline{X},\overline{X}$.

3. (165.047,174.953),(87.796,278.687).

4. 97.

第八章自测题

一、填空题

1. 增加样本容量 n.　2. 不能.

二、选择题

1. D.　2. A.

三、解答题

1. 不能认为平均折断力为 570 kg.

2. 可以认为全体考生的平均成绩为 70 分.

3. 可认为总体方差仍为 2.5.

综合练习一

一、填空题

1. A.　2. B.　3. C.　4. C.　5. B.

二、选择题

1. 0.52.　2. e^{-2}.　3. $N(1,5)$.　4. $\frac{1}{9}$.　5. $\frac{4}{5}$.

三、0.83.

四、(1) $A=\frac{3}{2}$.

(2) $F(x)=\begin{cases}0, & x<-1,\\ \frac{1}{2}(x^3+1), & -1\leqslant x\leqslant 1\\ 1, & x>1.\end{cases}$

(3) $\frac{1}{8}$.

五、$\lambda=2$, $P\{X=4\}=\frac{2}{3}e^{-2}$, $P\{X>1\}=1-3e^{-2}$.

六、$a=\frac{2}{9}$, $b=\frac{1}{9}$.

七、(1) 1/3, 3. (2) 0.

八、θ 的矩估计量为 $\frac{\overline{X}}{1-\overline{X}}$, θ 的最大似然估计量为 $-\frac{n}{\sum_{i=1}^{n}\ln X_i}$.

九、可以认为该机器工作异常.

综合练习二

一、选择题

1. A.　2. C.　3. A.　4. D.　5. B.

二、填空题

1. 0.8.　2. $\frac{1}{2}$.　3. 0.2.　4. 0.08.　5. (15.047,17.353).

三、0.27，$\frac{1}{3}$.

四、(1) X 的分布律为

X	-1	2	4
p_k	0.2	0.5	0.3

(2) $P\{X\geqslant 3\}=0.3$.

(3) $Y=3X-1$ 的分布律为

Y	-4	5	11
p_k	0.2	0.5	0.3

五、(1) $A=1/2$. (2) $P\{0\leqslant X\leqslant 1\}=\frac{1}{2}(1-\mathrm{e}^{-1})$. (3) $F(x)=\begin{cases}\frac{1}{2}\mathrm{e}^{x}, & x<0,\\ 1-\frac{1}{2}\mathrm{e}^{-x}, & x\geqslant 0.\end{cases}$

六、(1) $Z=X+Y$ 的分布律为

$X+Y$	0	1	2	3
p_k	0.1	0.4	0.35	0.15

(2) $Z=\max(X, Y)$的分布律为

$\max(X, Y)$	0	1	2
p_k	0.1	0.6	0.3

(3) X 和 Y 的边缘分布律分别为

X	0	1
$p_{i\cdot}$	0.5	0.5

Y	0	1	2
$p_{\cdot j}$	0.25	0.45	0.3

X 和 Y 不独立.

七、(1) $E(X)=E(Y)=\frac{7}{6}$. (2) $\mathrm{Cov}(X,Y)=-\frac{1}{36}$. (3) $\rho_{XY}=-\frac{1}{11}\neq 0$,故 X,Y 相关.

八、λ 的矩估计量 $\hat{\lambda}=\frac{1}{\overline{X}}$,$\lambda$ 的最大似然估计量 $\hat{\lambda}=\frac{1}{\overline{X}}$.

九、可以认为这批管材的质量是合格的.

综合练习三

一、选择题

1. D. 2. B. 3. B. 4. B. 5. C.

二、填空题

1. $AB\overline{C}\cup A\overline{B}C\cup\overline{A}BC$.

2. $\frac{5}{9}$.

3. $\frac{19}{27}$.

4. 0.5

5. $a,\frac{1}{n}\sigma^2$.

三、(1) $P(A)=0.0155$. (2) 有问题的显示屏由制造厂 2 提供的可能性最大.

四、(1) $f_X(x)=\begin{cases}\frac{1}{3}, & -1<x<2,\\ 0, & \text{其他}.\end{cases}$ (2) $f_Y(y)=\begin{cases}\frac{1}{3\sqrt{y}}, & 0<y<1,\\ \frac{1}{6\sqrt{y}}, & 1<y<4,\\ 0, & \text{其他}.\end{cases}$

五、(1) $c=1$.

(2) $f_X(x)=\begin{cases}e^{-x}, & x>0,\\ 0, & x\leqslant 0,\end{cases}$ $f_Y(y)=\begin{cases}ye^{-y}, & y>0,\\ 0, & y\leqslant 0.\end{cases}$

(3) $P\{X+2Y<1\}==1-3e^{-\frac{1}{3}}+2e^{-\frac{1}{2}}$.

六、12,−12,3.

七、$k=\frac{1}{2(n-1)}$.

八、$\overline{X},\overline{X}$.

九、可以相信该厂生产的铜丝的折断力方差为 16.